Wissenschaft und Willensfreiheit

Stephan Schleim

Wissenschaft und Willensfreiheit

Was Max Planck und andere Forschende herausfanden

Stephan Schleim
Abteilung für Theorie und
Geschichte der Psychologie
Universität Groningen
Groningen, Niederlande

ISBN 978-3-662-66322-6   ISBN 978-3-662-66323-3 (eBook)
https://doi.org/10.1007/978-3-662-66323-3

Die Deutsche Nationalbibliothek verzeichnet diese Publikation in der Deutschen Nationalbibliografie; detaillierte bibliografische Daten sind im Internet über http://dnb.d-nb.de abrufbar.

© Der/die Herausgeber bzw. der/die Autor(en), exklusiv lizenziert an Springer-Verlag GmbH, DE, ein Teil von Springer Nature 2023

Das Werk einschließlich aller seiner Teile ist urheberrechtlich geschützt. Jede Verwertung, die nicht ausdrücklich vom Urheberrechtsgesetz zugelassen ist, bedarf der vorherigen Zustimmung des Verlags. Das gilt insbesondere für Vervielfältigungen, Bearbeitungen, Übersetzungen, Mikroverfilmungen und die Einspeicherung und Verarbeitung in elektronischen Systemen.

Die Wiedergabe von allgemein beschreibenden Bezeichnungen, Marken, Unternehmensnamen etc. in diesem Werk bedeutet nicht, dass diese frei durch jedermann benutzt werden dürfen. Die Berechtigung zur Benutzung unterliegt, auch ohne gesonderten Hinweis hierzu, den Regeln des Markenrechts. Die Rechte des jeweiligen Zeicheninhabers sind zu beachten.

Der Verlag, die Autoren und die Herausgeber gehen davon aus, dass die Angaben und Informationen in diesem Werk zum Zeitpunkt der Veröffentlichung vollständig und korrekt sind. Weder der Verlag, noch die Autoren oder die Herausgeber übernehmen, ausdrücklich oder implizit, Gewähr für den Inhalt des Werkes, etwaige Fehler oder Äußerungen. Der Verlag bleibt im Hinblick auf geografische Zuordnungen und Gebietsbezeichnungen in veröffentlichten Karten und Institutionsadressen neutral.

Covermotiv: © science-photo.de/Science Photo Library/Science Source/ID 12066596
Covergestaltung: deblik, Berlin

Planung/Lektorat: Andreas Ruedinger
Springer ist ein Imprint der eingetragenen Gesellschaft Springer-Verlag GmbH, DE und ist ein Teil von Springer Nature.
Die Anschrift der Gesellschaft ist: Heidelberger Platz 3, 14197 Berlin, Germany

Meinem früheren Mathematik-, Physik-, Informatiklehrer, Klassenlehrer und Tutor Gerd Fachinger, Gymnasium am Mosbacher Berg, Wiesbaden

Vorwort: Warum das Thema wichtig ist

Höchstwahrscheinlich halten Sie gerade ein Buch oder einen E-Reader in der Hand. *Dieses* Buch. Wie kam es dazu?

Die Frage ist bei näherer Betrachtung weniger trivial, als es auf den ersten Blick erscheinen mag. Vielleicht hat Sie der Titel angesprochen oder Ihnen jemand das Buch empfohlen. Mit diesen und vielen weiteren Antworten könnten Sie nachvollziehbare Gründe dafür nennen, dass Sie sich in genau diesem Moment hiermit beschäftigen.

Eine andere Antwort würde sich mit den gesellschaftlichen Umständen beschäftigen, etwa der Lieferkette: Das Buch musste erst einmal geschrieben, vom Verlag bearbeitet und herausgegeben, schließlich dem Buchhandel zur Verfügung gestellt werden. Hätte es an einer dieser Stellen unüberwindbare Schwierigkeiten gegeben, dann könnten Sie jetzt nicht diese Zeilen lesen.

Wahrscheinlich wäre das Nennen von Gründen die häufigste Reaktion auf die Frage. Beim tieferen Nachdenken würden manche vielleicht auf die notwendigen Voraussetzungen verweisen, bis hin zu den Bäumen, die man für das Buch fällen und zu Papier verarbeiten musste. Aber sind das die überzeugendsten Antworten? Gibt es noch andere?

Eine alternative Perspektive würde auf physiologische Vorgänge verweisen, die bei der Auswahl des Buchs in Ihrem Körper stattfanden – wahrscheinlich ohne Ihr bewusstes Erleben: Muskeln zogen an Sehnen und bewegten Knochen mithilfe der Gelenke; Nervenverbindungen aktivierten die Muskeln; und diese Verbindungen führen über das Rückenmark ins Gehirn, wo in jedem Moment unzählige biochemische und elektrische Prozesse stattfinden – und sich in der Komplexität dieses rätselhaften Organs verlieren.

Zwar war bereits der Psychoanalytiker Sigmund Freud (1856–1939) neurologisch interessiert und betonte wie kaum ein anderer die Bedeutung des Unbewussten für uns Menschen. Die immensen Fortschritte der Biologie und insbesondere der Neurowissenschaften seit den 1990er-Jahren rücken das Thema aber erneut ins Zentrum unserer Aufmerksamkeit. Die 1990er-Jahre wurden immerhin vom damaligen US-Präsidenten zur „Dekade des Gehirns" erklärt – und Europa folgte.

Bewusstsein und Determinismus

Das brachte zwei Herausforderungen mit sich: Die erste können wir die *neofreudianische* nennen, die zweite die *deterministische*. Die neofreudianische Herausforderung bestand in der Wiederbelebung von Freuds altem Credo, dass „das Ich nicht der Herr im eigenen Hause" ist. Wir

Vorwort: Warum das Thema wichtig ist

Menschen hätten nur begrenzt Einfluss auf das, was unser Denken, Fühlen und Verhalten steuert.

Das deterministische Problem ergibt sich stattdessen aus der Vorstellung der Naturgesetzlichkeit. Ob man vom Prinzip der Energieerhaltung ausgeht – Energie ändert nur ihren Zustand, entsteht aber nicht aus dem Nichts – oder von der kausalen Geschlossenheit der Welt in dem Sinne, dass jedes Ereignis eine hinreichende Ursache in vorherigen Ereignissen hat: So oder so scheint die Natur sich selbst zu genügen und keinen darüber hinausgehenden Menschen, schon gar kein „Seelenwesen" nötig zu haben, vielleicht nicht einmal zu erlauben.

Wenn man die neofreudianische Herausforderung verabsolutiert, dann stand das Ergebnis Ihrer Entscheidung, jetzt dieses Buch zu lesen, schon vorher fest – jedenfalls bevor Sie sich dessen bewusst wurden; stattdessen vom Determinismus aus betrachtet, hätten Sie sich ganz prinzipiell gar nicht anders entscheiden können.

Führen Sie sich die Bedeutung dieser Aussagen vor Augen: Im ersten Fall täuschen Sie sich permanent über die Gründe Ihrer Entscheidungen, ja Ihres Denkens, Fühlens und Handelns schlechthin. Im zweiten hatten Sie (und natürlich auch ich und wir alle) von vornherein keine Wahl. Das würde in letzter Konsequenz sogar bedeuten, dass Ihre Entscheidung für dieses Buch schon im Moment des Urknalls festgelegt war. Und nicht nur das: Sogar der gesamte Inhalt hätte, Buchstabe für Buchstabe, bereits vor rund 14 Mrd. Jahren festgestanden!

Wie man es auch dreht und wendet, so widersprechen beide Herausforderungen diametral unserem Selbstverständnis. Auch wenn wir einräumen, mitunter impulsiv, aus dem Bauch heraus, intuitiv, unüberlegt und so weiter zu handeln, erleben wir uns doch oft genug als frei. Das war *meine* Entscheidung, und ich habe sie aus diesen und jenen Gründen getroffen.

Das Problem, um das es in diesem Buch geht, hat also viel mit unserem Selbstverständnis und Menschenbild zu tun. In Kap. 1 werden wir sehen, dass sogar schon Sokrates (469–399 v. Chr.) es diskutierte.

Gerechte Gesellschaft

Die genannten Herausforderungen haben aber noch ganz andere Dimensionen: Schließlich leben wir nicht als Einsiedler auf einer Insel oder in den Bergen. Wir sind soziale Wesen, wir leben mit anderen Menschen zusammen in einer bestimmten Gesellschaftsform. Auch biologisch ist gesichert, dass unsere Spezies besonders lang für den Nachwuchs sorgt, also die Kinder aufzieht. Und unsere Informationstechnologie ermöglicht es inzwischen Milliarden Menschen auf der ganzen Welt, sich zumindest online zu begegnen.

Die neofreudianische und deterministische Herausforderungen spielen damit auch eine Rolle dafür, wie wir andere Menschen und vielleicht sogar die Tiere in unserer Umgebung sehen. So hat René Descartes (1596–1650) – bekannt für seinen systematischen Zweifel und die Lösung „Ich denke, also bin ich" – Tiere für Automaten gehalten. Dies wurde wiederum als Rechtfertigung dafür verwendet, diese Lebewesen unter schlechten Bedingungen zu halten.

Das ist ein konkretes und historisches Beispiel dafür, wie aus dem Tierbild moralische Schlüsse gezogen wurden. Rund 200 Jahre später, nämlich 1874, verallgemeinerte der britische Biologe Thomas H. Huxley (1825–1895), Großvater des berühmten Schriftstellers Aldous Huxley (1894–1963) und Biologen Julian Huxley (1887–1975), die These: Unter dem Eindruck von Descartes' physiologischer Forschung und Charles Darwins (1809–1882) Beschreibungen der Evolution des Lebens formulierte

Thomas Huxley die These, dass *alle* Lebewesen, einschließlich uns Menschen, biologische Automaten sind. Insbesondere habe Bewusstsein keinen Einfluss auf unser Verhalten.

Hieraus könnte man nun zwei Schlüsse ziehen: Entweder behandelt man (nichtmenschliche) Tiere eher wie Menschen oder aber Menschen eher wie Tiere. Huxley selbst formulierte den Gedanken zwar vornehmlich aus wissenschaftlicher Sicht und verteidigte die neue biologische Abstammungslehre gegenüber den traditionellen Erklärungsansprüchen der Kirche. Das handelte ihm den Spitznamen „Darwins Bulldogge" ein.

In dem elitären „X Club" traf sich Huxley aber über mehrere Jahrzehnte (!) mit neun anderen führenden britischen Intellektuellen seiner Zeit, darunter Herbert Spencer (1820–1903). Dieser gilt noch heute als einer der bedeutendsten Denker des späten 19. Jahrhunderts und prägte das Motto vom „survival of the fittest" und den Sozialdarwinismus. Damit wurden die sozialen Umstände und vor allem ihre Ungerechtigkeiten als natürliche Ordnung gerechtfertigt.

Rassismus, Kolonialismus bis hin zu den Völkermorden und Euthanasieaktionen der Nationalsozialisten – also die Vernichtung von „Untermenschen" oder „lebensunwertem Leben" – wurden wenig später auf ähnliche Weise biologisch verteidigt: Wenn die Natur vorsieht, dass nur die Stärksten beziehungsweise nur die Anpassungsfähigsten überleben, dann haben alle anderen eben Pech. Auch wenn Darwin, Huxley und Spencer selbst das nicht so im Sinn hatten, zogen andere aus ihren Gedanken diese problematischen, ja gefährlichen Schlüsse.

Das veranschaulicht, was für eine eigene Dynamik bestimmte wissenschaftliche Ideen in der Gesellschaft entfalten können. Nun haben wir den Sozialdarwinismus zwar in dem Sinne überwunden, dass er von keiner größeren politischen Partei offen vertreten wird. In Diskussionen über die Erblichkeit von beispielsweise Intelligenz kehrt das Gedankengut in einer schwächeren Form aber heute wieder zurück.

Wenn manche Menschen „dumm" und andere „schlau" geboren sind, dann lässt sich damit eine hierarchische Teilung in unten und oben rechtfertigen; dann liegt es eben an den Genen statt an sozialen oder kapitalistischen Strukturen, dass manche schlechtere und andere bessere Chancen in der Gesellschaft haben. Es war wohl kein Zufall, dass ausgerechnet Thomas Huxleys Enkel und Julian Huxleys Bruder Aldous um 1930 den Roman *Schöne neue Welt* schrieb, in dem der biologische Determinismus auf die Spitze getrieben wurde.

Die Unterteilung in die höchsten Alpha-Plus- bis zu den tiefsten Epsilon-Minus-Kasten der Menschen wird in dieser Dystopie aber ausgerechnet von staatlichen Zucht- und Erziehungsprogrammen verwirklicht. Kommen dennoch ungute Gefühle auf, werden sie mit der Droge „Soma" neurobiologisch betäubt. Man könnte meinen, dass wir es heute besser wissen müssten. Doch leider verwenden sogar viele Fachleute den Begriff der Erblichkeit verkehrt, sodass der Beitrag der Gene oft übertrieben wird. Eine ausführliche Untersuchung darüber würde aber ein eigenes Buch erfordern.[1]

---

[1] Wer dennoch neugierig ist, warum Erblichkeit oft falsch verwendet wird, für den gibt es hier eine kurze Zusammenfassung: In der Verhaltensbiologie versucht man, bestimmte Unterschiede zwischen den Menschen genetisch zu erklären. Bleiben wir beim Beispiel Intelligenz. Diese lässt sich mit IQ-Tests quantifizieren. Dann unterscheiden sich Menschen zahlenmäßig in ihrem IQ voneinander. Das nennt man Varianz. Vereinfacht gesagt probiert man nun, diese Varianz des IQs durch die Varianz in den Genen der Menschen zu erklären: Gibt es bestimmte genetische Ausprägungen, die mit niedrigeren oder höheren IQ-Werten in Zusammenhang stehen? Auch das lässt sich berechnen und nennt man dann Erblichkeit. Nun denken viele, dass ein hoher Erblichkeitswert für eine hohe genetische Determination steht: Wenn die Erblichkeit

Herausforderungen im 21. Jahrhundert

Bleiben wir hier stattdessen bei der neueren Hirnforschung: Bisher haben wir gesehen, dass Ideen einer angeblich „natürlichen Ordnung" gesellschaftliche Entwicklungen beeinflussen können. Konkret haben wir die deterministische – alles ist seit dem Urknall festgelegt – und die neofreudianische Herausforderung – unsere psychischen Vorgänge sind unbewusst festgelegt – kennengelernt. Wir haben bereits thematisiert, wie diese Vorstellungen in Konflikt zu unserem Selbst- und Menschenbild stehen.

Im Kontakt miteinander machen wir einander aber üblicherweise für unsere Taten verantwortlich – im guten wie im schlechten Sinne. Erzielen wir einen Erfolg, dann erhalten wir dafür mitunter Lob, bei Misserfolgen vielleicht Tadel. Übertreten wir gar Gesetze, dann droht eine Geld- oder Freiheitsstrafe. Dafür leistet sich die Gesellschaft mit Polizei, Justiz und Gefängnissen bedeutsame Institutionen.

Die beiden Herausforderungen konfrontieren uns mit dem Gedanken, dass es vielleicht ein Unrecht ist,

---

hoch ist, dann soll ein bestimmtes Merkmal (wie Intelligenz) von Geburt an stärker festgelegt sein. Hierbei wird aber oft übersehen, dass in der Varianz des Merkmals auch die Umwelt steckt. Würde man zum Beispiel, wie in Huxleys *Schöner neuen Welt*, Kinder in gleichförmigen Erziehungsanstalten aufziehen, dann würde die Varianz ihrer IQ-Werte abnehmen. Das heißt, dass sie sich dann in ihrer Intelligenz weniger voneinander unterscheiden. Die verbleibenden Unterschiede im IQ, *die es dann noch gibt*, müssten in stärkerem Maße an den Genen liegen. Der dann gestiegene Erblichkeitswert wäre aber gerade kein Ausdruck biologischer, sondern sozialer Determination. Es hätte Verhaltensbiologen viel früher zu denken geben müssen, dass man trotz hoher Erblichkeitswerte etwa für Intelligenz oder auch psychische Störungen nie bedeutende Intelligenz- oder Störungsgene gefunden hat. Die Mehrheit glaubt immer noch, man müsste nur immer mehr Daten von immer mehr Menschen auswerten, um das Problem zu lösen. Man hält starr an den biologischen Annahmen fest und wundert sich jetzt über „versteckte Erblichkeit" (*hidden heritability*), weil man die erwarteten Ergebnisse nicht findet.

Menschen für ihre Taten verantwortlich zu machen: Wenn eine Entscheidung unbewusst oder vielleicht gar schon im Moment des Urknalls festgelegt war, was kann ein bestimmter Mensch in einer konkreten Situation dann für sie? Er hätte sich dann nie (bewusst) anders entscheiden können. Wieso wird er dann trotzdem bestraft, wenn er ein Verbrechen begeht?

Diese Frage wird in ihrer moralischen wie rechtlichen Dimension später im Buch ausführlicher diskutiert. Hier im Vorwort soll es vor allem um die lebensweltliche Perspektive gehen: Denken Sie an die Menschen um Sie, Ihre Kolleginnen und Kollegen, Ihre Freunde und Lieben; denken Sie daran, wie Ihre Mitmenschen mit Ihnen und anderen umgehen. Können Sie sich wirklich vorstellen, dass all diese Menschen in einem gewissen Sinne nur biologische Automaten sind, die bloß den Regeln einer natürlichen Ordnung folgen?

Ich vermute, dass Ihnen ähnlich unangenehm wird wie mir, wenn Sie hierüber länger nachdenken. Bei einer wissenschaftlichen Annäherung an das Thema sollten wir unsere Schlussfolgerung aber nicht einfach von einem unguten Gefühl bestimmen lassen. Das wäre ausgerechnet eine Bestätigung der neofreudianischen Herausforderung! Ich bin aber fest davon überzeugt, auf diese und weitere Probleme philosophisch-wissenschaftlich fundierte Antworten geben zu können, mit denen wir unser Leben verbessern können. Genau darum schreibe ich dieses Buch.

Determinismus und Lebenssinn

Ein letzter Aspekt soll hier aber nicht außen vor gelassen werden: Kehren wir dafür noch einmal zu der Vorstellung zurück, dass wirklich alles, auch Ihr Lesen dieses Satzes genau jetzt, bereits im Moment des Urknalls feststand.

Welchen Sinn hat unser menschliches Handeln dann überhaupt noch? Ist dann nicht alles gleichermaßen schlicht der natürliche Lauf der Dinge?

Aus diesem Grund wird der Determinismus oft mit dem Fatalismus (von lat. *fatum*, „Schicksalsspruch") in Zusammenhang gebracht. Das ist die Annahme, dass alles Schicksal ist und wir nichts ändern können. Hier muss man sich aber vor einem Denkfehler hüten: Dass alles determiniert ist, heißt nicht, dass man nichts bewirken kann. Beispielsweise folgt die Bahn der Erde um die Sonne einer bestimmten natürlichen Gesetzmäßigkeit, wodurch Tag und Nacht, Licht und Schatten, Sommer und Winter entstehen. Diese Muster bestimmen wiederum die Vegetation auf unserer Erde.

Stellen Sie sich im kleineren Maßstab vor, dass Sie in Ihrer Wohnung oder im Garten Blumen haben. Ob diese gedeihen oder eingehen, hängt sehr stark davon ab, ob Sie die Pflanzen regelmäßig gießen. Zwar spielen Licht, Luft, Temperatur und der Boden auch eine wichtige Rolle. Doch das „Schicksal" der Blumen liegt zum großen Teil in Ihren Händen. Und dafür ist es völlig egal, ob Sie frei und bewusst oder nur als Teil der natürlichen Ordnung gießen.

Es sind also unabhängige Fragen, ob etwas determiniert ist und ob etwas Auswirkungen hat. In diesem Sinne beeinflussen auch Ihre Handlungen den Lauf der Dinge, selbst wenn sie durch natürliche Gesetzmäßigkeiten festgelegt sind. Inwiefern wir dann noch von einem Ich oder Subjekt sprechen könnten, bliebe zu klären: Entweder beeinflusst sich die Natur in so einem Szenario selbst, auch in der verkörperten Form von Ihnen und mir; oder die Natur wird in Ihrer und meiner sowie vielen anderen Formen selbst handelndes Subjekt.

Am Ende dieses Vorworts haben wir damit genug Herausforderungen für ein Buch – oder wahrscheinlich sogar für viele Bücher. Auch die tiefere Frage nach dem Urknall, warum es überhaupt etwas gibt und nicht nichts, woher diese natürliche Ordnung kommt und ob das Universum als Ganzes etwas wie einen Sinn hat, wird zumindest am Rande vorkommen. Dabei beziehen wir uns auch auf den titelgebenden theoretischen Physiker Max Planck (1858–1947), der sich ebenfalls mit Willensfreiheit, Gesellschaft und Moral beschäftigte. In dem jetzt folgenden Kapitel werden wir uns aber erst in die unterschiedlichen Sichtweisen auf den Menschen als Natur- oder Kulturwesen vertiefen.

Stephan Schleim

Inhaltsverzeichnis

Teil I Freiheit als Forschungsgegenstand

1	Einleitung: Der Mensch als Natur- oder Kulturwesen	3
2	Philosophische Vorbemerkungen zur Willensfreiheit	19
3	Max Plancks Argument	45
4	Determinismus und Kausalität	59
5	Heutige Physiker*innen zur Willensfreiheit	85
6	Willensfreiheit in Biologie und Neurowissenschaften	97
7	Eine Zwischenbilanz	127

Teil II Praktische Freiheit

8 Freiheit und Verantwortung in Recht und Moral — 145

9 Wissenschaftler sind auch nur Menschen — 175

10 Allzumenschliche Neurofehlschlüsse — 193

11 Psychologie: Was wir positiv über Freiheit aussagen können — 217

Epilog und Dank — 245

Anhang A: Max Plancks Originalaufsatz aus dem Jahr 1939: Vom Wesen der Willensfreiheit — 257

Anhang B: Anregungen zum Weiterdenken und für den Unterricht — 285

Über den Autor

Mit freundlicher Genehmigung, © Elsbeth Hoekstra

Stephan Schleim ist promovierter Kognitionswissenschaftler und Assoziierter Professor für Theorie und Geschichte der Psychologie an der Universität Groningen (Niederlande). Zuvor war er Professor für Neurophilosophie an der Ludwig-Maximilians-Universität München. Mit großer Leidenschaft informiert er ein breites

Publikum über Fortschritte in den Wissenschaften vom Menschen. Seine Artikel wurden in mehrere Sprachen übersetzt und er schrieb unter anderem für die FAZ, Gehirn&Geist, Psychologie Heute, Spektrum der Wissenschaft, Spiegel Online und Telepolis.

Teil I

Freiheit als Forschungsgegenstand

1

Einleitung: Der Mensch als Natur- oder Kulturwesen

Zusammenfassung Die Einleitung formuliert den Hauptunterschied zwischen Wissen und Nichtwissen sowie Philosophie und Wissenschaft. Diese unterscheiden sich oft in ihren Anforderungen an Wissen und Erkenntnis. Darum interessieren sich Philosophen und Wissenschaftler oft für unterschiedliche Fragen und Methoden. Im Anschluss daran begegnen wir Sokrates in einem Dialog kurz vor seinem Tod. Dieser verdeutlicht, dass der Streit um die verschiedenen Sichtweisen auf den Menschen als Natur- oder Kulturwesen schon seit rund 2500 Jahren anhält.

„Folge in Sachen des Intellekts so weit deiner Vernunft, wie sie dich tragen wird, ohne Rücksicht auf andere Überlegungen."
(Der Biologe Thomas H. Huxley 1889/1894, S. 246*)*

Ich weiß, dass ich sonst nichts weiß.

Ich habe mir erlaubt, das häufig dem antiken griechischen Philosophen Sokrates (469–399 v. Chr.) zugeschriebene Zitat etwas anzupassen: Wenn man weiß, dass man nichts weiß, weiß man immerhin etwas – widerspricht sich im strengen Sinne mit der Äußerung des Satzes also selbst. Der berühmte Philosoph hat sich hier aber nicht selbst widersprochen, sondern wurde von der Nachwelt falsch übersetzt.

Sokrates ging es um den Ausdruck seines Nichtwissens. Es ist eine der Kernfragen der Philosophie, was und wie wir überhaupt wissen können. Ihr widmet sich insbesondere die Erkenntnistheorie (in Fachsprache: Epistemologie, von altgr. *episteme,* „das Verstehen"). Im Gegensatz dazu interessiert sich die Wissenschaft eher für das tatsächliche Wissen. Man könnte sagen: Wissenschaft ist, was Wissen schafft.

Im Endeffekt geht es uns allen, die Philosophie oder Wissenschaft betreiben, um dasselbe, nämlich Erkenntnis. Unsere Perspektiven und Methoden unterscheiden sich aber. In der Wissenschaft beschäftigt man sich eher mit dem, was funktioniert: etwa bei der Beobachtung von Lebewesen oder Himmelskörpern oder im Experiment mit kleinsten Teilchen oder Versuchspersonen.

Die Philosophie behandelt demgegenüber grundlegendere Gedanken. Man stellt immer wieder Warum-Fragen, formuliert selbst Gegenargumente und Zweifel. Das ist mitunter so, als würde man gegen sich selbst Schach spielen: Das Gewinnen ist dann weniger bedeutend als die Gewinnstrategie, also das beste Argument. Philosophierende werden darum mitunter als „Spielverderber" wahrgenommen, die mit ihren Fragen Sand ins Getriebe streuen. Darum geht es aber gar nicht. Vielmehr ist der Wert des übrig bleibenden Wissens letztlich desto höher, je kritischer man fragt. Vielleicht haben Philosophen also einfach nur höhere Standards für Erkenntnis.

Der Psychologe und Wissenschaftstheoretiker Karl Popper (1902–1994) hielt Forscherinnen und Forscher bekanntermaßen dazu an, Hypothesen und Theorien zu widerlegen (in Fachsprache: zu falsifizieren) – oder es jedenfalls zu versuchen. Bestätigungen allein würden zum vorhandenen Wissen wenig Neues hinzufügen. Wenn man stattdessen einen Versuch ausführt, der eine verbreitete Annahme als falsch darstellen kann, wüsste man hinterher wirklich mehr: Entweder widerlegt das Ergebnis die Hypothese oder Theorie, dann kann man sie als falsifiziert aufgeben; oder man weiß, dass sie den Test überstanden hat, und sie ist in diesem Sinne stärker geworden. Auch ohne etwas für alle Zeit zu beweisen, hat man dann immerhin eine Irrtumsmöglichkeit ausgeschlossen.

Theorie und Praxis

In der Praxis sind die Dinge oft anders als in der Theorie. Das gilt auch für die Wissenschaft. So begegnet man in der „freien Wildbahn" kaum Forschern, die sich ernsthaft mit Falsifikationen beschäftigen. Wie ich schon schrieb, konzentriert sich die Wissenschaft eher auf das, was funktioniert. Der Wissenschaftssoziologe Thomas Kuhn (1922–1996) nannte das Perioden „normaler Wissenschaft", in der Forschende vor allem produktiv sein wollen oder müssen. Im Wettbewerb um neue Entdeckungen ist es oftmals wichtig, der oder die Erste zu sein.

Popper warf man stattdessen vor, mit seinem Ansatz eher die kritische Denkweise der Philosophie als den Pragmatismus der Wissenschaft charakterisiert zu haben. Ausnahmen gibt es vor allem dann, wenn eine Theorie so verbreitet und in ihrer Aussagekraft vielleicht auch so stark übertrieben wurde, dass ihre Widerlegung einen großen Durchbruch darstellen würde. Doch auch dann ist die Realität ernüchternd: In so einem Fall lässt sich nämlich bezweifeln, ob das Experiment oder die Beobachtung richtig ausgeführt wurde, die Ausgangsbedingungen überhaupt stimmten und so weiter.

Zudem ist seit Jahrzehnten bekannt, dass wissenschaftliche Zeitschriften fast nur positive (bestätigende) und kaum negative (widerlegende) Ergebnisse veröffentlichen. Da Forscherinnen und Forscher für ihre Karrieren aber auf Veröffentlichungen angewiesen sind, müssen sie positive Ergebnisse liefern. Auch das kann man durchaus als eine Form vom „survival of the fittest" sehen, wie sie im Vorwort angesprochen wurde. Bloß geht es hier um soziale Regeln, an die man sich anpassen muss, und nicht um die natürliche Umwelt.

Insbesondere in der medizinischen Forschung sind Negativbefunde aber sehr wichtig. Dann können Ärztinnen und Ärzte in der Fachliteratur nämlich erfahren, dass eine bestimmte Behandlung *nicht* hilft; man kann Patienten also bestimmte Behandlungen und die damit einhergehenden Risiken ersparen. Darum haben mehrere Länder Regeln eingeführt, nach denen die Ergebnisse solcher Studien an eine zentrale Stelle übermittelt werden müssen, ob sie nun positiv oder negativ ausfallen.

Die staatlichen Datenbanken haben wiederum Wissenschaftler genutzt, um einen realistischeren Überblick über die Wirksamkeit einer Therapie zu erhalten (z. B. Kirsch et al., 2008). Überraschend oft stellt sich dabei heraus, dass die Ergebnisse in ihrer Gesamtheit bescheidener sind als das, was sich allein in den wissenschaftlichen Zeitschriften finden lässt. Es ist ein Kritikpunkt gegen den Wissenschaftsbetrieb, die wichtigen Negativbefunde nicht selbst verfügbar zu machen.

Hier können wir tatsächlich noch einmal den uns schon aus dem Vorwort bekannten britischen Biologen Thomas H. Huxley heranziehen, der in einem berühmten Aufsatz aus dem Jahr 1889 ein hilfreiches Leitprinzip formulierte:

„Positiv formuliert kann das Prinzip so ausgedrückt werden: Folge in Sachen des Intellekts so weit deiner Vernunft, wie sie dich tragen wird, ohne Rücksicht auf andere Überlegungen. Und negativ: Gebe in Sachen des Intellekts nicht vor, dass Schlussfolgerungen sicher sind, die nicht bewiesen wurden oder nicht beweisbar sind." (Huxley, 1889/1894, S. 246)

Huxley nannte es tatsächlich das agnostische Prinzip beziehungsweise die agnostische Methode (von gr. *a*, „nicht", und *gnostikos*, „Wissender"). Sie verpflichtet uns zu Vernunft, intellektueller Redlichkeit und Bescheidenheit; sie stellt nach meinem Dafürhalten auch eine gemeinsame Schnittmenge von Philosophie und Wissenschaft dar und soll uns durch das ganze Buch leiten. Von wem hat der einflussreiche Biologe des 19. Jahrhunderts diese Methode hergeleitet? Tatsächlich vom Philosophen Sokrates, dem wir gleich wieder begegnen werden.

Die bisherigen Überlegungen verdeutlichen aber auch den wissenschaftssoziologischen Punkt, dass man für die Einordnung und Bewertung wissenschaftlichen Wissens etwas über die Bedingungen seiner Entstehung wissen muss. Auch darauf werden wir im Folgenden immer wieder zurückkommen. Da das hier aber keine allgemeine Einführung in die Wissenschaft oder Wissenschaftstheorie werden soll (z. B. Chalmers, 2013), werden wir uns jetzt näher mit dem eigentlichen Thema beschäftigen: uns Menschen.

Für das Thema Willensfreiheit sind das agnostische Prinzip und der Entstehungskontext von wissenschaftlichem Wissen sehr wichtig, weil es unser Menschenbild und unsere normative Ordnung betrifft. Beispiele für Übertreibungen, Dramatisierungen und weitreichende Forderungen nach einem rechtlichen Umstruz werden uns später im Buch begegnen. Um darauf angemessen reagieren zu können, muss man die Aussagekraft der Wissenschaft gut verstanden haben.

Sokrates' Tod und wir Menschen

Kehren wir dafür noch einmal zur historischen Person Sokrates zurück und denken wir an die Frage, warum der Philosoph 399 v. Chr. im Gefängnis landete.

Antwort N1 besagt, dass es in einem bestimmten Zeitraum im motorischen Kortex im Gehirn des weisen Mannes eine bestimmte Zellaktivität gab, die sich über das Rückenmark im Körper verbreitete, insbesondere die Beinmuskeln abwechselnd zusammenzog und wieder entspannte (in Fachsprache: Kontraktion und Relaxation). Dadurch zogen die Sehnen die Knochen – entsprechend den Möglichkeiten der Gelenke – in bestimmte Positionen und bewegten so den Körper in ein Athener Gefängnis.

Und warum flüchtete Sokrates nicht aus dem Gefängnis, obwohl ihn einige seiner Freunde und Schüler davon überzeugen wollten? *Antwort N2* besagt, dass die dafür notwendige Zellaktivität, nach dem Schema von *N1*, ausblieb. Und warum trank der Philosoph schließlich aus dem Giftbecher? Laut *Antwort N3* verursachten die motorischen Regionen in seinem Gehirn die hierfür erforderlichen Bewegungen der Arme und Hände, des Munds sowie des Schluckens.

Finden Sie die Antworten *N1*, *N2* und *N3* befriedigend? Wohl eher nicht. Dabei sind sie wahrscheinlich wahr: Der Prozess gegen Sokrates – übrigens wegen „Gotteslästerung" – ist ein historisch überlieferter Fakt.

1 Einleitung: Der Mensch als Natur- oder ...

Der Philosoph verteidigte sich vor Gericht selbst und stimmte dem für ihn überraschenden Schuldspruch zwar nicht zu, akzeptierte ihn aber aufgrund seiner höheren Ideale. Daher kann man wohl annehmen, dass er freiwillig ins Gefängnis ging und man ihn nicht gewaltsam tragen musste, was *N1* widersprechen würde.

In ähnlicher Weise können wir *N3* stützen. Und das schließt wiederum die Wahrheit von *N2* ein, sofern wir nicht annehmen, dass Sokrates erst geflüchtet, dann gefangen genommen und wieder zurück ins Gefängnis gebracht wurde. Dafür gibt es aber keine historischen Belege.

Wenn wir nun eine jeweils wahrscheinlich wahre Antwort auf die drei Fragen haben, warum sind wir dann trotzdem unzufrieden? Woran könnte uns mehr liegen als an Wahrheit?

Nun, *N1*, *N2* und *N3* sind trivialerweise wahr. Wenn wir schon wissen, dass jemand im Gefängnis ist, dann können, ja müssen wir auch annehmen, dass sein Körper irgendwie an diesen Ort gekommen ist. Es sei denn, wir verwenden „Gefängnis" hier in einem übertragenen Sinn (etwa „das Gefängnis meiner Gedanken" oder „gefangen in dieser Welt").

Die drei Antworten scheinen schlicht das Spezifische, das Wesentliche, den Kern unserer Fragen nicht zu treffen. Sie haben auch gar nichts mit Sokrates' einzigartiger Situation zu tun und gelten wohl für so gut wie alle Gefangenen. Gerade dann, wenn eine Antwort wie *N1 nicht* wahr wäre, würde das interessante neue Fragen aufwerfen, etwa: Wie ist der Gefangene sonst in die Zelle gekommen, wenn nicht gelaufen? Hat er sich vielleicht widersetzt und musste darum gefesselt und getragen werden?

Kurzum, man könnte *N1*, *N2* und *N3* auch „naturwissenschaftliche Antworten" nennen, und diese liefern uns nicht das, was wir hier wissen wollen. Um in einem interessanteren Sinn zu verstehen, warum Sokrates ins Gefängnis kam, brauchen wir mehr Informationen über seine Situation, zum Beispiel, dass er einflussreichen Athenern mit seinen Warum-Fragen und seiner philosophischen Skepsis ein Dorn im Auge war. So warf man ihm schließlich Verderbung der Jugend und Gottlosigkeit vor.

Die Geschichte hat noch eine besondere Pointe: Sokrates selbst machte sich nämlich im Gefängnis über eine naturwissenschaftliche Erklärung seines Zustands Gedanken. Das geht ganz klar aus dem *Phaidon* hervor, dem Dialog, den Sokrates' Schüler Platon (428/427–348/347 v. Chr.) über die letzten Stunden seines Lehrmeisters anfertigte.

Sokrates hatte sich nämlich schon vorher mit den Ursachen der Phänomene beschäftigt und dabei die materialistische (!) Philosophie seines früheren Lehrers Anaxagoras (ca. 499–428 v. Chr) behandelt. Demnach sei die Antwort auf die Frage, warum er im Gefängnis sitzt:

> „weil mein Leib aus Knochen und Sehnen besteht und die Knochen dicht sind und durch Gelenke voneinander geschieden, die Sehnen aber so eingerichtet, dass sie angezogen und nachgelassen werden können und die Knochen umgeben von dem Fleisch und der Haut, welche sie zusammenhält. Da sich nun die Knochen in ihren Gelenken drehen, so machten die Sehnen, wenn ich sie nachlasse und anziehe, dass ich jetzt imstande sei, meine Glieder zu bewegen, und aus diesem Grund säße ich jetzt hier mit gebogenen Knien." (Phaidon, 98c–e, nach der Übersetzung von Friedrich Schleiermacher von 1809)

Natürlich gab es damals noch keine modernen Theorien über Hirnfunktionen, ja das Nervensystem überhaupt. Die Arbeitsweise von Knochen und Sehnen kannte man aber. Und der Struktur nach ähnelt diese naturphilosophische

Erklärung unserer Antwort *N1*. Den Gedanken, Sachverhalte wie Sokrates' tragisches Schicksal rein physiologisch zu erklären, gibt es nachweislich also seit rund 2500 Jahren in der Menschheitsgeschichte! Im antiken Indien gab es sogar noch früher materialistische philosophische Schulen, die solche Überlegungen vielleicht sogar vor noch längerer Zeit anstellten.

Hierzu eine kurze Anmerkung zum Begriff des Materialismus: Neben Verwendungen im Alltag im Sinne von „auf materiellen Wohlstand fixiert" und Karl Marxens „historischem Materialismus" meint man damit in der Philosophie meist die Ansicht, dass alles in der Welt aus Materie – oder in modernerer Form: anderen physikalischen Entitäten – besteht. Insbesondere lehnen Materialisten die Vorstellung einer körperunabhängig existierenden Seele und damit auch die meisten Religionen ab. In diesem Sinne wird der Begriff in diesem Buch verwendet. Sokrates glaubte dahingegen fest an eine unsterbliche Seele und ging, der Überlieferung zufolge, dem Tod daher mit Gelassenheit entgegen.

Zurück in die Gegenwart

Für die Schlussfolgerung zu den unterschiedlichen Beschreibungsebenen ist Sokrates natürlich ein willkürliches Beispiel. Ebenso hätte man fragen können, warum Horst Mahler im Gefängnis sitzt, oder warum Sie auf einem Stuhl, Sessel, Sofa oder was auch immer sitzen. Auf die erste Frage wäre die Antwort, dass er wiederholt für Hitlergrüße und Holocaustleugnung verurteilt wurde. Für die zweite Frage ist wohl relevant, dass Sie jetzt gerade dieses Buch lesen wollen. Dass für diese Sachverhalte auch bestimmte Körperbewegungen durchgeführt werden mussten, ist trivial.

Wenn man eine Verbindung zwischen den beiden – natürlich aus völlig unterschiedlichen Gründen verurteilten – Gefangenen Sokrates und Mahler zieht, kommt man auf eine weitere Pointe: Auf das Sokrates-Beispiel machte mich nämlich ein Vortrag des Philosophieprofessors Leo Polak (1880–1941) von meiner Universität aufmerksam (Polak, 1936).

Diesen hielt er im Oktober 1935 unter dem Titel „Kausalität und Willensfreiheit", also dem Thema unseres Buchs, im Rahmen einer interdisziplinären Ringvorlesung. An dieser nahm auch der Physiknobelpreisträger Frits Zernike (1888–1966) teil, nach dem noch heute unser naturwissenschaftlicher Campus benannt ist. Wir kommen in Kap. 9 auf ihn zurück.

Als der jüdische Polak im niederländischen Groningen seine Rede hielt, hatte die Machtergreifung im Nachbarland Deutschland bereits stattgefunden. Dabei konnte sich der Philosoph wahrscheinlich nicht vorstellen, dass ihn selbst einige Jahre später dasselbe Schicksal ereilen würde wie den Gefangenen Sokrates, über den er referierte.

Nach der Besetzung der Niederlande durch die Nationalsozialisten wurde Polak nämlich bereits 1940 wegen seiner Abstammung entlassen. Ein Protestbrief, in dem er die deutschen Angreifer als „den Feind" bezeichnete, wurde ihm zum Verhängnis: Der von den Nazis eingesetzte neue Rektor der Universität denunzierte Polak, woraufhin dieser schließlich ins Konzentrationslager Sachsenhausen deportiert und dort am 9. Dezember 1941 ermordet wurde. Er und Sokrates starben also beide aufgrund eines Unrechts in Gefangenschaft. Wenn auch Jahrtausende dazwischenliegen, haben sie gemeinsam, dass die Machthaber ihrer Zeit und Gesellschaft jeweils zu dem Ergebnis kamen, dass Menschen wie sie den Tod verdienten.

Wie es der Zufall so will, zeigte ich meinen historischen Fund einem Kollegen aus der Philosophie, der seine Frau darauf aufmerksam machte. Und diese ist keine andere als eine Enkeltochter Polaks, die heute mit mir am Psychologischen Institut der Universität Groningen arbeitet. Es ist wenigstens ein kleiner Trost, dass in unserer Zeit nicht die Philosophen, sondern die Neonazis im Gefängnis sitzen. Der demokratische Rechtsstaat mit seiner Achtung der Menschenrechte entzieht ihnen nicht das Lebensrecht, sondern „nur" ihre Freiheit.

Streit der Perspektiven

Diese Überlegungen veranschaulichen Sinnzusammenhänge, die uns Menschen als Kulturwesen ausmachen. Das Problem der Willensfreiheit sowie das Rätsel des Bewusstseins, das wir im Folgenden ebenfalls streifen werden, veranschaulichen einen Konflikt: Wie verhalten sich die Beschreibungen von Naturvorgängen – wie Knochenbewegungen und Gehirnaktivierungen – zu unserem Selbstverständnis, unserem Status als Person sowie unserer Gesellschaft?

Sogar ohne genau zu wissen, um was es in Sokrates' Gerichtsverhandlung ging oder was konkret die Nazis Polak vorwarfen, *verstehen* wir die Beschreibungen aufgrund unseres Hintergrundwissens: Wir haben bereits gelernt, wofür Gerichte da sind oder dass die Nationalsozialisten Menschen mit abweichender Meinung und insbesondere Juden jagten und allzu oft umbrachten.

Auch wenn wir uns vorstellen können, dass Gerichte im antiken Athen nicht genauso arbeiteten wie heute, und auch wenn wir die Nazidiktatur nicht selbst miterlebt haben, können wir uns zu einem gewissen Grad in diese Situationen hineinversetzen. Wir können uns ebenfalls vorstellen, dass Sokrates mit seinem Seelenglauben weniger Angst vor dem Tod hatte, selbst wenn wir diesen Glauben nicht teilen; und wir können zumindest hoffen, dass Polak der Gedanke an eine höhere Gerechtigkeit und an seine Familie tröstete.

Erlaubt uns die Perspektive auf den Menschen als Naturwesen ähnliche Einsichten? Auf den ersten Blick verrät uns die Anordnung der Atome, aus dem ein Gerichtsgebäude einschließlich des Personals besteht, nichts über die Arbeitsweise und Funktion von Gerichten. Hat man umgekehrt aber erst einmal die Idee Gericht in ihrer Abstraktion verstanden, kann man sich beliebig viele Orte, Gebäude und Personen vorstellen, die Gerichtsaufgaben erfüllen – im 21. Jahrhundert ebenso wie im antiken Griechenland.

In der Philosophie hat sich die Unterscheidung zwischen Bedeutung und ihrem Träger als nützlich erwiesen: Diese Sätze können Sie verstehen, weil die schwarzen Punkte auf einer Buchseite oder dem Bildschirm Muster bilden, die Sie als Sprecher der deutschen Sprache erkennen. Die Sprache bedarf eines Mediums: In Schriftform sind das Buchstaben, Worte und Sätze. Trotzdem scheinen Träger oder Medium nicht dasselbe zu sein wie die Bedeutung; insbesondere lässt diese sich nicht durch eine immer gründlichere Analyse der Druck- oder Bildpunkte erschließen, aus denen die Buchstaben bestehen.

So haben wir es auf einmal mit dem Leib-Seele-Problem – oder moderner gesagt: Körper-Geist-Problem – schlechthin zu tun (Schleim, 2021). Wie genau verhalten sich physiologische zu psychischen Vorgängen? Auch hier werden oft Träger und Inhalte von Gedanken unterschieden. In der Form der zwei Beschreibungsebenen sind wir dieser Frage bereits im Vorwort begegnet. Sie spitzt sich insbesondere dann zu, wenn wir über Willensfreiheit nachdenken und auf der physiologischen (oder körperlichen) Ebene bereits eine vollständige oder unbewusste Determinierung annehmen.

Indem wir dieses Problem thematisieren, erscheint uns die Welt auf einmal rätselhaft. Grundannahmen über uns selbst und unsere Gesellschaft landen auf dem Prüfstand. Dem Astrophysiker Arthur Eddington (1882–1944) muss es ähnlich gegangen sein, als er neue Erkenntnisse aus der Physik mit seinem Alltagswissen zu vereinbaren versuchte: In seinem berühmten Beispiel mit den zwei Tischen beschreibt er erst den alltäglichen Tisch, wie wir ihn aus der unmittelbaren Erfahrung kennen. Dieser hat eine Farbe, Form, ein bestimmtes Gewicht, Substanz (Eddington, 1927/2021). Man kann bestimmte Dinge darauf stellen und beispielsweise daran Platz nehmen und essen.

Unter mikroskopischer Sicht verschwinden diese Eigenschaften aber. Der zweite, wissenschaftliche Tisch besteht nämlich aus von elektrischen Kräften zusammengehaltenen Atomen, vor allem aber aus – Leere! Hier können wir uns zumindest vorstellen, wie Atome Oberflächeneigenschaften bilden, die wiederum Licht auf eine bestimmte Art und Weise brechen, sodass uns der Tisch in einer Farbe erscheint. Man versucht, die für uns unmittelbaren Makroeigenschaften durch wissenschaftlich erforschte Mikroeigenschaften zu erklären. Das erweist sich aber als überraschend komplex. Ähnliche Fragen wären, warum Eis glatt ist oder eine Teekanne tropft.

Um wie viel rätselhafter muss uns dann das Verhältnis von physiologischen zu psychologischen Vorgängen erscheinen? Wie wir noch genauer sehen werden, sind es beim Willensfreiheitsproblem nicht so sehr konkrete Erklärungen einzelner Willensentschlüsse, die uns vor Herausforderungen stellen. Vielmehr sind es allgemeine Annahmen über die Natur der Welt, die angesichts naturwissenschaftlicher Fortschritte als alternativlos erscheinen.

Natürlich sind uns solche Probleme nicht erst im 21. Jahrhundert aufgefallen. Glücklicherweise dürfen wir uns aber in guter Gesellschaft wähnen, wenn wir das Problem im Folgenden genauer untersuchen: Den Philosophen Sokrates und Polak sind wir schon begegnet. Ähnlich wie Eddington wird der theoretische Physiker Max Planck beim Willensfreiheitsproblem zwei Perspektiven unterscheiden – und damit eine Lösung vorschlagen. Dazu kommen Beiträge aus der Psychologie und den Neurowissenschaften unserer Zeit. Vereinzelt werden wir auch Stimmen von Physikerinnen und Physikern nach Planck begegnen.

Ausblick

Schließen wir diese Einleitung nun mit einem Ausblick auf die folgenden Kapitel ab: Weil es wichtig ist, bestimmte Grundannahmen zu teilen und zu verstehen, behandeln wir in Kap. 2 wichtige philosophische Grundannahmen zur Willensfreiheit. Dabei sollten wir aber die Frage im Hinterkopf behalten, ob wir die Annahmen und Definitionen der Philosophen teilen. Diese haben schließlich die Welt nicht allein für sich gepachtet.

In Kap. 3 widmen wir uns dann Max Plancks eigener Sichtweise, wie er sie nach mehreren Überarbeitungen schließlich 1939 auf den Punkt gebracht hat. Dabei werden wir seine Gedankengänge Schritt für Schritt nachvollziehen und kritisch hinterfragen. Auch einem angesehenen theoretischen Physiker sollte man nichts einfach so glauben. In Kap. 4 werden wir uns dann die für das Willensfreiheitsproblem zentralen Begriffe der Kausalität und des Determinismus noch einmal genauer ansehen – und zwar nicht nur aus Sicht von Max Planck und seinen Zeitgenossen, sondern auch der heutigen Wissenschaftstheorie.

Apropos Zeitgenossen: Das Willensfreiheitsproblem wurde natürlich nicht in den 1930er-Jahren liegen gelassen. Darum beschäftigen wir uns in Kap. 5 und 6 mit neueren Ansätzen aus der Physik, Psychologie und den Neurowissenschaften. In Kap. 7 ziehen wir eine Zwischenbilanz: Welche Lösungsansätze sind vielversprechend, welche Herausforderungen bleiben?

Jedes dieser Kapitel durchzieht der rote Faden, ob man den Menschen besser als Natur- oder Kulturwesen beschreiben und verstehen kann. Die obigen historischen Exkurse dienten also nicht nur der Allgemeinbildung, sondern führten uns tatsächlich mitten ins Thema. Es geht hier tatsächlich um etwas Menschliches, nur Allzumenschliches, nämlich Sinn und Bedeutung in unseren Leben. Dementsprechend hat sogar der Physiker Planck das Thema Willensfreiheit mit der Frage nach dem richtigen und guten Leben in Zusammenhang gesetzt, mit der Ethik.

Der Lebenspraxis wollen wir hier nicht aus dem Weg gehen. Ganz im Gegenteil. Darum folgen auf den ersten, mehr theoretischen Teil drei weitere Kapitel zur „praktischen Freiheit". Dafür schauen wir uns in Kap. 8 erst noch einmal genauer an, welche Rolle Freiheit und Verantwortung in Recht und Moral spielen. In Kap. 9 betrachten wir einige der wissenschaftlichen und philosophischen Persönlichkeiten, die uns vorher begegnet sind, noch einmal auf der menschlichen Ebene. Dabei wird deutlich, dass wir Freiheit nicht bloß im Elfenbeinturm oder luftleeren Raum, sondern in der wirklichen Lebenswelt untersuchen und thematisieren sollten. Aufgrund der besonderen Bedeutung der Neurowissenschaften werden einige ihrer Vertreter in Kapitel 10 noch einmal ausführlicher behandelt.

Danach werde ich in Kap. 11 den Versuch wagen, einen eigenen positiven und psychologisch fundierten Ansatz zur Freiheit zu entwickeln. Ich kann nicht für mich beanspruchen, alle Probleme dieser bereits seit rund 2500 Jahren diskutierten Herausforderung gelöst zu haben. Ich bin aber davon überzeugt, eine Lösung vorzuschlagen, mit der es sich leben lässt.

Für alle, die sich ganz genau mit Plancks Ansichten auseinandersetzen wollen, ist im Anhang der Originalaufsatz abgedruckt. Darauf folgen Vorschläge für die Behandlung des Themas im Unterricht Jetzt wünsche ich Ihnen aber erst einmal viel Freude beim Lesen und vor allem viele interessante Einsichten. Bitte zögern Sie auch nicht, meinen Blog MENSCHEN-BILDER zu besuchen, wenn Sie Fragen und Kritik haben oder zu anderen Ergebnissen kommen als ich.

Literatur

Chalmers, A. F. (2013). *What is this thing called science?* Open University Press.

Eddington, A. (1927/2021). *The nature of the physical world: The Gifford lectures 1927*. Books on Demand.

Huxley, T. (1889/1894). Agnosticism. In: *Collected Essays* (Vol. V, S. 209–262). Macmillan & Co.

Kirsch, I., Deacon, B. J., Huedo, T. B., Scoboria, A., Moore, T. J., & Johnson, B. T. (2008). Initial severity and antidepressant benefits: A meta-analysis of data submitted to the Food and Drug Administration. *PLoS Medicine, 5*(2), e45.

Polak, L. (1936). Causaliteit en wilsvrijheid. In: W. J. Aalders, H. J. F. W. Brugmans, F. J. J. Buytendijk, I. H. Gosses, H. van Goudoever, G. van der Leeuw, L. Polak, E. D. Wiersma, & F. Zernike (Hrsg.), *Causaliteit en Wilsvrijheid* (S. 5–25). Wolters' Uitgevers-Maatschappij.

Schleim, S. (2021). Das Einmaleins des Leib-Seele-Problems. In: *Gehirn, Psyche und Gesellschaft: Schlaglichter aus den Wissenschaften vom Menschen* (S. 47–63). Springer.

2

Philosophische Vorbemerkungen zur Willensfreiheit

Zusammenfassung Was ist überhaupt ein Wille? Und welche Positionen wurden in der Vergangenheit zur Willensfreiheit vertreten? Dieses Kapitel vermittelt wichtige Grundlagen im Bereich von Philosophie und Psychologie. Insbesondere werden wir nachvollziehen, dass bei der Untersuchung des Menschen als Kulturwesen die sprachliche und soziale Prägung unserer Standpunkte von größerer Bedeutung ist als etwa bei der Erforschung von Atomen. Weitere Beispiele verdeutlichen, welche weitreichenden Folgen philosophische Sichtweisen in der Gesellschaft entfalten können – bis im Extremfall sogar Blut fließt.

„Das Willensfreiheitsproblem ist so interessant, weil es ein Beispiel für eine wissenschaftliche Frage ist, die uns dazu zwingt, uns philosophischer Festlegungen bewusst zu werden, die ansonsten implizit und verborgen blieben, und uns damit

auseinanderzusetzen; außerdem verdeutlicht es die unauflösliche Verstrickung von Philosophie und empirischer Wissenschaft." (Die Neurophilosophin Adina Roskies, 2022, S. 79)

Wann haben Sie zuletzt einen Willen gesehen? Wie sah er aus? Welche Farbe hatte er? Wie groß war er? Wie schwer? War er eher rund oder eckig? Glatt oder rau? Was genau unterscheidet Ihren Willen von dem Ihrer Nachbarin? Und wie viele Willen befinden sich heute in Ihrem Kopf?

Diese Fragen formuliere ich natürlich nicht ganz ohne Augenzwinkern. Ich weiß, dass sich viele davon gar nicht, manche nur sehr schwer beantworten lassen. Aber anstatt hier nur Lehrbuchwissen zu wiederholen, möchte ich mit Ihnen erst einmal den Begriff gründlich auseinandernehmen. Oder etwas gehobener formuliert: analysieren.

„Willensfreiheit" setzt sich aus zwei Wörtern zusammen: Wille und Freiheit. Ich werde in diesem Buch schließlich dafür plädieren, weniger auf den „Willen", doch umso mehr auf die „Freiheit" abzuzielen. Das wird insbesondere im zweiten Teil eine Rolle spielen, wo ich meinen eigenen Ansatz beschreibe. Schauen wir uns aber erst an, wie es um „den Willen" bestellt ist.

Was ist ein Wille?

„Wille" und vor allem, mit einem Artikel versehen, „der Wille" begegnet uns sprachlich als Nomen/Substantiv. Ein Substantiv ist ein Wort, das für sich allein steht. Dahinter steckt wiederum Substanz (vom lat. *sub,* „unter", und *stare,* „stehen"). Damit bezeichnet man in der Philosophie oft eine Wesenheit, ein Etwas, das aus sich selbst heraus existiert.

2 Philosophische Vorbemerkungen ...

In der Diskussion des Leib-Seele-Problems begegnen uns beispielsweise Leib (oder allgemeiner: Körperliches, Materielles) und Seele als zwei eigenständige und getrennte Wesenheiten. Wenn dann die Frage nach der Wechselwirkung von Leib und Seele aufkommt, geraten wir schnell in Schwierigkeiten. Mit seiner neueren Variante als Körper-Geist-Problem werden wir uns im Buch noch ausführlicher beschäftigen. Bleiben wir vorerst beim Willen.

Das Wort „Wille" legt also nahe, dass es etwas wie ein Ding Wille gibt. Schauen Sie sich um: Dann sehen Sie vielleicht Gegenstände wie Tische, Stühle, Gemälde, Fenster, Papierkörbe, Blumen und Bäume. Das waren auch alles Substantive. Und natürlich gibt es solche Wörter ebenfalls in einer abstrakteren Spielart, etwa als Staat oder Demokratie. Doch auch ein Staat oder eine Demokratie muss in einer gewissen Weise verkörpert sein, zum Beispiel durch Institutionen, Bürgerinnen und Bürger, um in der Welt zu sein. (In unserer Geistesgeschichte wurde hin und wieder der Ansatz vertreten, dass es etwas wie eine eigenständige Ideenwelt gibt. Damit könnte man meiner Aussage zur nötigen Verkörperung widersprechen. Doch das ist erstens nicht der Ansatz, den ich vertrete, und zweitens stellt sich dann die Frage, wie wir gesichertes Wissen über diese Ideenwelt erhalten.)

Etwas mit einem Wort als Ding zu identifizieren, nennen wir Verdinglichung oder gehobener Reifikation (von lat. *res,* „Ding"). Ich bin der festen Überzeugung, dass wir mit reifizierender Sprache oft Irrtümer und unlösbare Probleme erzeugen. Ähnliche Beispiele wären auch „der Geist", „die Psyche" oder „das Quale". Letzteres ist die weniger bekannte Einzahl von „Qualia", die für Bewusstseinserlebnisse stehen.

Das Gegenstück zur Reifikation ist übrigens Deifikation (von lat. *deus,* „Gott"), etwas zu einem Gott machen. Früher sahen Menschen unerklärliche Naturerscheinungen und brachten dann einen Donner- oder Feuergott in die Welt. Sehen wir heute unerklärliches Verhalten und erfinden darum Willen? Wir behalten diesen überraschenden Gedanken im Hinterkopf.

Vom Willen zu Willensakten

Mit dem hier gelernten sprachlichen Handwerkszeug können wir nun die wesentliche Frage näher betrachten. Beginnen wir mit einem Blick ins *Lexikon der Neurowissenschaft*. Dort heißt es, ein Wille sei „der bewußte mentale Akt, im Gegensatz zu Trieb, Drang, Reaktion und Reflex, durch den ein Ziel, ein (als solcher erkannter oder gesetzter) Wert oder eine beabsichtigte Aktion bejaht oder erstrebt wird". Anstatt als Ding wird der Wille hier als Akt (Vorgang, Prozess) charakterisiert; so spricht das Lexikon in der Folge auch nur noch von Willensakten.

Diese sind laut Definition bewusst. Damit werden sie unter anderem von Trieben und Reflexen unterschieden. Und dieser bewusste Vorgang, erklärt das Lexikon weiter, dient einem Wert oder Ziel. Hier gibt es offensichtliche Verschränkungen mit Absichten und Handlungen: Wenn wir etwas beabsichtigen, dann wollen wir es in der Regel auch. Führt unser Verhalten zu etwas, das wir nicht beabsichtigten, sagen wir oft: „Oh, das wollte ich aber gar nicht!" Und Handlungen werden von reflexhaftem oder spontanem Verhalten gerade durch eine bestimmte Absicht, ein konkretes Ziel, ja einen bestimmten Willen unterschieden.

Der Eintrag fährt fort, dass ein Willensakt Folgendes einschließt: „eine Situationsinterpretation (Berücksichtigung von Bedürfnissen, Interessen, Tatsachen, Normen, Werten, möglichen Handlungsfolgen), das Abwägen der Handlungsalternativen, das Wählen des Handlungsziels und

2 Philosophische Vorbemerkungen ...

des zweckmäßigen Vorgehens und den Entschluß zum Handlungsbeginn." Damit werden Willensakte in einen komplexen Kontext platziert, in eine Situation mit ihren Hintergründen, die wiederum selbst mit weiteren Vorgängen verknüpft sind.

Wir versuchen hier mit den Mitteln der Sprache eine Antwort darauf zu finden, was ein Wille oder was Willensvorgänge sind. Je präziser wir werden, desto dichter und vielfältiger erscheint uns die Verknüpfung mit anderen psychischen Vorgängen. Dazu kommt, dass so ein Willensakt keinen klar erkennbaren Anfang, nicht einmal ein deutliches Ende hat. Letzteres könnte man immerhin von der (äußerlich sichtbaren) Handlung aus denken. Doch dann müsste man noch die Zeitspanne bis zur Ausführung, für die Muskelkontraktionen und Nervensignale abziehen.

Glücklicherweise brauchen wir hierauf keine endgültigen Antworten zu geben. Das können wir den Volitionspsychologen (von lat. *voluntas*, „Wille", „Absicht") überlassen. Für uns ist hier die Feststellung zentral, dass wir Willensvorgänge nicht verdinglichen wollen – um nicht vorschnell einer falschen Vorstellung aufzusitzen oder in gegenständliches Denken zu verfallen, wo es nicht hingehört. Außerdem haben wir wichtige Merkmale unterschieden, die uns später im Buch noch hilfreich sein werden.

Doch nicht alle Philosophen und Wissenschaftlerinnen werden diese Sichtweise teilen: Manche vertreten beispielsweise die Ansicht, dass es einen unbewussten Willen gibt. In der Philosophie Arthur Schopenhauers (1788–1860) ist der Wille sogar ein Prinzip, das hinter der ganzen Welt steckt und sich auch in uns Menschen ausdrückt. Von Schopenhauer stammt schließlich die berühmte Formulierung zur Willensfreiheit, wir könnten zwar tun was wir wollen, doch nicht wollen, was wir wollen (Schopenhauer, 1841/1978).

Was ist ein Wille? Die Antwort einer Moralphilosophin

Während dieses Buch entstand, erschien bei dem namhaften Verlag Oxford University Press ein thematisch sehr ähnliches Buch über den freien Willen (Maoz & Sinnott-Armstrong, 2022). Dieses besteht aus 30 Kapiteln, in denen verschiedene Fachleute unter anderem aus Philosophie, Psychologie und Neurowissenschaften unterschiedliche Aspekte beleuchten und aufeinander reagieren. Im zweiten Kapitel versucht sich die amerikanische Moralphilosophin Pamela Hieronymi (2022) an einer Antwort auf die Frage, was ein Wille ist.

Schon die Tatsache, dass sie zwei Sichtweisen unterscheidet, verdeutlich die Uneindeutigkeit der Antwort: Gemäß der ersten Alternative ist der Wille eine Art psychologisches Modul, nämlich unsere Kapazität, uns von uns selbst zu distanzieren und über die Einflüsse unserer Entscheidungen und Handlungen zu reflektieren. Der Wille sei demnach unsere Fähigkeit, frei zu handeln; frei sei eine Handlung genau dann, wenn sie von nichts anderem als dem Willen der Person selbst festgelegt wird. Der Wille sei somit die Möglichkeit, Handlungen unabhängig von äußeren Einflüssen entstehen zu lassen. Diese Sichtweise hält sie für die verbreitetere der beiden.

Nun kann man einer Philosophin, selbst wenn sie nach eigenen Angaben auf das Thema Willensfreiheit spezialisiert ist, schwerlich vorwerfen, zu abstrakt zu bleiben. Wie wir vom Willen zur Entscheidung und Handlung kommen, erklärt sie ja nicht – und auch nicht, wie ein von äußeren Umständen vollständig unabhängiger Wille möglich sein soll.

Inkonsistenz kann und soll man einer Philosophin aber durchaus vorwerfen. Und diese besteht meiner Meinung nach darin, den Willen gleichermaßen als eine Reflexions- und eine Entscheidungsinstanz zu sehen. Dabei reden wir sprachlich unabhängig vom „Reflexionsvermögen" oder schlicht vom „Nachdenken" und unterscheiden mehr oder weniger reflektierte Entscheidungen und Handlungen. Auch ist vom Wollen, von den Wünschen, Absichten oder Zielen einer Person bei der ersten Sichtweise keine Rede.

Hier kommt die zweite Möglichkeit der Moralphilosophin ins Spiel: Demnach sei der Wille die Sammlung der

> mehr oder weniger miteinander interagierender Aspekte der Psyche einer Person, ihrer Überzeugungen, Sorgen, Ängste und so weiter. Daraus entstünden wiederum Absichten und Willensvorgänge, die schließlich auch mit Verantwortlichkeit zusammenhängen würden. Dieses Verständnis hängt eng mit dem Kompatibilismus zusammen, auf den wir noch ausführlicher zu sprechen kommen.
>
> Was lernen wir aus diesem kurzen Exkurs? Natürlich will ich hier nicht für mich beanspruchen, die einzig mögliche Antwort zu formulieren. Im Gegenteil räume ich explizit ein, dass es verschiedene Verständnisse vom Willen gibt. Die Antwort der Moralphilosophin bleibt aber dürftig: Erstens wird das Problem der Reifikation in ihrem Kapitel – wie übrigens im ganzen Buch – nicht einmal thematisiert; zweitens ist ihre Sichtweise empirisch wenig fruchtbar, was in einem interdisziplinären Projekt so wichtig wäre. Anschluss an die empirische Erforschung von Willensakten wird nicht einmal gesucht. Somit bleibt ihre Antwort auf die Frage, was ein Wille ist, auf der rein sprachlichen und normativen Ebene. Fazit: Gut, dass wir darüber geredet haben.

Eine wieder andere Sichtweise findet sich beim Behaviorismus (von engl. *behavior*, „Verhalten"). Diese Form von Psychologie war über weite Strecken des 20. Jahrhunderts maßgeblich. Burrhus F. Skinner (1904–1990) schrieb beispielsweise über das Wollen:

„Eine Person will etwas, wenn sie im Falle einer Gelegenheit handelt, um es zu bekommen. […] Wollen ist aber kein Gefühl, noch ist ein Gefühl der Grund, warum eine Person handelt, damit sie bekommt, was sie will." (Skinner, 1971, S. 34 f.)

Behavioristen wehrten sich gegen die Annahme, es gäbe so etwas wie einen inneren Willen. Direkt sicht- und messbar sei nur unser Verhalten. Schlüsse auf innere psychologische Vorgänge seien darum immer indirekt und wissenschaftlich problematisch. Radikal klingt dann auch Skinners Schlussfolgerung: „Freiheit ist eine Frage der Umstände von Belohnung und Strafe, nicht der Gefühle, die durch diese Umstände hervorgerufen werden" (ebenda, S. 35). Das klingt nach einem von außen gesteuerten Menschen. Wir werden später auf den Behaviorismus zurückkommen.

Halten wir fest: Psychische Vorgänge sind keine konkreten Dinge wie Tische und Stühle (oder Moleküle und Atome), sondern komplexe dynamische Prozesse. Diese müssen wir sprachlich fassen, also erst einmal begrifflich greif- und begreifbar machen. Das gilt auch dann, wenn wir sie wissenschaftlich-experimentell untersuchen. Dadurch ergibt sich die Schwierigkeit, dass es verschiedene sprachliche Lösungen (sprich: Definitionen) gibt und nicht nur die eine Antwort. Das haben wir hier konkret am Beispiel der Willensakte gesehen.

Menschen sind eben etwas anderes als reine Atome. Ein Eisenatom hat beispielsweise immer 26 Protonen, also positiv geladene Elementarteilchen im Atomkern. Das gilt, ob wir es so beschreiben oder nicht. Hat ein Atom stattdessen 29 Protonen, dann ist es Kupfer, nicht Eisen. Diese Tatsachen waren vor 100 Jahren ebenso gültig, wie sie es in 100 Jahren sein werden. In der Wissenschaftstheorie nennen wir diesen Standpunkt Realismus (ebenfalls von lat. *realis, res,* „Ding"). Dieser besagt, dass es eine von unserer Beschreibung unabhängige Außenwelt gibt.

Mithilfe einfacher Lehrbuchbeispiele lassen sich solche Positionen leicht erklären. In der Praxis ist die Welt aber nicht so schwarzweiß, und man kann einen mehr oder weniger starken Realismus vertreten. Hier im Buch werde ich von der Arbeitshypothese ausgehen, dass ein starker Realismus für den Menschen als Kulturwesen nicht haltbar ist.

Dieser würde bedeuten, dass der Mensch von unserer Beobachtung unabhängig „gegeben" ist und wir sein

Wesen nur „entdecken" müssen. Nach der von mir vertretenen Sichtweise konstruieren wir als Forscherinnen und Forscher den Forschungsgegenstand aber zum Teil selbst, eben beispielsweise durch die Verwendung einer bestimmten Definition von Willensakten. Doch wichtig: Darum sind psychische Vorgänge nicht nur reine Einbildung und unsere Entscheidungen für diese oder jene Definition nicht völlig willkürlich! Gerade die Empirie – Beobachtung und experimenteller Versuch – soll unsere Konzepte schärfen. Warum sonst der ganze Aufwand?

Das macht eine bewusstere Auseinandersetzung mit der sprachlichen und psychosozialen Ebene erforderlich. Und genau dafür gibt es Sozial-, Geisteswissenschaften und Philosophie. Mit diesem Grundwissen betrachten wir jetzt die Ideengeschichte der Willensfreiheit etwas genauer.

Kurze Geschichte der Willensfreiheit

Wenn man Jahrtausende überblickt, dann muss man vorsichtig vorgehen. Insbesondere kann man keinen Gedanken, kann man kein Wort einfach so aus seinem alten Kontext – womöglich auch aus seiner alten Sprache – ohne eine Veränderung seiner Bedeutung in die heutige Zeit übernehmen. In der Antike dachte man wahrscheinlich nicht so über Psychologie und Wille wie wir heute. Der uns wohlbekannte Perspektivenstreit ist aber gut dokumentiert. Dieser lässt sich insbesondere anhand der materialistischen Schulen nachweisen.

In der Einleitung ist uns – über Sokrates' Dialog im *Phaidon* – bereits die Lehre des Naturphilosophen Anaxagoras begegnet. Bekannter als dieser sind heute der Materialist Demokrit (ca. 460–370 v. Chr.) und dessen Lehrer Leukipp (Lebensdaten unbekannt). Diese prägen den Atomismus (von gr. *a-* und *tomos,* „un-teilbar"). Das ist die Vorstellung, dass alles aus in der Leere angeordneten unteilbaren Teilchen besteht. Diese Sichtweise legte schon vor sehr langer Zeit den physikalischen Determinismus nahe, mit dem wir uns noch genauer beschäftigen werden.

Wir sahen bereits, dass sich der Materialismus in der indischen Philosophie wahrscheinlich noch länger zurückverfolgen lässt, nämlich bis ins 7. Jahrhundert v. Chr. Die Quellen der materialistischen Charvaka-Schule wurden in dem bis heute sehr spirituellen Kulturkreis aber weitgehend vernichtet (z. B. Raju, 1985). Ihre Lehre ist vor allem über andere Schulen überliefert, die den Materialismus widerlegen wollten. Daher sind die uns noch bekannten Darstellungen mit Vorsicht zu genießen.

Als gesichert gilt aber, dass dieser philosophische auch mit einem „vulgären" Materialismus (von lat. *vulgaris,* „alltäglich") einherging: Die Lehrer dieser Tradition sollen den Genuss der weltlichen Freuden gepredigt haben, da wir nur dieses eine Leben hätten. Damit haben wir ein weiteres Beispiel dafür, wie aus philosophischen Annahmen über die Natur der Welt moralische Schlussfolgerungen gezogen wurden.

Gott betritt das Parkett

Wir springen jetzt von der antiken zur christlich geprägten Philosophie. In dieser wurde die Frage vehement diskutiert, wie sich die Vorstellung eines allmächtigen, allwissenden und allgütigen Gotts mit menschlicher Freiheit in Einklang bringen lässt. Hier zeigt sich eine interessante Spaltung zwischen dem (historisch älteren) Katholizismus und dem (jüngeren) Protestantismus: Katholische Gelehrte erklärten die Existenz des Bösen unter anderem dadurch, dass sich die Menschen – mit ihrem freien

Willen – gegen das Gute entscheiden können; demgegenüber sahen Protestanten oft alles durch Gott vorherbestimmt.

So reagierte 1525 schon Martin Luther (1483–1546) mit seiner Schrift *Vom unfreien Willen* auf das ein Jahr vorher erschienene Werk *Vom freien Willen* von Erasmus von Rotterdam (ca. 1467–1536). Die Schlussfolgerung des bis heute berühmten Protestanten lässt keinen Zweifel an seiner Sicht zur Willensfreiheit:

> „Denn wenn wir glauben, es sei wahr, dass Gott alles vorherweiß und vorherordnet, dann kann er in seinem Vorherwissen und in seiner Vorherbestimmung weder getäuscht noch gehindert werden, dann kann auch nichts geschehen, wenn er es nicht selbst will. Das ist die Vernunft selbst gezwungen zuzugeben, die zugleich selbst bezeugt, dass es einen freien Willen weder im Menschen noch im Engel, noch in sonst einer Kreatur geben kann." (Luther, 1525/1908)

Philosophisch kann man übrigens ergänzen, dass nicht nur die göttliche Allmacht in Konflikt mit unserer Vorstellung von der Willensfreiheit steht. Wenn so ein Wesen nämlich auch allwissend ist, dann weiß es auch, wie Sie sich entscheiden werden. Wie kann dann Ihre Entscheidung noch frei sein, wenn das Ergebnis vorher doch schon gewusst wird, also feststeht? Diese Art des Denkens wird uns im spezifischen Kapitel über den Determinismus (Kap. 4) noch näher beschäftigen.

Luthers protestantischer Nachfolger Johannes Calvin (1509–1564) spitzte die Kritik an der Willensfreiheit in den 1530er-Jahren zur doppelten Prädestinationslehre zu: Gott habe die Menschen von vornherein in die Auserwählten und die Verdammten unterteilt. Demnach können wir rein prinzipiell keinen Einfluss auf unser

Schicksal nehmen, ob wir Erlösung oder Peinigung erfahren werden, ewiges Paradies oder ewiges Fegefeuer.

Seine Zugehörigkeit in eines der beiden Lager könne man einzig durch Erfolg im Diesseits erfahren. Man kann sich leicht vorstellen, wie Menschen durch diese Ideologie zur harten Arbeit angetrieben werden: Wer will schon ewig verdammt sein? Umgekehrt könnte man damit die Ausgrenzung weniger erfolgreicher Individuen oder sogar ganzer Völker rechtfertigen. Deren Schicksal liegt eben an Gottes Vorherbestimmung, nicht an unseren weltlichen Ungerechtigkeiten.

Hier könnte man eine Untersuchung darüber anschließen, inwieweit dieses Denken das „Goldene Zeitalter" der Niederlande im 17. Jahrhundert ermöglichte, mit seinen zahlreichen Meistermalern und Handelserfolgen. Letztere hatten natürlich eine kolonialistische Schattenseite. In ähnlicher Weise brachte der Soziologe Max Weber (1864–1920) in seiner Schrift *Die protestantische Ethik und der Geist des Kapitalismus* christliche Arbeitsmoral mit der Ökonomie in Zusammenhang. Diese Untersuchung würde uns aber zu weit vom eigentlichen Thema wegführen.

Es kam zum Eklat

Warum ist es trotzdem von Bedeutung, sich mit diesen christlichen Standpunkten auseinanderzusetzen? Einerseits unterstreicht es die Tatsache, dass sich Menschen immer wieder Gedanken über Willensfreiheit machten und dabei zu unterschiedlichen Ergebnissen kamen. Andererseits liefert es uns weitere Beispiele für moralisch-gesellschaftliche Folgen philosophischer Thesen, diesmal sogar in Form einer möglichen Revolution: In Ablehnung von

2 Philosophische Vorbemerkungen ...

Calvins Dogmatismus entstand in den Niederlanden nämlich die protestantische Kirche der Remonstranten.

Diese störten sich insbesondere an Calvins strenger Prädestinationslehre. Stattdessen gingen die Remonstranten – man höre und staune! – auf einmal wieder von der Möglichkeit der Willensfreiheit aus. Ihrer Vorstellung nach würde ein allgütiger Gott Menschen niemals von Anfang an verdammen. Es sei insbesondere unsere freie Entscheidung, sich zur Erlösung durch Jesus Christus zu bekennen – und damit unser Schicksal zum Positiven zu wenden. Dazu kamen Gedanken über die Eigenverantwortlichkeit der Menschen, die bis heute die niederländische Kultur prägen.

Diese für ihre Zeit revolutionären Ansichten riefen aber Gegner auf den Plan, die sich praktischerweise Contraremonstranten nannten. Unter Führung des Leidener Theologieprofessors Franciscus Gomarus (1563–1641) wurde die Willensfreiheit wieder abgelehnt und an Calvins strenger Lehre festgehalten. Der Jurist und Staatsmann Johan van Oldenbarnevelt (1547–1619), geboren in der niederländischen Stadt Amersfoort, in der ich diese Zeilen schreibe, war selbst Remonstrant und wollte den Streit schlichten. Dafür lud er aus beiden Lagern jeweils sechs Vertreter nach Den Haag ein.

In den Bürger- und Gelehrtenstreit mischte sich allerdings eine bedeutende Machtfigur ein, nämlich der im hessischen Dillenburg geborene Prinz Maurits von Oranien (1567–1625), Graf zu Nassau-Dillenburg und Statthalter sowie Heeresführer der damaligen Republik der Niederlande. Dieser stellte sich auf die Seite der Contraremonstranten.

Der Streit – wohlgemerkt um die Willensfreiheit! – eskalierte, und schließlich drohte sogar ein Bürgerkrieg, der die Niederlande fast in zwei Teile gespalten hätte. Als sich van Oldenbarnevelt weiter für die Unabhängigkeit der Städte einsetzte und damit die Macht des Prinzen gefährdete, ließ Maurits ihn 1619 kurzerhand als Landesverräter verurteilen – und in aller Öffentlichkeit mit dem Schwert köpfen (Abb. 2.1).

Andere einflussreiche Remonstranten wurden ihrer Ämter enthoben und verfolgt. Viele flohen ins Ausland, um ihr Leben zu retten oder schlicht ihren Glauben weiter frei ausüben zu können. Diese Gnadenlosigkeit der Contraremonstranten und ihres Prinzen schockierte viele Intellektuelle des Landes.

So endete der meines Wissens bis heute vehementeste Streit über die Willensfreiheit auf blutige Weise. Erneut sehen wir, welche gesellschaftlichen Folgen philosophische Ansichten in diesem Themenbereich entfalten können. Bringen wir nach diesen historischen Ausflügen das Kapitel nun auf systematische Weise zum Abschluss, indem wir uns mit der heute üblichen philosophischen Unterscheidung verschiedener Positionen zur Willensfreiheit beschäftigen.

Klassische philosophische Ansätze

Bisher stießen wir immer wieder auf den Determinismus. Die Vorstellung der vollständigen natürlichen – oder wahlweise auch göttlichen – Bestimmung des Laufs der Welt scheint Willensfreiheit unmöglich zu machen. Hierauf hat man sich in der Philosophie aber nicht festlegen lassen. Aus den Gegensatzpaaren Determinismus/Indeterminismus und Willensfreiheit/keine Willensfreiheit lässt sich eine praktische Zwei-mal-zwei-Matrix erstellen, mit der auch die amerikanische Neurophilosophin Adina Roskies (2006) die Möglichkeiten veranschaulichte (Tab. 2.1).

Die beiden „Variablen" Determinismus und Willensfreiheit können demnach jeweils zwei „Werte" – ja oder

Abb. 2.1 Philosophischer Disput oder Machtpolitik? Auf dem zeitgenössischen Pamphlet des Künstlers Salomon Savery (1594–1666) begegnen sich links Contraremonstranten und rechts Remonstranten. *Op de Waeg-Schael* („Auf der Waagschale"), so der Titel des Werks, liegen links unter anderem die Schriften Calvins. Dahinter steht Professor Gomarus mit zum Beten gefalteten Händen. Die Remonstranten haben demgegenüber Insignien des selbstständigen Bürgertums in die Schale geworfen, so van Oldenbarnevelts Anwaltsrock und die Stadtrechte. Der Anwalt und Widersacher von Prinz Maurits steht als Zweiter von rechts persönlich daneben. Laut einem dazugehörigen Gedicht verlief der Disput zum Nachteil der Contraremonstranten, bis schließlich der Prinz die Diskussion beendete: Er legte sein Schwert auf die linke Schale – eine Machtdemonstration. Ein Jahr später würde van Oldenbarnevelt ebenfalls mit einem Schwert geköpft werden. Durch das Fenster rechts zeigt der Künstler, wie die Bürgerwehr von Utrecht ihre Waffen abgeben musste. Das den Städten im Mittelalter zur Selbstverteidigung eingeräumte Privileg war Maurits im Streit der beiden protestantischen Lager ein Dorn im Auge. (Lizenz: Public Domain)

Tab. 2.1 Standpunkte der Libertarianer, Kompatibilisten (weichen Deterministen) und harten Deterministen unterscheiden sich gemäß den Ansichten über Determination und Willensfreiheit (Roskies, 2006)

	Universum ist indeterministisch	Universum ist deterministisch
Freier Wille	Libertarianer	Kompatibilisten (weiche Deterministen)
Kein freier Wille		Harte Deterministen

nein – annehmen. Zweimal zwei ist vier. Von diesen Positionen werden in der Praxis aber nur drei vertreten: Die Libertarianer (von lat. *liber*, „frei") halten das Universum für grundlegend indeterministisch und sehen darin ein Einfallstor für den freien Willen. Demgegenüber stehen die harten Deterministen, die mit der Annahme des Determinismus die Willensfreiheit für erledigt halten. Eine Zwischenposition nehmen die Kompatibilisten (von engl. *compatible*, „vereinbar") ein, indem sie gewissermaßen eine andere Definition von Willensfreiheit vertreten.

Die meisten Menschen nehmen wahrscheinlich erst einmal einen libertarianischen Standpunkt ein, wenn man sie spontan nach ihrer Meinung zur Willensfreiheit fragt. Wir nehmen uns selbst schließlich in der Regel als frei handelnde Subjekte wahr. Libertarianer gehen oft davon aus, dass wir beziehungsweise unsere freien Willen neue Kausalketten in der Welt beginnen können. Das scheint das Prinzip der Energieerhaltung einerseits und das Prinzip der kausalen Geschlossenheit der natürlichen Welt andererseits aber kategorisch auszuschließen. Die physikalischen Begriffe werden wir in Kap. 4 und 5 vertiefen.

Deshalb ist die Annahme des Indeterminismus für den Libertarianismus so entscheidend: Unter diesen Umständen ist der Zustand des Universums zu einem bestimmten Zeitpunkt gerade *nicht* vom vorherigen

Zustand festgelegt. Ein Libertarianer kann also annehmen, dass sich in genau derselben Situation ein Mensch wirklich anders entscheiden kann. Den Unterschied macht – wer hätte es gedacht? – der freie Wille!

Philosophenstreit

Wie in der Philosophie üblich, entbrennt um solche Standpunkte und ihre Voraussetzungen ein heftiger Streit – der im 21. Jahrhundert hoffentlich nicht mehr mit dem Schwert entschieden wird. Gegner werfen den Libertarianern vor, einen unmöglichen oder in sich widersprüchlichen Standpunkt zu vertreten. Dann würden unsere Entscheidungen nämlich von einer Art Zufallsgenerator abhängen und im Prinzip irrational sein.

Das ließe die libertarianische Lösung so erscheinen, als würde man den freien Willen retten, um ihn gleich wieder zu verlieren. Ein anderer Einwand ist, dass ein Libertarianer die Existenz einer immateriellen Seele annehmen müsse, also auf einen Leib-Seele-Dualismus festgelegt sei. Und das ist nicht nur eine unpopuläre Position in der heutigen Debatte, sondern bringt neue Probleme mit sich.

In einer Diskussion sollte man aber immer fair sein und den Standpunkt seines Gegenübers nicht schlechter machen, als er ist. In der Philosophie spricht man sonst von einem Strohmann-Argument. Stroh hat wenig Substanz und lässt sich zwar leicht abfackeln. Der Strohmann ist aber nur der Abklatsch eines richtigen Menschen. Ich will es hier darauf bewenden lassen, dass ich den Libertarianismus zwar nicht für unmöglich oder selbstwidersprüchlich, doch für wenig ergiebig halte.

Der Libertarianer hat, bildlich gesprochen, einen Fuß in der Tür der Diskussion – mehr aber auch nicht. Ihm fehlt ein positiveres und konkreteres Modell vom freien Willen. Wenn nicht Naturvorgänge unsere Entscheidungen festlegen, was genau dann? Wenn jemand die Existenz einer immateriellen Seele annimmt, woher hat er dieses Wissen? Und Seele hin oder her: Wie funktioniert der Mechanismus, mit dem der freie Wille schließlich unsere Entscheidungen festlegt? Zur näheren Beschäftigung mit dieser Position sei auf ihre tatsächlichen Vertreter verwiesen (z. B. Keil, 2007).

Der Standpunkt des harten Determinismus lässt sich vergleichsweise kurz und bündig wiedergeben. Mit dem Libertarianer ist er einer Meinung, dass Determinismus und Willensfreiheit einander ausschließen. Darum bezeichnet man beide Positionen mitunter als Inkompatibilismus. Für den harten Deterministen ist die Welt, wie der Name schon sagt, auf der natürlichen Ebene vollständig festgelegt. Damit erübrigt sich für ihn die Frage nach der Willensfreiheit; wir sind dann eben unfrei und reflektieren in unserem Denken, Fühlen und Handeln schlicht den natürlichen Lauf der Dinge.

Das Opfer für diese Sichtweise bringen wir auf der psychologischen Ebene. Unsere Erfahrung von Freiheit ist dann eine Illusion: Wir können uns niemals anders entscheiden, als wir es tun. Und auch wenn wir tun können, was wir wollen, können wir nicht wollen, was wir wollen, wie es auch Schopenhauer auf den Punkt brachte. Implizit stand dann bereits beim Urknall vor rund 14 Mrd. Jahren fest, wie wir uns genau jetzt entscheiden und was wir genau jetzt tun.

Wen wundert es, dass aus dem Lager der harten Deterministen regelmäßig Forderungen nach einer Revolution unserer moralischen oder rechtlichen Ansichten kommen: ohne Willensfreiheit keine Verantwortung, ohne

Verantwortung keine Schuld und ohne Schuld keine Strafe. Insbesondere gründe unser Strafrecht auf einem einzigen Irrtum. Sind wir also doch nur biologische Automaten? Im praktischen Teil des Buchs gehen wir noch ausführlicher auf diese Fragen ein.

Philosophische Schlichtung

„Nicht so schnell!", erwidert erst noch der dritte Akteur auf dem Willensfreiheitsparkett. Es ist, Sie ahnen es schon, der Kompatibilist. Seiner Meinung nach irren sich sowohl Libertarianer als auch harte Deterministen über die Voraussetzung des Indeterminismus. Gerade das Gegenteil sei wahr: Willensfreiheit sei nicht nur mit dem Determinismus vereinbar, sondern setze ihn sogar voraus. Es komme bloß auf die richtige Form der Determinierung unserer Entscheidungen an.

Hier werden meistens zwei Aspekte genannt: Erstens muss *ich* es sein, der meine Entscheidung festlegt, und nicht etwa *Sie*. Es geht also um das handelnde Subjekt als Ursprung der Handlung und insbesondere den Ausschluss von äußerem Zwang. Zweitens muss meine Entscheidung im Einklang mit meinen Absichten, Überzeugungen, Wünschen und so weiter sein.

Gewissermaßen reicht es dem Kompatibilisten, das zu tun, was er will. In dieser einfachen Form kann man bereits manche Philosophen der antiken Stoa oder aus der Zeit der Aufklärung zu dieser Denkrichtung zählen. Sie war insbesondere in Großbritannien verbreitet, wie sich beispielsweise bei Thomas Hobbes (1588–1679) oder David Hume (1711–1776) nachweisen lässt.

Für diese einfache Form stellen aber tatsächliche Geschehnisse zum Beispiel im Zusammenhang mit psychischen Störungen oder Drogenabhängigkeit ein Problem dar.

Wenn etwa jemand bestimmte Wahnvorstellungen hat, handelt er vielleicht im Einklang mit seinen Wünschen in diesem Moment – aber ist er auch wirklich frei?

Stellen wir uns vor, dass jemand seinen Nachbarn für einen heimlich ersetzten Doppelgänger hält. Diese (zum Glück sehr seltene) Störung ist nach dem französischen Psychiater Joseph Capgras (1873–1950) als Capgras-Syndrom bekannt. Aufgrund dieses Wahns verübt derjenige dann einen Mordanschlag auf den Nachbarn. Oder jemand nimmt Drogen, weil er genau in diesem Moment ein großes Verlangen danach verspürt. Eigentlich will derjenige aber lieber die Finger von den Substanzen lassen.

Ein bis heute von vielen für elegant gehaltener Lösungsvorschlag geht auf den amerikanischen Philosophen Harry G. Frankfurt zurück. Er brachte Wünsche höherer Ordnung ins Spiel (Frankfurt, 1971; s. auch Pauen, 2004). Demnach lassen sich zwei Arten von Drogenabhängigen unterscheiden:

Beide wollen im Moment des Konsums zwar die Substanz nehmen. Einer von beiden will aber von seiner Abhängigkeit loskommen. Er hat sozusagen einen Wunsch höherer Ordnung, *nicht* abhängig zu sein. Dieser steht im Widerspruch zu seinem momentanen Verlangen nach der Droge, dem Wunsch erster Ordnung. Seine konkrete Entscheidung für das Mittel würde man dann nach Frankfurts Modell als unfrei ansehen. Anders ist das bei dem anderen Drogenabhängigen, der sich voll und ganz mit seinem Konsum identifiziert. In ihm herrscht kein Widerspruch zwischen Wünschen verschiedener Ordnung.

Frankfurts Ansatz kann wie folgt zusammengefasst werden: Jemand handelt genau dann aus freiem Willen, wenn sich seine Handlung aus dem Willen ergibt, den er haben will (McKenna & Coates, 2021). Diese Definition muss man wahrscheinlich mehrmals lesen, um sie zu erfassen. Das hat Philosophie mitunter so an sich. Leider aber auch etwas anderes: Selbst mit diesem Vorschlag sind nicht alle Probleme gelöst.

Denken wir an die Person mit dem Capgras-Syndrom zurück. Bei dieser ist unklar, ob sie einen Wunsch höherer Ordnung hat, den Nachbarn *nicht* anzugreifen. Wenn sie voll und ganz im Wahn gefangen ist, hegt sie vielleicht den allgemeineren Wunsch, die Welt von allen Doppelgängern zu befreien.

Hier ließe sich argumentieren, dass diese Wünsche aus der Störung entstehen und eigentlich gar nicht die eigenen Wünsche der Person sind. Das wird im Erleben des Betroffenen aber ganz anders sein und bringt ein weiteres interpretativ-spekulatives Element ins Spiel: Was für Wünsche hätte die Person ohne die Wahnvorstellungen?

Halten wir vorerst fest: Der Kompatibilismus sieht in der richtigen Form von Determination gerade die Voraussetzung von Willensfreiheit, keinen Widerspruch. Zentral ist, ob man Entscheidungen, erstens, selbst trifft und, zweitens, im Einklang mit seinen übrigen Ansichten, Überzeugungen und Wünschen ist. Frankfurt unterschied Wünsche erster und höherer Ordnung. Einen derartigen Standpunkt vertreten heute die meisten Philosophinnen und Philosophen (Bourget & Chalmers, 2014).

In der Matrix (Tab. 2.1) bleibt das Kästchen mit Indeterminismus aber ohne Willensfreiheit übrigens leer, weil dieser Standpunkt unattraktiv ist. Diese Leere erinnert uns aber daran, dass Indeterminismus allenfalls *eine Möglichkeit* für Willensfreiheit bietet und nicht automatisch eine schlüssige Erklärung. Wenn man kompatibel als „mit dem Determinismus vereinbar" versteht, dann wäre im Prinzip auch ein indeterministischer Kompatibilismus vorstellbar. Die drei häufigsten und einflussreichsten Standpunkte haben wir nun aber systematisch zusammengefasst.

Menschen sind keine Atome

Man kann immer weitere Fragen aufwerfen. Tatsächlich haben wir uns in diesem Kapitel aber bereits wichtige Grundlagen angeeignet, mit denen wir im Folgenden weiterarbeiten werden. Ein wichtiger allgemeiner Befund ist, dass der Forschungsgegenstand in Psychologie und Philosophie in essenzieller Weise von dem Standpunkt abhängt, den wir selbst – beziehungsweise die Forscherin oder der Forscher – einnehmen.

Man wirft den Sozial- und Geisteswissenschaften gelegentlich vor, keine „harte Wissenschaft" zu sein. Doch auch in den Naturwissenschaften ist nicht alles „hart". Auch wenn ich diesen Dualismus harte/weiche Wissenschaft als so naiv wie unkonstruktiv ablehne, sind Menschen eben nicht nur die Summe ihrer Atome! Die verschiedenen Zugänge zum Forschungsgegenstand – etwa: Was ist ein Wille, was ein Willensakt, was Willensfreiheit? – gründen in der Natur der Sache, nicht unserer Willkür.

Oft heißt es mit Verweis auf den Philosophen Wilhelm von Ockham (ca. 1288–1347), wissenschaftliche Erklärungen müssten so einfach wie möglich sein. Ja, doch ich ergänze: Sie müssen auch so komplex wie nötig sein, um ihrem Forschungsgegenstand gerecht zu werden. Ähnlich wie man mit einem Mikroskop keine fernen Galaxien beobachten kann, brauchen wir dem Facettenreichtum der Menschen angemessene Konzepte.

In den Naturwissenschaften mag es öfter vorkommen, neue Erkenntnisse und Hypothesen mithilfe allgemeiner Theorien beurteilen und einordnen zu können. Diese Hilfestellung fehlt uns in den Sozial- und Geisteswissenschaften häufig. Wir können aber durchaus Fragen nach der Sinnhaftigkeit, der Kohärenz (dem logischen

Zusammenhang) sowie dem Nutzen unserer Annahmen stellen und beantworten.

Demnach sollten unsere Ansichten zur Willensfreiheit beispielsweise nachvollziehbar und so widerspruchsfrei wie möglich sein. Idealerweise lässt sich damit auch experimentell forschen und beobachtetes Verhalten erklären. Wenn dann auch noch soziale Praktiken dazu passen, haben wir bereits sehr hohe Standards erreicht. Wir werden diese Eigenschaften im Hinterkopf behalten.

Ein Blick in den Duden

Bevor wir uns im nächsten Kapitel endlich mit Max Plancks Ansichten befassen, können wir zum Abschluss der Definitionsfragen schlicht einmal einen Blick in den *Duden* werfen. Das bietet uns eine Möglichkeit, das gelernte Wissen anzuwenden.

In dem Wörterbuch steht zur Willensfreiheit: „Fähigkeit des Menschen, (1) nach eigenem Willen zu handeln, (2) sich frei zu entscheiden." Lassen wir (2) einmal außen vor, weil das die Frage aufwirft, unter welchen Bedingungen eine Entscheidung „frei" ist; darauf kommen wir später zurück. Mit welchen der hier behandelten Positionen wäre (1) vereinbar?

Tatsächlich mit allen! Denn sogar ein harter Determinist muss nicht bestreiten, dass es Willensakte gibt. In seinem Modell sind sie eben nur von vornherein festgelegt. Behavioristen würden sich vor allem an dem Gedanken stören, dass ein nicht näher definierter „Wille" die Ursache des Handelns sein soll. Laut deren Ansatz leiten wir den Willen indirekt aus dem beobachteten Verhalten ab. Und dieses soll wiederum Ergebnis der Umstände von Belohnung und Strafe sein, nicht eines freien Willens.

Nun darf man von der *Duden*-Redaktion nicht zu viel philosophische Tiefsinnigkeit erwarten. Vergleichen wir die obige Definition aber in einem zweiten Lernschritt mit dem Eintrag für „Handlungsfreiheit". Dazu heißt es: „Freiheit, unabhängig, nach eigenem Wunsch oder Ermessen zu handeln." Das ist bei näherer Betrachtung dasselbe wie unter (1) oben. Der einzige Unterschied ist dann, dass es um Wünsche statt den Willen geht.

Das veranschaulicht das oben genannte Kriterium der Kohärenz: Wenn Willens- und Handlungsfreiheit laut Definition dasselbe sind, dann ist entweder die Unterscheidung irrelevant oder die Definition schlecht. Ich überlasse es erst einmal Ihnen, dieses Problem aufzulösen. Sie könnten sich auch überlegen, wie man die *Duden*-Definition von Willensfreiheit anpassen müsste, um damit den Kompatibilisten zufriedenzustellen. Jetzt begegnen wir erst einmal dem berühmten Physiker, der dem Buch seinen Namen gegeben hat.

Literatur

Bourget, D., & Chalmers, D. J. (2014). What do philosophers believe? *Philosophical Studies, 170*, 465–500.

Frankfurt, H. G. (1971). Freedom of the will and the concept of a person. *The Journal of Philosophy, 68*, 5–20.

Hieronymi, P. (2022). What is a will? In U. Maoz & W. Sinnott-Armstrong (Hrsg.), *Free will: Philosophers and neuroscientists in conversation* (S. 13–20). Oxford University Press.

Keil, G. (2007). *Willensfreiheit*. de Gruyter.

Lexikon der Neurowissenschaft: https://www.spektrum.de/lexikon/neurowissenschaft/.

Luther, M. (1525/1908). De servo arbitrio. In: *Martin Luthers Werke. Kritische Gesamtausgabe* (Bd. 18, S. 600–787).

Böhlau. Zitiert aus der Übersetzung auf: https://www.heiligenlexikon.de/Literatur/Martin_Luther_unfreier_Willen.htm. Zugegriffen: 19. Mai 2022.

Maoz, U., & Sinnott-Armstrong, W. (Hrsg.). (2022). *Free will Philosophers and neuroscientists in conversation*. Oxford University Press.

McKenna, M., & Coates, D. J. (2021). Compatibilism. In E. N. Zalta (Hrsg.), *The stanford encyclopedia of philosophy*. https://plato.stanford.edu/archives/fall2021/entries/compatibilism. Zugegriffen: 19. Mai 2022

Pauen, M. (2004). *Illusion Freiheit? Mögliche und unmögliche Konsequenzen der Hirnforschung*. Fischer.

Raju, P. T. (1985). *Structural depths of Indian thought*. State University of New York Press.

Roskies, A. (2006). Neuroscientific challenges to free will and responsibility. *Trends in Cognitive Sciences, 10*, 419–423.

Roskies, A. (2022). What kind of neuroscientific evidence, if any, could determine whether anyone has free will? In U. Maoz & W. Sinnott-Armstrong (Hrsg.), *Free will: Philosophers and neuroscientists in conversation* (S. 71–79). Oxford University Press.

Schopenhauer, A. (1841/1978). *Preisschrift über die Freiheit des Willens*. Meiner.

Skinner, B. F. (1971). *Beyond freedom and dignity*. Bantam Books.

3

Max Plancks Argument

Zusammenfassung Max Planck machte sich nicht nur als bedeutender theoretischer Physiker, sondern auch mit seinem populärwissenschaftlichen Engagement einen Namen. Mit dem Problem der Willensfreiheit hat er sich sogar wiederholt beschäftigt. In diesem Kapitel werden wir sehen, wie der Physiker die Willensfreiheit verteidigt. Für Planck löst sich das Problem auf, wenn man es aus der richtigen Perspektive betrachtet. Dort, wo die Wissenschaft keine Orientierungshilfe für das Leben bietet, bringt er schließlich die Ethik ins Spiel.

„Der Wille lässt sich vom Verstand wohl beeinflussen, aber niemals vollständig beherrschen. Wie tief auch die verstandesmäßige Einsicht in das Dunkel der eigenen Willensmotive eindringen mag, bei der Endentscheidung ist der Wille souverän und gibt den Ausschlag unabhängig vom Verstand." (*Der Physiker Max Planck,* 1939, S. 20)

Max Planck (1858–1947) war ein Pionier auf dem Gebiet der theoretischen Physik und gilt heute als Begründer der Quantenphysik. Bereits 1885, kurz nach seinem 27. Geburtstag, wurde er von der Universität Kiel zum außerordentlichen Professor für theoretische Physik berufen. Nur vier Jahre später wechselte er an die Universität Berlin, die ihn schließlich 1892 zum ordentlichen Professor ernannte.

In unserem Zusammenhang ist von besonderem Interesse, dass der Berliner Lehrstuhl für Physik erst noch an der Philosophischen Fakultät angesiedelt war. Angesichts der Durchbrüche von Theoretikern wie Planck oder dem etwas jüngeren Albert Einstein (1879–1955) kam damals der Gedanke auf, dass Physiker nun die Arbeit der Philosophen übernehmen würden. In unserer Zeit, genauer im Jahr 2012, schrieb dann der britische theoretische Physiker Stephen Hawking (1942–2018) zusammen mit dem amerikanischen Autor Leonard Mlodinow in *The Grand Design,* dass die Philosophie tot sei. Ich überlasse den Leserinnen und Lesern selbst die Entscheidung, ob sie dem zustimmen oder nicht.

Planck war jedenfalls auch sehr intensiv an Fragen der Wissenschaftstheorie, Moral und Religion interessiert. Das und seine außergewöhnlichen Bemühungen, einer breiteren Öffentlichkeit neue wissenschaftliche Erkenntnisse näherzubringen, haben uns nicht zuletzt seinen Aufsatz über die Willensfreiheit beschert. Nach diesem bedeutenden Physiker, der 1919 mit dem Nobelpreis ausgezeichnet wurde, benannte man nach dem Zweiten Weltkrieg die Max-Planck-Gesellschaft mit ihren auch heute noch sehr angesehenen Forschungsinstituten. An einem dieser Institute, nämlich dem Max-Planck-Institut für Hirnforschung in Frankfurt am Main, hatte ich selbst 2004 meine erste aktive Begegnung mit der Hirnforschung.

Über Plancks Leben lassen sich noch mehr interessante Details nennen, doch das behalten wir uns für das Kapitel über Wissenschaftler als Menschen (Kap. 9) vor. Nur so viel vorab: Seinem außerordentlichen beruflichen Erfolg standen ebenso außerordentliche persönliche Rückschläge gegenüber. Beispielsweise wurde sein Sohn Erwin (1893–1945) nur wenige Monate vor Ende des Zweiten Weltkriegs von den Nationalsozialisten hingerichtet. Er war wegen seiner Beteiligung am gescheiterten Attentat vom 20. Juli 1944 auf Hitler zum Tode verurteilt worden.

Vom Wesen der Willensfreiheit

Heute würde man sagen, dass sich Max Planck intensiv für Wissenschaftskommunikation eingesetzt hat. So hielt er beispielsweise 1913, beim Antritt des Rektorats der Universität Berlin, den Vortrag „Neue Bahnen der physikalischen Erkenntnis". Schon 1923 beschäftigte er sich mit „Kausalgesetz und Willensfreiheit". Seine interdisziplinären Vorträge wurden als Hefte herausgegeben und verkauften sich gut. Besonders beliebt waren „Religion und Naturwissenschaft" sowie „Das Weltbild der neuen Physik", die es schon zu seinen Lebzeiten auf jeweils zehn Auflagen schafften und auch danach gefragt blieben.

In dem für unsere Zwecke im Zentrum stehenden Vortrag „Vom Wesen der Willensfreiheit" behandelte Planck also schon zum zweiten Mal das Thema für eine breite Öffentlichkeit. Dafür referierte er am 27. November 1936 vor der Ortsgruppe Leipzig der Deutschen Philosophischen Gesellschaft. 1939 erschien der Vortrag bereits in der dritten Auflage. Darin entwickelt der Physiker ein Argument für die Willensfreiheit, das wir uns nun im Detail anschauen werden.

Planck verweist am Anfang erst einmal auf die zunehmenden Zweifel an der Möglichkeit der Willensfreiheit unter seinen Zeitgenossen. Schon im 19. Jahrhundert hatten wissenschaftliche Durchbrüche, damals auf dem Gebiet der Physiologie, zum sogenannten Materialismusstreit geführt (Bayertz et al., 2007; Pauen, 2007). Vollständigere Beschreibungen des Nervensystems befeuerten den Konflikt zwischen den Beschreibungen des Menschen als Kultur- oder Naturwesen, den wir bereits in der Einleitung kennengelernt haben. Die Ähnlichkeiten mit unserer heutigen Debatte sind frappierend, bis hin zu den Forderungen nach einem neuen Strafrecht (Schleim, 2009).

In Plancks Zeit waren es natürlich vor allem bahnbrechende Entdeckungen der Physik, die ein neues Welt- und vielleicht sogar Menschenbild nahelegten. In den Worten des theoretischen Physikers geht es um die Frage,

> „wie das in uns lebende Bewusstsein der Willensfreiheit, welches aufs engste gepaart ist mit dem Gefühl der Verantwortlichkeit für unser Tun und Lassen, in Einklang gebracht werden kann mit unserer Überzeugung von der kausalen Notwendigkeit alles Geschehens, die uns doch jeder Verantwortung zu entheben scheint." (Planck, 1939, S. 3)

Hier passieren zwei Dinge: Erstens werden Kausalität und Willensfreiheit aufeinander bezogen, zweitens Willensfreiheit und Verantwortlichkeit. Damit nennt Planck die wichtigsten „Zutaten" der Debatte in einem Satz.

Er verweist auf „namhafte Physiker", die Kausalgesetz und Willensfreiheit gegeneinander ausspielen. Einige würden in den Entdeckungen der Quantenmechanik einen Ausweg sehen. Doch Planck problematisiert das so, wie man es heute noch gegen die Libertarianer wendet: „Wie sich allerdings die Annahme eines blinden

Zufalls mit dem Gefühl der moralischen Verantwortung zusammenreimen soll, lassen sie dahingestellt" (ebenda).

Wissenschaft, Determinismus und Kausalität

Im nächsten Schritt verweist der Physiker auf die Aufgabe der Wissenschaft, in der Natur – einschließlich uns Menschen – gesetzliche Zusammenhänge zu suchen. Dabei gehe es vor allem um Kausalität und Determinismus: „In diesem Sinn sprechen wir auch von der Gültigkeit eines allgemeinen Kausalgesetzes und von der Determinierung sämtlicher Vorgänge in der natürlichen und in der geistigen Welt durch dieses Gesetz" (ebenda, S. 5).

Wie versteht Planck nun diese wichtigen Begriffe? Als Voraussage beziehungsweise die Vorhersehbarkeit von Ereignissen:

„Es genügt uns hier allein die Feststellung, daß ein Vorgang, welcher mit Sicherheit vorausgesehen werden kann, irgendwie kausal determiniert ist, und umgekehrt, dass, wenn man von kausaler Gebundenheit eines Vorganges redet, dies immer zugleich auch in sich schließt, dass das Eintreten des Vorganges vorausgesehen werden kann […]." (Planck, 1939, S. 6)

Dazu merkt er noch an, dass die Voraussage natürlich vom verfügbaren Wissen abhängig ist. Außerdem müsse derjenige, der die Vorhersage trifft, bloß passiver Beobachter sein und nicht aktiv in den Lauf der Dinge eingreifen dürfen, denn sonst könnte er das zukünftige Ereignis durch sein eigenes Handeln verändern und damit die Voraussage widerlegen.

Anschließend wechselt Planck vom allgemeinen Kausalprinzip zu uns Menschen, auf „die Vorgänge im bewussten und unterbewussten Seelenleben, die Gefühle, Empfindungen, Gedanken, und schließlich auch de[n] Willen" (ebenda, S. 7). So gelangt er zum folgenden Standpunkt:

> „Wir nehmen also an, dass auch der menschliche Wille kausal determiniert ist, d. h., dass in jedem Falle, wo jemand in die Lage kommt, entweder spontan, oder auch nach längerer Überlegung einen bestimmten Willen zu äußern oder eine bestimmte Entscheidung zu treffen, ein hinreichend scharfsinniger, aber sich vollkommen passiv verhaltender Beobachter imstande ist, das Verhalten des Betreffenden vorauszusehen." (Planck, 1939, S. 7)

Gleichzeitig räumt Max Planck ein, dass es unter seinen Zeitgenossen niemanden geben dürfte, der über das hierfür nötige Wissen verfügt. Er formuliert also einen hypothetischen Standpunkt. Seiner Meinung nach passt dieser aber gut zu unserem Alltagsleben und wie wir Menschen miteinander umgehen. Das liege vor allem daran, dass wir das Verhalten unserer Mitmenschen oft vorhersehen könnten:

> „Je besser wir einen Menschen kennen, um so sicherer ist unser Urteil über sein Verhalten, und wenn er sich anders benimmt als wir erwarten, so schieben wir das nicht auf eine Lücke im Kausalzusammenhang, sondern auf die Wirkung besonderer uns vorher nicht bekannter oder nicht genügend beachteter Umstände. Auch solche Äußerungen, die wir als Willkür oder Laune bezeichnen, führen wir nicht auf einen Zufall, sondern immer auf eine bestimmte eigentümliche Veranlagung der betreffenden Persönlichkeit zurück. In keinem Falle kommen wir vorwärts ohne die Annahme einer durchgehenden Kausalität." (Planck, 1939, S. 9)

Selbsterkenntnis und Freiheit

Planck lädt uns im Folgenden dazu ein, das Problem auf uns selbst zu beziehen. Dafür unterteilt er uns – wieder hypothetisch – in ein wollendes und ein erkennendes Ich. Letzteres soll versuchen, die Entscheidungen des wollenden Ichs kausal zu erklären, tritt also als der oben genannte Beobachter auf.

Dabei gelangt der Physiker aber schnell zur Schlussfolgerung, dass das prinzipiell nur für vergangene, nicht aber zukünftige Entscheidungen gelten kann, denn die Unterscheidung der beiden Ichs sei nur theoretischer Natur; in Wirklichkeit seien wir eine Einheit. Im übertragenen Sinne könnte man sagen, dass das wollende Ich weiß, was das erkennende Ich herausfindet – und sich auf Grundlage dieses Wissens anders entscheiden könnte.

Wenn also das erkennende Ich vorhersieht, was das wollende Ich entscheiden wird, entsteht eine neue Situation. In dieser könnten, so Planck, neue Willensmotive wirksam werden, die zu einer anderen Entscheidung führen. In uns selbst ist der Beobachter eben nicht getrennt vom Beobachteten, ist er nicht passiv.

Das führt uns letztlich in einen unendlichen Regress: In jeder neuen Situation könnte das erkennende Ich freilich wieder eine Vorhersage treffen, wodurch wieder eine neue Situation entsteht, und so weiter. Die Voraussage funktioniert also nur dann, wenn der Beobachter das Beobachtete nicht beeinflussen kann.

Letztere Bedingung ist laut Planck allerdings für vergangene Entscheidungen erfüllt. Dann seien die Tätigkeiten des wollenden Ichs bereits abgeschlossen und könnten die Beobachtungen des erkennenden Ichs sie nicht mehr ändern. Dann könnten wir, so der Physiker, unsere Entscheidungen kausal erklären, nämlich aus bewussten und unbewussten Willensmotiven heraus.

Für Planck reicht es, dass dies nur prinzipiell möglich ist, auch wenn unser Wissen in der Praxis immer begrenzt sei:

„Insofern darf man sagen, dass die vollständige Erkenntnis des kausalen Ablaufs eigener vergangener Willenshandlungen einschließlich ihrer dunkelsten Motive wenigstens grundsätzlich durchaus im Bereich der Möglichkeit gelegen ist." (Planck, 1939, S. 16)

Sehr ähnlich fasst das übrigens Gribbin in seiner populärwissenschaftlichen Einführung in die Quantenphysik zu Werner Heisenberg (1901–1976) zusammen:

„Die Zukunft ist ihrer Natur nach unbestimmt – wir wissen nicht genau, wohin wir gehen; aber die Vergangenheit ist eindeutig definiert – wir wissen genau, woher wir gekommen sind." (Gribbin, 2014, S. 208)

Damit ist zwar Max Plancks Grundannahme über die Wissenschaft – die kausale Geschlossenheit der Welt im Sinne von Vorhersehbarkeit – gerettet. Ein positives Argument für die Willensfreiheit haben wir damit aber noch nicht. Hier bemüht der Physiker einen Kunstgriff, den wir später noch kritisch analysieren werden: Erstens würden wir unsere Willensfreiheit unmittelbar erfahren; zweitens würde auch das Bewusstsein unserer moralischen Verantwortung dafür sprechen; und drittens sei das wollende Ich, um auf diese Unterscheidung zurückgekommen, auch nicht an das Ergebnis des erkennenden Ichs gebunden.

Wenn also in der Selbstbeobachtung alle unsere Willensmotive ans Tageslicht kämen und eine bestimmte Entscheidung nahezu aufzwängen, könnten wir uns trotzdem anders entscheiden. Darin sieht Planck einen Ausdruck unseres Charakters. Die entscheidende, darum hier auch etwas länger zitierte Textstelle lautet:

„Nein, die Freiheit des Willens beruht ebenso wenig auf einer Unvollkommenheit des Erkenntnisvermögens, wie auf einer vollkommenen Einsicht in die eigenen Willensmotive. Sie beruht auch nicht, wie jetzt vielfach behauptet wird, auf einer Lücke im Kausalzusammenhang, sondern sie beruht auf dem Umstand, dass der Wille eines Menschen seinem Verstande vorgeht, oder, wie man auch sagen kann, dass sein Charakter mehr wiegt als sein Intellekt. Der Wille lässt sich vom Verstand wohl beeinflussen, aber niemals vollständig beherrschen. Wie tief auch die verstandesmäßige Einsicht in das Dunkel der eigenen Willensmotive eindringen mag, bei der Endentscheidung ist der Wille souverän und gibt den Ausschlag unabhängig vom Verstand." (Planck, 1939, S. 20)

Eine Frage der Betrachtungsweise

Damit löst Planck, wohl nicht ganz untypisch für einen Quantenphysiker, den scheinbaren Widerspruch durch einen Perspektivenwechsel: *Frei* seien wir, weil wir unsere zukünftigen Entscheidungen prinzipiell nicht voraussagen könnten, denn einerseits würde so eine Vorhersage eine neue Situation schaffen, weil das erkennende Ich eben kein passiver Beobachter ist, und andererseits sei das wollende Ich auch nicht an dessen Ergebnisse gebunden.

Kausal determiniert seien wir aber dennoch aus der Außenperspektive, weil unser Verhalten dann – von einem passiven Beobachter mit dem nötigen Wissen – zumindest prinzipiell vorhersehbar sei; damit rettet der Physiker seine wissenschaftlichen Grundannahmen. Dazu ein weiteres entscheidendes Zitat:

„Denn die Antwort auf die Frage, ob der Wille kausal gebunden ist oder nicht, lautet verschieden, je nach dem Standort, der für die Betrachtung gewählt wird. Von außen, objektiv betrachtet, ist der Wille kausal gebunden; von innen, subjektiv betrachtet, ist der Wille frei. Oder anders gefasst: Fremder Wille ist kausal gebunden, jede Willenshandlung eines andern Menschen lässt sich, wenigstens grundsätzlich, bei hinreichend genauer Kenntnis der Vorbedingungen, als notwendige Folge aus dem Kausalgesetz verstehen und in allen Einzelheiten vorausbestimmen. Inwieweit das praktisch geschehen kann, ist lediglich eine Frage der Intelligenz des Beobachters. Der eigene Wille dagegen ist nur für vergangene Handlungen kausal verständlich, für zukünftige Handlungen ist er frei, eine eigene zukünftige Willenshandlung lässt sich unmöglich, auch bei noch so hoch ausgebildeter Intelligenz, rein verstandesmäßig aus dem gegenwärtigen Zustand und den Einflüssen der Umwelt ableiten." (Planck, 1939, S. 21 f.)

Zur Verteidigung seiner Position erinnert Planck daran, dass in der Physik – insbesondere auch nach der Relativitätstheorie – verschiedene Bezugssysteme nebeneinander existieren könnten, und zwar „gleich korrekt und gleich berechtigt" (Planck, 1939, S. 23). So kann er die Willensfreiheit retten, ohne die kausale Geschlossenheit aufzugeben. Es komme eben auf die richtige Betrachtung an: Dabei sei der subjektiv-persönliche Standpunkt eines Individuums „berechtigt und sogar unmittelbar gegeben" und könne neben „der objektiven Determiniertheit des Willens" (ebenda) aus wissenschaftlicher Sicht bestehen.

Somit gibt es für Planck gar kein Willensfreiheitsproblem, sondern allenfalls einen Streit um Betrachtungsweisen. Wir erinnern uns an Kap. 1, in dem wir sahen, dass dieser bereits seit über 2500 Jahren anhält. Der berühmte Physiker löst den Streit dadurch, dass er Innen- und Außenperspektive gleichberechtigt nebeneinanderstellt.

Eine Frage der Ethik

Manche Leserinnen und Leser wird das vielleicht nicht befriedigen. Eine gründlichere philosophische Analyse werden wir später im Buch vornehmen, wenn wir beispielsweise die Begriffe „Kausalität" und „Determinismus" näher analysieren. Davon abgesehen bleibt aber noch eine wichtige praktische Frage: Wenn unser Wille frei ist, wie gerade beschrieben, woran sollen wir uns dann im wirklichen Leben orientieren? Die Wissenschaft kann diese Orientierung laut Planck jedenfalls nicht geben. Und hier bringt er eine andere Disziplin ins Spiel: die Ethik!

Diese würde dem Willen bestimmte Richtlinien und Werturteile vorgeben. So komme neben das „kausale ‚Muss'" der Wissenschaft das „moralische ‚Soll'" (Planck, 1939, S. 25). Hierzu räumt der Physiker aber ein, dass nicht nur in verschiedenen Kulturen, sondern sogar in einer Gesellschaft unterschiedliche Ethiken miteinander um Geltung konkurrierten. Das wichtigste Kriterium ist für ihn die dauerhafte Bewährung im praktischen Leben.

Als Entscheidungshilfe empfiehlt Planck, sich das Leben derjenigen anzuschauen, die eine bestimmte Ethik vertreten: Leben sie im Einklang mit ihren Werten, und sind sie sogar bereit, dafür einen hohen Preis zu zahlen? Als Beispiele erwähnt er tatsächlich den uns inzwischen gut bekannten Sokrates sowie Jesus, denn beide hätten letztlich sogar ihr eigenes Leben für ihre moralischen Überzeugungen geopfert.

Damit haben wir Max Plancks Standpunkt gründlich kennengelernt; wer sich noch ausführlicher mit ihm beschäftigen will, findet im Anhang den vollständigen Aufsatz. Hiermit endet das Buch aber nicht – im Gegenteil, es fängt gerade erst richtig an!

Im nächsten Kapitel werden wir nämlich Plancks Vorschlag und seine zentralen Begriffe aus Sicht der heutigen Wissenschaftstheorie diskutieren. Danach folgen Vertreterinnen und Vertreter aus der heutigen Forschungswelt, vor allem der Physik und den Neurowissenschaften, bevor wir uns mit praktischer Freiheit beschäftigen.

Fassen wir am Ende dieses Kapitels noch einmal die wesentlichen Punkte von Plancks Argumentation zusammen: Sein Ausgangspunkt sind die kausale Geschlossenheit und Determiniertheit der Welt, die er als Vorhersagbarkeit versteht. Eine prinzipielle Vorhersagbarkeit gebe es aber immer nur aus der Außenperspektive, unter der Annahme eines passiven Beobachters mit dem nötigen Wissen. Dabei räumt der Physiker ein, dass das die praktischen Möglichkeiten seiner Zeit übersteigt.

Aus der Innenperspektive gebe es diese Vorhersagbarkeit aber prinzipiell nicht, da wir uns selbst nicht rein passiv beobachten könnten und eine Vorhersage notwendigerweise zu einer neuen Situation führe, in der man sich dann wieder anders entscheiden könne; zudem sei das wollende Ich nicht an die Ergebnisse des erkennenden Ichs gebunden. Hier komme die Ethik als Orientierungshilfe ins Spiel.

Literatur

Bayertz, K., Gerhard, M., & Jaeschke, W. (Hrsg.). (2007). *Weltanschauung, Philosophie und Naturwissenschaft im 19. Jahrhundert: Band 1, Der Materialismus-Streit*. Felix Meiner.

Gribbin, J. (2014). *Auf der Suche nach Schrödingers Katze: Quantenphysik und Wirklichkeit* (8. Aufl., E-Book). Piper.

Pauen, M. (2007). *Was ist der Mensch? Die Entdeckung der Natur des Geistes*. Deutsche Verlags-Anstalt.

Planck, M. (1939). *Vom Wesen der Willensfreiheit* (3. Aufl.). Johann Ambrosius Barth.

Schleim, S. (2009). Der Mensch und die soziale Hirnforschung: Philosophische Zwischenbilanz einer spannungsreichen Beziehung. In S. Schleim, T. M. Spranger, & H. Walter (Hrsg.), *Von der Neuroethik zum Neurorecht? Vom Beginn einer neuen Debatte* (S. 37–66). Vandenhoeck & Ruprecht.

4

Determinismus und Kausalität

Zusammenfassung In Diskussionen des Willensfreiheitsproblems kommt man früher oder später auf den Determinismus und die kausale Geschlossenheit der Welt zu sprechen. Diese Begriffe sind in diesem Kapitel zentral. Dabei erweist sich die Unterscheidung als relevant, wie die Welt *wirklich* ist und wie sie uns *erscheint*. So erscheinen physikalische Versuche wie das magnetische Pendel für uns als unvorhersehbar, auch wenn sie deterministischen Gesetze unterliegen. Der für die Quantenphysik so zentrale Doppelspaltversuch wird ebenfalls behandelt, bevor wir uns abschließend mit Kausalität im Alltag beschäftigen.

„Höchste Aufgabe des Physikers ist also das Aufsuchen jener allgemeinsten elementaren Gesetze, aus denen durch reine Deduktion das Weltbild zu gewinnen ist. Zu diesen elementaren Gesetzen führt kein logischer Weg, sondern

nur die auf Einfühlung in die Erfahrung sich stützende Intuition." (Der Physiker und Nobelpreisträger Albert Einstein in seiner Ansprache vom 26. April 1918 in der Deutschen Physikalischen Gesellschaft zum Anlass des 60. Geburtstags Max Plancks)

In den bisherigen Kapiteln haben wir den Konflikt zwischen den Beschreibungen des Menschen als Natur- und Kulturwesen kennengelernt. An einem konkreten Beispiel sahen wir, dass die Antwort, Sokrates sei im Gefängnis, weil seine Muskeln, Sehnen und Knochen sich so und so bewegten, zwar stimmt, doch am Thema vorbeigeht.

Die Frage nach dem Warum oder dem Grund war viel wesentlicher. Dafür spielten der historische Kontext, das Gerichtsurteil und Sokrates' Ideale eine entscheidende Rolle. Der Philosoph hätte schließlich auch ins Exil gehen oder mithilfe seiner Freunde aus dem Gefängnis fliehen können. Dass er seinen Idealen bis in den Tod folgte, nahm Max Planck wiederum zum Anlass, dem Philosophen eine hohe moralische Integrität beizumessen.

Auch bei Planck ging es um Beschreibungsebenen. Er unterschied mit Blick auf das Willensfreiheitsproblem die Innen- und Außenperspektive. Demnach sind wir gewissermaßen gleichzeitig frei und nicht frei, abhängig davon, wie wir uns selbst betrachten. Manche erinnert das vielleicht an Schrödingers Katze. Das ist das Gedankenexperiment, mit dem der theoretische Physiker Erwin Schrödinger (1887–1961) eine bestimmte Interpretation der Quantenphysik – die Kopenhagener Deutung – problematisierte.

Dabei wird ein Zufallsereignis auf der atomaren Ebene – radioaktiver Zerfall – mit der Vergiftung einer Katze verknüpft. Natürlich spielt das Haustier hier keine zentrale

Rolle, sondern es geht um den Zusammenhang von mikro- und makroskopischer Welt. Laut dem Gedankenexperiment müsste eine Mehrheit der Physiker die Katze nämlich paradoxerweise für gleichzeitig lebendig und tot halten, bis ihr Zustand mit einer Messung eindeutig festgestellt wird.

Max Planck ging von der Voraussetzung einer vollständig kausal determinierten Welt aus – und dass umgekehrt Zufall den freien Willen nicht retten würde. Der theoretische Physiker stellte sich sogar auf den Standpunkt, dass die kausale Geschlossenheit eine Grundvoraussetzung für die Wissenschaft schlechthin sei. Sein Lösungsvorschlag, dass wir – je nach Perspektive – frei oder nicht frei sind, mag manchen so paradox erscheinen wie die Sache mit der Katze.

Um solche Fragen besser einordnen zu können, betrachten wir in diesem Kapitel die Begriffe der Kausalität, des Determinismus und Indeterminismus genauer. Dabei kommen wir nicht darum herum, uns mit einigen Grundlagen aus der Wissenschaftstheorie zu beschäftigen. Wem das zu viel wird – wahrscheinlich ist dies das schwierigste Kapitel –, der kann in Kap. 5 (Physik), Kap. 6 (Neurowissenschaften) oder Kap. 7 (Zwischenbilanz) weiterlesen. Der danach folgende Teil II wird ohnehin praktischer.

Wissenschaft und Naturalismus

Zuerst aber noch eine Nebenbemerkung zur Bedeutung der kausalen Geschlossenheit der Welt für die Wissenschaft. In der Philosophie gibt es keine Denkverbote. Darum sollten wir auch diese folgenschwere Annahme hinterfragen. Wir erinnern uns, dass Planck (1939, S. 5) es als Aufgabe der Wissenschaft formulierte „bei allem

Geschehen in der Natur oder im menschlichen Leben nach gesetzlichen Zusammenhängen zu suchen". Das verstand er dann im Sinne „der Gültigkeit eines allgemeinen Kausalgesetzes und von der Determinierung sämtlicher Vorgänge in der natürlichen und in der geistigen Welt durch dieses Gesetz" (ebenda).

Vereinfacht auf den Punkt gebracht heißt das: ohne vollständige kausale Determiniertheit keine Wissenschaft! Wie plausibel ist aber diese Annahme? Forscherinnen und Forscher beschreiben aktiv im Experiment oder passiv durch Beobachtung festgestellte Muster in der Welt. Im Idealfall können sie diese zu Gesetzesaussagen verallgemeinern.

Ein einfaches Beispiel sei der freie Fall im homogenen Feld, wonach die Geschwindigkeit v eines am Anfang ruhenden Körpers bei der konstanten Beschleunigung a (etwa durch die Schwerkraft mit ca. $g = 9{,}81$ m/s^2) nach der Zeit t das Produkt aus Beschleunigung und Zeit ist, $v(t) = a * t$.

Zum Thema Schwerkraft und „harte" Wissenschaft eine Nebenbemerkung: Während das Buch entstand, berichtete ein Forscherteam um Jürg Dual von der ETH Zürich, die Gravitationskonstante neu berechnet zu haben. Dabei wichen die Messungen um immerhin 2,2 % vom bisherigen Wert ab (Brack et al., 2022). Das ist für physikalische Verhältnisse sehr viel! Ein Problem ist, dass sich diese Konstante nicht mathematisch herleiten und im Experiment nur schwer von anderen Einflüssen abschirmen lässt. Die Messungen sind darum ein voranschreitender Näherungsprozess.

Bereits in der Schule dürften wir gelernt haben, dass die Formel $v(t) = a * t$ nur unter idealen Voraussetzungen und nur näherungsweise gilt. So ändert sich in der Praxis die Beschleunigungskraft minimal und bremst der Luftwider-

4 Determinismus und Kausalität

stand den fallenden Körper, wenn man etwa von einem Turm eine Kugel fallen lässt. Ist die Strecke lang genug, halten sich Beschleunigungs- und Bremskraft irgendwann die Waage.

Das macht sich der Fallschirmspringer zunutze, der mit dem geöffneten Schirm seinen Luftwiderstand absichtlich vergrößert. Insbesondere gilt $v(t) = a * t$ auch nur so lange, bis der Körper auf irgendein anderes Objekt fällt, etwa den Erdboden. Das klingt zwar trivial, veranschaulicht aber die Idealisierungen, Vereinfachungen und Rahmenbedingungen, unter denen solche Gesetzesaussagen gelten.

Anders als es Plancks Standpunkt ausdrückt, bin ich der Meinung, dass man für die wissenschaftliche Arbeit keinen vollständigen kausalen Determinismus annehmen muss. Zusammenhänge der Form $v(t) = a * t$ lassen sich entdecken, formulieren und nutzen, solange es bestimmte Muster in der Welt gibt. Dafür braucht man keine Annahme darüber zu treffen, wie sich die Welt als Ganzes verhält. Gerade über gute Wissenschaft heißt es oft, sie solle sparsam mit Annahmen umgehen. In Kap. 2 brachten wir das in die Form: Wissenschaftliche Erklärungen sollen so einfach wie möglich, doch auch so komplex wie nötig sein.

Wichtig ist an dieser Stelle die Feststellung, dass sich Wissenschaft auch bescheidener denken und nutzen lässt. Das haben wir mit $v(t) = a * t$ gerade gesehen, weil dieses Gesetz Indeterminismus nicht ausschließt und ohnehin eine Idealisierung ist. Voraussetzung ist allein, dass Körper 1) unter bestimmten Voraussetzungen 2) nach einem bestimmten Muster fallen, hier beschrieben als Produkt von Beschleunigung und Zeit. Weitere Beispiele werden folgen. Damit ist gezeigt, dass der kausale Determinismus keine zwingende Voraussetzung für das Betreiben von

Wissenschaft ist. Es handelt sich vielmehr um eine philosophische Annahme, die man treffen kann – aber nicht muss. Üblicherweise ordnet man diese der Position des Naturalismus zu.

Dieser besagt, vereinfacht ausgedrückt, dass sich alles, was es in der Welt gibt, naturwissenschaftlich erklären lässt. Der uns inzwischen gut bekannte Streit der Perspektiven auf den Menschen lässt aber bereits Zweifel an dieser Position aufkommen. Zudem ist es schlicht ein Fakt, dass wir – auch beim heutigen Wissensstand – sehr viel *nicht* erklären können. Ob das jemals anders sein wird, ist spekulativ und lässt sich aus keiner bisherigen wissenschaftlichen Erkenntnis ableiten. Beim Naturalismus handelt es sich also um einen philosophischen und keinen naturwissenschaftlichen Standpunkt. Das wird in der Diskussion – und insbesondere von Naturalisten – leider nicht immer korrekt unterschieden.

Mit Blick auf Plancks Gedanken hat das noch einen interessanten Nebenaspekt. Der theoretische Physiker war nämlich gläubiger Christ (z. B. Planck, 1938/1990). In heutigen Diskussionen werden Naturalismus auf der einen und spirituelle oder religiöse Sichtweisen mit ihren übernatürlichen Vorgängen auf der anderen Seite in der Regel als strikt unvereinbar gegenübergestellt.

Hier müsste man an Planck die Frage richten, wie sich seine Annahme über die Voraussetzungen der Wissenschaft mit seinem Glauben an einen Gott vereinbaren lässt. Oder ist das vielleicht auch nur eine Frage der richtigen Perspektive? Eine tiefere Beschäftigung mit dem Naturalismus, Wissenschaft und Religion erfordert ein eigenes Buch. Wir konzentrieren uns hier auf das Willensfreiheitsproblem und kommen nun zu den wesentlichen Grundbegriffen.

Das Determinismusproblem

„Determinismus" ist eines dieser Worte, die man in philosophischen Diskussionen immer wieder hört. Die Willensfreiheitsdebatte ist dafür das beste Beispiel. Das ist insofern intuitiv plausibel, als Freiheit und Determination (von lat. *determinatio*, „Abgrenzung") einander zu widersprechen scheinen: Je mehr Grenzen uns gesetzt sind, desto weniger frei sind wir, und umgekehrt. Man sollte sich aber darüber einig sein, wie man den Begriff versteht. Ansonsten redet man aneinander vorbei. Abgesehen von der Definitionsfrage stellt sich die Herausforderung, ob unsere Welt tatsächlich deterministisch ist oder nicht. Behalten wir diese vorerst im Hinterkopf.

Wir erinnern uns, dass Max Planck (1939, S. 6) kausale Determiniertheit mit Voraussagbarkeit gleichsetzte. Dieser argumentative Schritt ist insofern unglücklich, als hier zwei Ebenen miteinander vermischt werden: Auf der einen Seite ist das die des Seins (ontologisch; von gr. *on*, „Sein") und auf der anderen die unseres Wissens (epistemisch; von gr. *episteme*, „Wissen").

Dass das Sein *das Sein schlechthin* ist, doch das Wissen *unser immer begrenztes Wissen*, weist bereits auf einen wichtigen Unterschied: Ob man etwas voraussagt, setzt ein wissendes Subjekt voraus; die Welt hingegen ist aber so, wie sie ist, auch ohne Subjekte. (Sogenannte idealistische Strömungen der Philosophie, die die Welt für ein Konstrukt des Denkens oder Bewusstseins halten, lassen wir hier außen vor.) Man kann es anders formulieren und darauf hinweisen, dass die Welt, so wie sie uns erscheint und worauf sich dann unser Wissen stützt, anders sein kann, als sie wirklich ist.

Wahrscheinlich war es ein wichtiger Schritt für die Geburt philosophischen Denkens, dass wir Menschen weiter als unsere unmittelbare Sinneserfahrung dachten. Wer solche Überlegungen als „nutzlose Spekulation" abtut, sollte berücksichtigen, dass gerade auch die Wissenschaft über unsere unmittelbare Sinneserfahrung hinausgehen will:

Von Beobachtungen wie „Nach einer Sekunde fällt der Körper mit einer Geschwindigkeit von 9,8 Metern pro Sekunde" und „Nach zwei Sekunden fällt er mit 19,6 Metern pro Sekunde" und so weiter verallgemeinern wir auf eine Gesetzesform. Dafür schalten wir andere Beobachter sowie Messinstrumente in unterschiedlichen Situationen ein. Eine einzelne Person kann sich immerhin irren, oder die Umstände einer Situation können nicht verallgemeinerbar sein. Darum sollten wir unseren Sinneserfahrungen und unserem Denken kritisch gegenüberstehen.

Ähnlich wie bei Willensfreiheit und Determinismus in Kap. 2, können wir jetzt wieder eine Zwei-mal-zwei-Matrix erstellen. Diesmal stellen wir jedoch Sein/Schein und Determinismus/Indeterminismus gegenüber. Dann erhalten wir die in Tab. 4.1 dargestellten vier Möglichkeiten.

Was verrät uns diese Matrix? Wenn die beiden inkongruenten Fälle zumindest prinzipiell möglich sind, dann kann der Determinist nicht einfach so vom Schein aufs Sein schließen, denn dann könnte es ja sein, dass

Tab. 4.1 Eine Denkhilfe: Die Welt könnte jeweils deterministisch oder indeterministisch sein (ontologische Ebene) oder scheinen (epistemische Ebene). Die beiden Fälle, in denen die Ebenen nicht übereinstimmen (inkongruent), stellen für Deterministen ein Problem dar

	Sein	
Schein	Determistisch/determistisch (kongruent)	Determistisch/indetermistisch (inkongruent)
	Indetermistisch/determistisch (inkongruent)	Indetermistisch/indetermistisch (kongruent)

die Welt uns zwar deterministisch erscheint, obwohl sie in Wirklichkeit indeterministisch ist, und umgekehrt. Determinismus ließe sich dann nicht einfach so mit Voraussagbarkeit gleichsetzen, denn Letzteres bezieht sich auf den Schein der Dinge – unser Wissen von der Welt.

Ein Beispiel für ein scheinbar indeterministisches System, das deterministischen Regeln folgt, ist das magnetische oder Chaospendel: Dieses besteht aus drei in einer Dreiecksformation aufgestellten Magneten und einer darüber am Faden aufgehängten Eisenkugel. Wenn man sie in eine bestimmte Startposition bringt und dann loslässt, wird sie eine Zeit lang hin und her schwingen, bis sie schließlich bei einem der drei Magneten stehen bleibt – oder genau in der Mitte. Der Endzustand ist dabei aber von kleinsten Unterschieden im Startzustand abhängig. Das heißt, auch wenn sich die Position am Anfang nur minimal unterscheidet, kann das Ergebnis ganz anders ausfallen. Differenzen jenseits unserer praktischen oder gar theoretischen Grenzen der Messgenauigkeit führen daher zu einer praktischen beziehungsweise prinzipiellen Unvorhersagbarkeit des Systems.

Damit sind Sein und Schein inkongruent – und so ein Chaospendel besteht nicht nur auf dem Papier, sondern kann simuliert oder praktisch aufgebaut werden. Der Wissenschaftsphilosoph Geert Keil diskutiert das ähnliche Beispiel eines Doppelpendels. Das ist ein Pendel, das am Ende eines anderen Pendels hängt. Es ist erstaunlich, was für ein komplexes Verhalten, was für einen „Tanz" so ein einfaches System zeigen kann.

An diesem Aufbau ist allerdings weniger elegant, dass der Endzustand (wegen Reibungsverlusten) immer derselbe ist. Dann hängen die Pendel nämlich schlicht zum Boden. Das Verhalten auf dem Weg dorthin kann sich aber extrem unterscheiden. Manche Kirchenglocken sind sogar nach diesem Prinzip aufgehängt. Keil schlussfolgert:

> „Das Verhalten vieler physikalischer Systeme zeigt eine sensible Abhängigkeit von minimalen Schwankungen der Anfangsbedingungen. Selbst wenn das System deterministischen Gesetzen folgt, ist eine Vorausberechnung seines Verhaltens schon über kurze Zeiträume hinweg unmöglich." (Keil, 2007, S. 17)

Deterministische Dämonen

Max Planck war jedoch nicht der Einzige, der Determinismus und Voraussagbarkeit auf problematische Weise miteinander verknüpfte. Tatsächlich kam das in unserer Ideengeschichte häufiger vor. Um den Standpunkt zu erklären, stellte man sich nämlich eine Intelligenz vor, die den gesamten Zustand des Universums zu einem bestimmten Zeitpunkt kennt und mit diesem Wissen alle zukünftigen Zustände vorhersagen kann. Dieses Gedankenexperiment wurde schließlich nach dem französischen Mathematiker und Astronomen Pierre-Simon Laplace (1749–1827) als Laplacescher Dämon bezeichnet.

Die genannten Pendelversuche – Beispiele für deterministisches Chaos – stellen die Möglichkeit eines solchen Dämons aber bereits infrage. Dazu kommen weitere Probleme mit Blick darauf, ob diese Intelligenz selbst Teil des Universums wäre oder nicht: Wenn ja, dann verändert die Vorhersage den Zustand der Welt. Das führt einerseits zu einem unendlichen Regress, weil dann für den neuen Zustand eine neue Vorhersage getroffen werden müsste. Andererseits wirft es die Frage auf, ob der Dämon dann nicht ins Weltgeschehen eingreifen und seine eigene Voraussage widerlegen könnte. Wenn nein, wenn der

4 Determinismus und Kausalität

Dämon selbst also nicht Teil des Universums wäre, dann ergibt sich das Problem, wie er an seine Informationen kommt und ob das geht, ohne das Universum zu verändern. Die Ähnlichkeit zu Plancks Diskussion des aktiven/passiven Beobachters aus dem vorherigen Kapitel ist frappierend.

Bisher betrachteten wir nur die eine Seite der Matrix, dass die Welt uns indeterministisch scheinen könnte, obwohl sie deterministisch ist. Wie sieht es aber umgekehrt aus? Könnte es einen deterministischen Schein trotz eines indeterministischen Seins geben?

Hierbei müssen wir die Perspektive berücksichtigen, mit der wir auf die Welt schauen. Das Chaospendel diskutierten wir gerade als ein Beispiel für scheinbaren Indeterminismus. Wir halten es für deterministisch, weil wir die Kräfte kennen, die auf die Eisenkugel wirken: Schwerkraft, magnetische Anziehung und Reibungsverluste. Diese lassen sich für sich genommen genau berechnen, führen in Kombination miteinander aber zu einem dynamischen System, das sich nur näherungsweise berechnen lässt.

Stellen wir uns aber einmal vor, hinter dem Verhalten des Pendels würde echter Zufall stecken. Wenn wir nur auf die Endzustände schauten, würde *immer* einer von vier Endzuständen erreicht werden (nämlich bei einem der drei Magneten und genau in der Mitte). Deren Häufigkeit könnten wir zählen und sogar in Zusammenhang mit den Anfangszuständen bringen. Die Prozesse dazwischen wären für uns eine Black Box, sie blieben verborgen.

Das würde uns eine Verallgemeinerung erlauben und in die Lage versetzen, für einen bestimmten Start mit einer bestimmten Wahrscheinlichkeit ein bestimmtes Ziel vorherzusagen. So kämen wir zu einer allgemeinen Gesetzesaussage. Im Einzelfall könnte die Voraussage schiefgehen; bei vielen Durchgängen würden sie aber im Mittel stimmen, sonst müsste das Gesetz angepasst werden.

So funktioniert wissenschaftliches Experimentieren: Ausgangsbedingungen, die der Versuchsleiter bestimmt, werden mit Endzuständen in Zusammenhang gebracht. Für diesen Übergang von Start zu Ziel suchen Forscherinnen und Forscher anschließend nach Mustern, die sich in eine bestimmte mathematische, oft statistische Form bringen lassen. Gelingt das, wird von einem systematischen Zusammenhang zwischen den im Experiment veränderten Faktoren und dem Ergebnis ausgegangen. Auch hierfür brauchen wir wieder kein allgemeines Kausalgesetz annehmen.

Ein solcher Versuchsaufbau dient vor allem dazu, die Anzahl der Einflussfaktoren kontrollierbar zu machen, denn in der wirklichen Welt werden Situationen schnell so komplex, dass man Änderungen im Ergebnis nicht mehr mit den unterschiedlichen Anfangsbedingungen in Zusammenhang bringen kann. Dann ist unklar, welcher Faktor ausschlaggebend ist. Was verrät uns das nun über den Determinismus? Das Endergebnis kann einem bestimmten Muster folgen und insofern deterministisch sein, selbst wenn auf dem Weg dorthin echter Zufall am Werk ist.

Ein viel grundlegenderes Beispiel hierfür ist das Doppelspaltexperiment aus der Physik: Wenn man beispielsweise einen Laser auf zwei schmale, parallele Spalte richtet, entsteht auf einem dahinter stehenden Beobachtungsschirm ein Muster aus hellen und dunklen Streifen, das sogenannte Interferenzmuster. Dieses lässt sich nach der Wellenfunktion präzise berechnen. Wenn man sich Licht als Teilchen (Photon) vorstellt, wie es klassischerweise der Fall war, kann man nach dessen Weg vom Laser zum Schirm fragen: Ging es durch den linken oder rechten Spalt?

In der Praxis führen aber alle Versuche, den Weg eines einzelnen Lichtteilchens durch einen der Spalte nachzuvollziehen, immer zum Verschwinden des Musters. Das gilt selbst dann, wenn man das erst hinter dem Spalt misst! Obwohl das Interferenzmuster als Ganzes durch den Versuchsaufbau eindeutig bestimmt wird, bleibt der Weg eines einzelnen Photons unbestimmt.

Manche halten das für echten Zufall, womit der Determinismus sogar auf der Seinsebene widerlegt wäre. Und solche Vorgänge sind charakteristisch für die Quantenphysik (mehr dazu s. Gribbin, 2014). Für uns ist hier die Feststellung wichtig, dass Determinismus und Voraussagbarkeit nicht dasselbe sind. Die in der Matrix genannten inkongruenten Fälle sind also möglich. Das ist ein Problem für alle Standpunkte, die Willensfreiheit über Unvorhersehbarkeit verteidigen wollen, einschließlich dem von Max Planck.

Von Determinismus zu Kausalität

Doch wie entscheidet sich eigentlich, was wirklich der Fall ist? Das bringt uns zum Begriff der Kausalität. Ein wichtiger Aspekt hierfür ist, dass Determinismus keine Richtung kennt, Kausalität schon. Bei Laplaces Dämon lässt sich – in einem deterministischen Universum – aus dem Zustand nicht nur die Zukunft, sondern auch die Vergangenheit berechnen. Mathematisch gesprochen bedeutet Determinismus also eine symmetrische funktionale Abhängigkeit der Form: Wenn A B determiniert, dann determiniert auch B A.

Stellen wir uns als konkretes Beispiel ein Quecksilberthermometer vor: Das flüssige Metall dehnt sich bei Wärme aus. Somit legt die Wärme fest, wie weit das Quecksilber im Röhrchen steigt. Über diese Ausdehnung und die normierte Skala bestimmen wir die Temperatur. Man kann also, wenn man die Wärme weiß, die Ausdehnung des Quecksilbers berechnen, und wenn man dessen Ausdehnung weiß, die Wärme.

Allerdings würden wir sagen, dass nur die Wärmeunterschiede die Ausdehnungsunterschiede verursachen und nicht umgekehrt (s. auch Pap, 1955, S. 127). Könnte man die Temperatur so einfach durch die Manipulation von Quecksilber in einem Röhrchen regulieren, bräuchten wir keine Klimaanlagen und uns keine Sorgen mehr um den Klimawandel zu machen!

Was Ursache ist und was Wirkung, das bestimmt hier der Funktionsmechanismus, also dass Wärme die Ausdehnung von Metallen beeinflusst. Dazu kommt noch die zeitliche Dimension, dass *erst* die Ursache eintritt und *dann* die Wirkung. Das Quecksilber dehnt sich insbesondere nicht schon in der „Erwartung" aus, dass es in der Mittagssonne wärmer wird. Determinismus ist also nicht gleich Kausalität. Doch was bedeutet Kausalität für die Wissenschaft und unser Thema?

Kausale Geschlossenheit

Machen wir unsere Sichtweise noch praktischer: Wann haben Sie das letzte Mal mit den Augen geblinzelt? Gerade eben? Vor fünf Sekunden? Vor zehn? Und was war die Ursache dafür? Sie können es jetzt noch einmal tun. Dann geschieht es wahrscheinlich bewusst und nicht automatisch wie vorher.

Wir könnten einen Psychologen, Physiologen oder Neurologen bitten, uns den Vorgang zu erklären. Diese Fachleute würden wahrscheinlich über Teile des Nervensystems sprechen, über Muskeln, die Funktion des Blinzelns und so weiter. Im Falle einer bewussten

Entscheidung dürfte es schnell um die Komplexität des Gehirns gehen und vage werden. Darauf kommen wir in Kap. 6 zurück.

Dieses Beispiel soll verdeutlichen, dass wir uns eine allgemeine kausale Erklärung zwar ansatzweise vorstellen können, doch uns diese vor große Herausforderungen stellt. Eine ganz andere Aufgabe wäre es, das konkrete Ereignis, Ihr Blinzeln vor inzwischen vielleicht 30 s, in einen lückenlosen Ursache-Wirkungs-Zusammenhang zu bringen.

Der auf Physik spezialisierte amerikanische Wissenschaftstheoretiker John Earman verwies in einer ähnlichen Diskussion einmal auf den Versuch, den „vagen" Begriff des Determinismus durch den „wirklich vernebelten" Begriff der Verursachung zu erklären (Hoefer, 2016). Tatsächlich können Philosophen darüber auch in unserer Zeit noch ganze Bände verfassen (z. B. Meixner, 2001). Wir sahen noch im vorherigen Kapitel, wie Max Planck sich auf ein „allgemeines Kausalgesetz" berief.

Es sind aber unterschiedliche Dinge, ganz allgemein von einem deterministischen Universum zu sprechen oder aber auszuformulieren, was genau in der Welt die konkreten Vorgänge festlegt – auch Vorgänge wie Ihr Augenblinzeln. Das gerne von Naturalisten wiederholte Credo „In der Welt geht es mit rechten Dingen zu!" hilft uns hier nicht weiter. Damit will man meistens ausdrücken, dass es keine Lücken im Weltverlauf gibt, insbesondere nichts Übernatürliches und keine Wunder.

Ähnliche Formulierungen lauten, dass Naturgesetze alles festlegen, dass auf das Ereignis A mit Notwendigkeit das Ereignis B folgt oder schlicht A B verursacht. Die entscheidende Frage ist an dieser Stelle aber, ob Naturgesetze oder Ursache-Wirkungs-Beziehungen immer deterministisch sein müssen. Wenn nicht, dann helfen dem Deterministen die in den letzten beiden Absätzen gesammelten Antwortmöglichkeiten nicht. Mit Blick auf das Willensfreiheitsproblem werfen solche Antworten freilich die Frage auf, welche Freiheit für unseren Willen übrig bleibt, wenn alles natürlich festgelegt ist.

Ist Indeterminismus der Normalfall?

Der auf Biologie und Genetik spezialisierte britische Wissenschaftstheoretiker John A. Dupré dreht das Problem einfach um: Determinismus und kausale Vollständigkeit seien in der Natur gar nicht die Regel, sondern die Ausnahme (Dupré, 2003). Er verweist darauf, dass wir nur unter idealisierten Bedingungen und mit großer wissenschaftlicher Anstrengung vollständige kausale Erklärungen von den Vorgängen in der Welt erhielten. Schon aus einfachen physikalischen Teilchen zusammengesetzte Systeme würden so komplex, dass sich ihr Verhalten nicht mehr kausal erklären lasse.

Dupré hat hier insofern recht, als wir in solchen Fällen nur noch Wahrscheinlichkeitsaussagen formulieren können. Dann folgt aber nicht mehr auf jedes A-Ereignis ein B-Ereignis, sondern manchmal auch ein C- oder D-Ereignis. Der Philosoph vermutet, dass uns beispielsweise die Erfolge, mithilfe der Newtonschen Mechanik Planetenbahnen erstaunlich genau vorauszuberechnen, zu optimistisch gestimmt hätten.

Dabei lasse sich diese Form der Physik auf viele Fälle gar nicht anwenden und scheitere etwa schon bei der genauen Lösung des Dreikörperproblems: Das handelt von der Beschreibung des Verhaltens von nur drei Körpern, die einander anziehen. Auch mit heutigen Supercomputern lässt sich das nur näherungsweise durch eine Simulation lösen. Und wie viel komplexer sind biologische Systeme wie unser Gehirn?

Dupré überträgt seine Gedanken auch auf Alltagsphänomene wie einen Münzwurf. Dessen Ausgang können wir mit einer bestimmten Wahrscheinlichkeit voraussagen: Kopf, Zahl – und in sehr seltenen Fällen bleibt sie vielleicht auf der Kante stehen. Laut dem Philosophen schieben wir die Unmöglichkeit der Vorhersage eines konkreten Münzwurfs auf unser unvollständiges Wissen der Startbedingungen.

Dass wir den Ausgang bei hinreichendem Wissen für kausal determiniert hielten, liege an unserer Vorstellung von den hierfür relevanten Naturgesetzen. Das seien, so Dupré, wesentlich die Gesetze der Newtonschen Mechanik. Von diesen wüssten wir aber, dass sie gar nicht allgemein gelten.

Zur Stützung seines Standpunkts bringt er das Beispiel eines konkreten Münzwurfs, bei dem der Ausgang annähernd 50–50 ist, Kopf oder Zahl also so gut wie gleich wahrscheinlich sind (Dupré, 2003, S. 169). Könnte es in so einem Fall nicht sein, dass die Kollision der Münze mit einem sich schnell bewegenden Luftmolekül den Ausschlag gibt? Und könnte das Verhalten dieses Moleküls nicht wiederum von quantenmechanischen Vorgängen abhängen, die vielleicht wirklich indeterministisch sind?

Dupré bringt hier bewusst die mikroskopische Ebene mit der makroskopischen in Zusammenhang, wie es bereits bei Schrödingers Katze der Fall war. Und je nachdem, welche weiteren Folgen – vielleicht den Ausgang einer Wette? – wir Menschen vom Münzwurf abhängig machen, wären Vorgänge unserer Lebenswelt von zufälligen mikroskopischen Ereignissen bestimmt.

Hier sollten wir uns noch einmal vor Augen führen, was für eine starke Annahme der Determinismus ist: Der folgende Zustand des Universums soll durch den vorherigen eindeutig festgelegt sein. Wenn wir vom kausalen

Determinismus sprechen, dann soll ein Ereignis (die Folge oder Wirkung) eindeutig von einem vorherigen Ereignis (der Ursache) bestimmt sein.

Als „Beweis" dafür sollen *allgemeine* physikalische Gleichungen herhalten, die sich auf viele konkrete Vorgänge gar nicht anwenden lassen; betrachten wir hingegen konkrete Vorgänge, kommen wir fast immer auf Wahrscheinlichkeitsaussagen, die nur bei einer Vielzahl von Wiederholungen zutreffen. Duprés Verdienst besteht meiner Meinung nach darin, zu Recht auf den philosophisch-spekulativen Charakter des Determinismus zu verweisen.

Tatsächlich nennt er ihn einen „Trittbrettfahrer des wissenschaftlichen Weltbilds" (ebenda, S. 164). Dieser fahre sozusagen ohne gültigen Fahrschein auf dem Fahrzeug des wissenschaftlichen Fortschritts mit. Das sei umso erstaunlicher, als wir um uns herum, in der Natur, überall chaotische und in diesem Sinne zumindest indeterministisch erscheinende Phänomene sähen, wie etwa den Fall eines Blatts im Wind oder das Aufsteigen des Rauchs bei Feuer.

Der Wissenschaftstheoretiker, der auf allen Ebenen der Komplexität Hinweise auf Indeterminismus und kausale Offenheit beschreibt, sieht darum den Deterministen in der Beweispflicht: Wer eine so starke Position vertrete, brauche dafür auch sehr starke Argumente. An diesen mangele es den Deterministen bisher.

Kausalität im Alltag

Gegen Ende des Kapitels will ich noch eine menschliche Perspektive einbringen. Im Alltag stellen wir uns Kausalität vielleicht wie die Vorgänge auf einem Billardtisch vor: Die Kugeln liegen ruhig auf einer glatten Oberfläche.

Gelegentlich wird eine mit einem Stock angestoßen, und so kommt Bewegung ins Spiel. Bei einer Kollision überträgt eine Kugel Energie auf eine andere. Manchmal entstehen ganze Kettenreaktionen. Durch Reibungsverluste kommt die Situation wieder zur Ruhe, und der Stock greift ein weiteres Mal ein.

Wir sollten berücksichtigen, dass das Spiel nur unter idealisierten Bedingungen möglich ist: Es handelt sich um eine vereinfachte Welt, die wir zu einem bestimmten Zweck erschaffen. Sind die Kugeln nicht rund genug oder ist der Tisch zu schief, dann wird ein Billardspiel unmöglich. Insbesondere ist es auch von äußeren Einflüssen abgeschirmt. Schon bei Wind und Regen wäre es anders und hätte vielleicht gar keinen Sinn mehr.

Kurzum, die Vorgänge auf dem Billardtisch sind für uns nur so vorhersehbar und in ein klares Ursache-Wirkungs-Muster übertragbar, weil wir selbst dafür bestimmte Voraussetzungen schaffen. Damit das Spiel funktionieren kann, müssen wir zahlreiche Einflussfaktoren ausschließen.

Ein anderer Aspekt betrifft unsere Interessen im Zusammenhang mit kausalen Erklärungen. Wir haben in der Coronapandemie die schwierige Diskussion darüber miterlebt, ob jemand *an* oder *mit* dem Virus verstarb. Die Antwort hierauf hängt aber auch von unserer Betrachtungsweise ab: Schon relativ früh ergab sich das Bild, dass Menschen mit bestimmten Vorerkrankungen ein höheres Sterberisiko haben.

Stellen wir uns der Einfachheit halber fortgeschrittene Krebserkrankungen vor. Wenn man diese als gegeben ansieht, drängt sich folgendes Bild auf: Die Patientinnen und Patienten wären ohne das Virus nicht gestorben, also war die Viruserkrankung die Todesursache.

Man kann die Sichtweise aber auch umdrehen: Sieht man stattdessen die Viruserkrankung als gegeben an, dann fallen einem unterschiedliche Gruppen auf, eine mit und eine ohne schwere Krebserkrankung. In letzterer starben sehr viel mehr Menschen, also scheint nun die Krebserkrankung die Todesursache zu sein – oder zumindest ein ursächlicher Faktor.

In jedem konkreten Einzelfall hat der Organismus und insbesondere das Immunsystem bestimmte Möglichkeiten. Bei schweren Krebserkrankungen ist der Körper schon geschwächt, durch die Krankheit selbst und vielleicht auch noch eine Behandlung. Das erklärt, warum eine zusätzliche Erkrankung wie COVID-19 dann gefährlicher ist. Irgendwann wird die Last des Organismus, das lebensnotwendige Gleichgewicht – die Homöostase – aufrechtzuerhalten, schlicht zu groß. Wenn es zusammenbricht, werden die Organe nicht mehr mit den nötigen Nährstoffen versorgt. Dann sterben sie ab.

Das sollte verdeutlichen, wie viele Systeme und Teilsysteme hier zusammenwirken. Übrigens spielen auch die Möglichkeiten der verfügbaren Medizin eine wichtige Rolle: Ob man nun Menschen mit COVID-19, Krebserkrankung oder beidem betrachtet, die Überlebenschancen steigen und fallen mit der Gesundheitsversorgung. So sehen wir, dass auch die medizinischen Möglichkeiten ein ursächlicher Faktor sind. Diese Liste ließe sich lange fortsetzen.

Auch dies ist wieder ein Beispiel dafür, wie unser philosophischer Standpunkt – hier über Kausalität – unsere Weltsicht beeinflusst. Wohlgemerkt, dafür muss er uns nicht *explizit* als philosophischer Standpunkt bewusst sein!

Wenn wir nur nach *der* Todesursache fragen oder vielleicht noch einen akuten und chronischen Faktor unterscheiden – wie beispielsweise Lungenversagen und COVID-19 –, dann reduzieren wir Komplexität gemäß unseren Interessen. Die tatsächlichen Vorgänge im Körper des verstorbenen Menschen waren vielfältiger. Und auch John Dupré plädiert dafür, diese Vielfalt, diesen Pluralismus stärker anzuerkennen.

Ist die Welt nun deterministisch?

In diesem Kapitel haben wir uns den Themen Determinismus und Kausalität auf unterschiedliche Weise genähert. Eine wichtige Erkenntnis war, Determinismus und Voraussagbarkeit nicht gleichzusetzen. Wissenschaftler suchen – und finden oft genug – Muster in der Welt. Diese geben meistens aber nur bestimmte Wahrscheinlichkeiten wieder und ermöglichen insbesondere keine eindeutige Erklärung in Einzelfällen. Denn wenn Ereignis B nur mit einer bestimmten Wahrscheinlichkeit kleiner als 1 eintritt, können stattdessen auch C oder D folgen. Das ist nicht nur philosophische Spekulation, sondern stimmt mit den uns bekannten Naturgesetzen überein.

Der in diesem Zusammenhang häufig von Deterministen eingebrachte Einwand, das liege nur an unserer begrenzten Kenntnis, bleibt spekulativ. Das gilt insbesondere dann, wenn das nötige Wissen jenseits der praktischen oder gar theoretischen Messbarkeitsgrenze liegt. Erinnern wir uns in diesem Zusammenhang noch einmal an Huxleys Vernunftprinzip aus Kap. 1.

Wenn den Deterministen die Wissenschaft wirklich so wichtig ist, wie sie oft behaupten, dürfen ihnen deren tatsächliche Möglichkeiten nicht egal sein. Und dann ist eine Trennung von philosophischer Spekulation auf der einen Seite und Erfahrung auf der anderen wichtig. Letztere ist Kennzeichen des Empirismus (von gr. *empeiria*, „Erfahrung"), der sich ideengeschichtlich von reinen Spekulationen abgrenzen wollte. Gerade die wissenschaftliche Forschung wird dann meist als Königsweg gesehen.

John Duprés Einwand, dass uns an so gut wie allen Orten und auf so gut wie allen Ebenen Indeterminismus erscheint, lässt sich dann nicht einfach von der Hand weisen (s. aber z. B. Wüthrich, 2011). Auch mit Blick auf vollständige kausale Erklärungen mussten wir deren

Komplexität und Seltenheit feststellen. Und das gilt sogar für so ein banales Ereignis wie ein Augenblinzeln.

Dabei haben wir noch nicht einmal auf die Tatsache verwiesen, dass so ein Vorgang eine besondere *Bedeutung* haben kann: Beispielsweise kann man jemandem mit einem Augenzwinkern einen Hinweis geben, dass man etwas nicht ganz ernst meint. Wie sich dieser Unterschied aus rein physikalischen oder biologischen Vorgängen erklären ließe, ist nach wie vor völlig unklar. Uns begegnete dieser Gedanke mit dem Streit der unterschiedlichen Betrachtungsweisen – des Menschen als Natur- oder Kulturwesen – bereits am Anfang des Buchs.

In Physik und Wissenschaftstheorie diskutiert man viele weitere Systeme zur Frage, ob das Universum deterministisch oder indeterministisch ist (z. B. Hoefer, 2016). In der Quantenphysik scheint zumindest die grundlegende Unbestimmtheit der Welt als Tatsache anerkannt zu sein (z. B. Gribbin, 2014).

Dabei gehen allerdings die Meinungen darüber auseinander, ob dahinter echter Indeterminismus steht oder nicht. In diesem Kapitel sollte zumindest klar geworden sein, dass man Determinismus nicht einfach so als gegeben und insbesondere auch nicht als Voraussetzung für Wissenschaft schlechthin voraussetzen kann. Ein weiteres Argument ist im Kasten „Quantencomputer: Modell und Wirklichkeit" erklärt.

> **Quantencomputer: Modell und Wirklichkeit**
>
> In diesem Kapitel haben wir philosophisch diskutiert, warum man Determinismus nicht mit Vorhersagbarkeit gleichsetzen sollte. In der Quantenphysik und beim Quantencomputing macht man das aber mit Erfolg: Echter Zufall wird hier als Unvorhersehbarkeit verstanden, wie die Mathematikerin und Informatikerin Bettina Just (2020) erklärt.

4 Determinismus und Kausalität

> Dieser „echte" Zufall bezieht sich auf eine Wahrscheinlichkeitsverteilung in einem Modell. Das bedeutet, dass es nach einer Messung mindestens zwei unterschiedliche Ergebnisse geben kann. Im Gegensatz zum Pseudozufall fehlt aber jede Möglichkeit, das Ergebnis im Einzelfall vor der Messung vorherzusagen. Der Pseudozufall folgt demgegenüber einem bestimmten Muster (Algorithmus). Dann lässt sich das Ergebnis vorhersagen, wenn man nur den Algorithmus kennt.
>
> Laut Just funktionieren die Modelle in Quantenphysik und beim Quantencomputing, die vom „echten" Zufall ausgehen, in der Praxis erstaunlich gut. Das ist vielleicht kein schlagender Beweis dafür, dass sich hinter dem modellierten „echten" auch ein wirklicher Zufall verbirgt – aber doch ein wichtiger Hinweis. Ein wissenschaftliches Modell dient nämlich dazu, einen Teil der Wirklichkeit zu beschreiben. Wenn das gut gelingt, gehen wir – bis auf Weiteres – davon aus, dass sich die Wirklichkeit so verhält, wie es das Modell formuliert.
>
> Der Schritt vom Modell zur Wirklichkeit ist wie der eingangs diskutierte Schritt vom Schein zum Sein. Mit dem hier beschriebenen Vorgehen nähert man sich also vom Modell/Schein der Wirklichkeit/dem Sein so gut an, wie es wissenschaftlich nur geht. Dann lassen die Modelle, die erfolgreich vom „echten" Zufall ausgehen, den Indeterminismus zumindest als sehr plausibel gelten.

Die hier erörterten Begriffe werden im Rest des Buchs weiterhin eine wichtige Rolle spielen. Das Willensfreiheitsproblem wird allerdings nicht auf dieser Ebene entschieden. Man sollte sie sich eher als „Gerüst" oder „Denkrahmen" der Diskussion vorstellen. Doch leider kann man sich nicht immer darauf verlassen, dass dieses Gerüst schlüssig ist:

So definiert das bereits erwähnte, thematisch eng verwandte neue Buch über Willensfreiheit (Maoz & Sinnott-Armstrong, 2022) den Determinismus zwar korrekt im Glossar als die These, dass der komplette Zustand des Universums alle anderen – früheren oder späteren – logisch festlegt.[1] In dem spezifischen Kapitel über Determinismus und Willensfreiheit verwechselt der amerikanische Philosoph Timothy O'Connor das dann aber mit kausalem Determinismus (O'Connor, 2022).

Für uns ist das immerhin eine Gelegenheit, eine wichtige Schlussfolgerung noch einmal zu verdeutlichen: Die Determinismusthese bezieht sich auf das Universum als Ganzes. Wenn wir aber nach Ursache-Wirkungs-Beziehungen fragen, geht es um den Verlauf *konkreter Vorgänge* in der Welt, denken wir an das Augenzwinkern zurück oder an das Quecksilberthermometer.

Wissen über Luftströme oder Sonnenstrahlung in der Umgebung verrät dann etwas über den Mechanismus, warum sich das Quecksilber im Röhrchen – durch die Energieübertragung – ausdehnt. Selbst wenn dieser kausale Vorgang strikt deterministisch ist, also der Zusammenhang von Temperatur und Ausdehnung ausnahmslos gilt, kann das Universum als Ganzes trotzdem indeterministisch sein. Wenn umgekehrt allerdings das Thermometer unter exakt denselben Umständen unterschiedliche Werte anzeigen könnte, wäre die Determinismusthese widerlegt.

---

[1] Streng genommen reden sie vom Zustand des Universums *zuzüglich* der Naturgesetze. Diesen Punkt klammerte ich im Haupttext aus, weil ich auf die für das Thema Willensfreiheit unwesentliche Frage, was genau Naturgesetze sind, verzichten wollte. Ich halte es für eleganter, in den Zustand des Universums die darin geltenden *Naturkräfte* einzuschließen. *Naturgesetze* sind für mich von Menschen formulierte Zusammenhänge. Wenn man Naturgesetze, wie die Autoren des Buchs (Maoz & Sinnott-Armstrong, 2022) und viele andere auch, als grundlegend ansieht und vom Zustand des Universums trennt, kommt unweigerlich die Frage nach dem ontologischen Status von Naturgesetzen auf. Dann findet man sich, schneller als man denkt, in einer Art platonischer Ideenwelt, was Naturalisten und Reduktionisten gerade vermeiden wollen.

Somit sehen wir, dass Determinismus und Kausalität nicht dasselbe sind und auch nicht immer gemeinsam vorkommen. Beispielsweise gibt es deterministische Zusammenhänge, die nicht kausal sind. Denken wir an die Träger-Inhalt-Unterscheidung zurück: So legen die Punkte, die die Buchstaben formen, in Ihrer jetzigen Situation die von Ihnen erfasste Wortbedeutung fest. Sie verursachen diese Bedeutung aber nicht. Diese ergibt sich vielmehr aus einem größeren sprachlichen Sinnzusammenhang. Insbesondere übertragen die Punkte auch keine Energie auf die Bedeutung und lässt sich die Bedeutung auch nicht in Energie ausdrücken.

Den theoretisch anspruchsvollsten Teil des Buchs haben Sie nun hinter sich gebracht. Die Erfassung dieser Bedeutung könnte mit Energieaustausch in Ihrem Nervensystem einhergehen, den Sie als Erleichterung erfahren. Zur vollständigen wissenschaftlichen Erklärung dieses Sachverhalts müssen wir das Körper-Geist-Problem lösen. Bevor wir uns in Anlehnung daran eingehender mit den Experimenten aus den Neurowissenschaften beschäftigen, betrachten wir im nächsten Kapitel erst die Aussagen einiger Physikerinnen und Physiker unserer Zeit zur Willensfreiheit.

Literatur

Brack, T., Zybach, B., Balabdaoui, F., Kaufmann, S., Palmegiano, F., Tomasina, J. C., ... & Dual, J. (2022). Dynamic measurement of gravitational coupling between resonating beams in the hertz regime. *Nature Physics*, 1–6.

Dupré, J. A. (2003). *Human nature and the limits of science*. Clarendon.

Gribbin, J. (2014). *Auf der Suche nach Schrödingers Katze: Quantenphysik und Wirklichkeit* (8. Aufl., E-Book). Piper.

Hoefer, C. (2016). Causal Determinism. In: E. N. Zalta (Hrsg.), *The Stanford Encyclopedia of Philosophy*. https://plato.stanford.edu/archives/spr2016/entries/determinism-causal/.

Just, B. (2020). *Quantencomputing kompakt: Spukhafte Fernwirkung und Teleportation endlich verständlich*. Springer Vieweg.

Keil, G. (2007). *Willensfreiheit*. de Gruyter.

Maoz, U., & Sinnott-Armstrong, W. (Hrsg.). (2022). *Free Will: Philosophers and Neuroscientists in Conversation*. Oxford: Oxford University Press.

Meixner, U. (2001). *Theorie der Kausalität: Ein Leitfaden zum Kausalbegriff in zwei Teilen*. Mentis.

O'Connor, T. (2022). Can there be free will in a determined universe? In U. Maoz & W. Sinnott-Armstrong (Hrsg.), *Free Will: Philosophers and Neuroscientists in Conversation* (S. 49–56). Oxford University Press.

Pap, A. (1955). *Analytische Erkenntnistheorie: Kritische Übersicht über die neueste Entwicklung in USA und England*. Springer.

Planck, M. (1938/1990). Religion und Naturwissenschaft. In M. Planck (Hrsg.), *Vom Wesen der Willensfreiheit und andere Vorträge: Mit einer Einleitung von Armin Hermann* (S. 172–191). Fischer.

Planck, M. (1939). *Vom Wesen der Willensfreiheit* (3. Aufl.). Johann Ambrosius Barth Verlag.

Wüthrich, C. (2011). Can the world be shown to be indeterministic after all? In C. Beisbart & S. Hartmann (Hrsg.), *Probabilities in Physics* (S. 365–390). Oxford University Press.

5

Heutige Physiker*innen zur Willensfreiheit

Zusammenfassung Max Planck war nicht der letzte Physiker, der sich zur Willensfreiheit äußerte. Beispielsweise hat die auf YouTube sehr erfolgreiche Physikerin Sabine Hossenfelder entsprechende Aussagen von Vertretern unserer Zeit gefunden. Sie selbst hält den freien Willen allerdings für mit den Naturgesetzen unvereinbar. Wir werden ihr Argument nachvollziehen und kritisch analysieren. Dabei kommen wir auch auf das Reduktionismusproblem zu sprechen.

> *„Ohne den freien Willen könnte es kein rationales Denken geben. Deshalb ist es für die Wissenschaft und Philosophie völlig unmöglich, die Willensfreiheit abzulehnen." (Der Quantenphysiker Nicolas Gisin, zitiert nach Hossenfelder, 2021)*

Die deutsche Physikerin Sabine Hossenfelder unterhält einen sehr erfolgreichen YouTube-Kanal, auf dem sie eine breite Öffentlichkeit über wissenschaftliche Erkenntnisse informiert. In einer dreiteiligen Serie beschäftigte sie sich auch detailliert mit dem Determinismus und der Willensfreiheit. Dafür trug sie einige Aussagen bedeutender Physiker zum Thema zusammen und erklärte schließlich, warum sie den freien Willen für unmöglich hält.

Von dem irischen Physiker John Steward Bell (1928–1990), der sich mit der Vollständigkeit der Quantenphysik beschäftigte und die nach ihm benannte Bellsche Ungleichung formulierte, fand Hossenfelder eine Aussage aus dem Jahr 1985. Demnach hat der Physiker die Möglichkeit eines „absoluten Determinismus im Universum" und damit „die komplette Abwesenheit des freien Willens" kritisiert (Davies & Brown, 2004, S. 45 f.; Hossenfelder, 2021).

Gemäß Bells „Superdeterminismus" wäre auch die Entscheidung eines Forschers, ein bestimmtes Experiment oder eine bestimmte Messung durchzuführen, von vornherein festgelegt. Das ist für die Diskussion der von Albert Einstein (1879–1955) sogenannten „spukhaften Fernwirkung" von Bedeutung, die wir hier nicht weiter vertiefen (s. aber z. B. Gribbin, 2014). Hier sei nur erwähnt, dass Bell den Determinismus ablehnte und an der Fernwirkung sowie dem freien Willen festhielt.

Hossenfelder wiederum hält diesen Gegensatz – Determinismus oder Willensfreiheit – für unsinnig, wie wir uns gleich näher ansehen werden. Bis heute würden Physiker aber in diesem Sinne das Problem diskutieren. Der Schweizer Quantenphysiker Nicolas Gisin würde die Willensfreiheit sogar als Voraussetzung für Wissenschaft überhaupt bezeichnen: „Ohne den freien Willen könnte es kein rationales Denken geben. Deshalb ist es für die Wissenschaft und Philosophie völlig unmöglich, die Willensfreiheit abzulehnen" (zit. nach Hossenfelder, 2021).

Ähnlich äußere sich auch sein österreichischer Kollege Anton Zeilinger, einer der bekanntesten lebenden Physiker unserer Zeit: „[I]mplizit nehmen wir immer die Freiheit des Experimentators an. Dies ist die Annahme des freien Willens. [...] Diese grundlegende Annahme ist essenziell dafür, Wissenschaft zu betreiben" (ebenda). Während dieses Buch entstand, erhielt Zeilinger den Nobelpreis für Physik. Darum ist aber seine Ansicht über Willensfreiheit nicht zwingend wahr.

Deterministische Differenzialgleichungen

Wir sehen also, dass sich auch Jahrzehnte nach Planck bedeutende Physiker mit dem Thema beschäftigt haben. Sabine Hossenfelder beansprucht allerdings für sich, nicht nur Philosophen, sondern auch Vertretern ihres eigenen Fachs Denkfehler nachzuweisen. Betrachten wir daher ihre Argumentation näher (Hossenfelder, 2020b).

Für sie steht fest, dass die Vorstellung der Willensfreiheit nicht nur den Naturgesetzen widerspreche, sondern völlig sinnlos sei. Dabei geht die Physikerin von dem intuitiven Eindruck aus, dass für uns im jetzigen Moment verschiedene Zukünfte möglich seien und wir mit unserem freien Willen eine davon auswählten. Wollen wir beispielsweise lieber Nudeln oder Pizza essen? So eine Wahlmöglichkeit widerspreche jedoch dem Determinismus. Mit den Grundlagen, die wir uns in Kap. 2 angeeignet haben, sollten wir Hossenfelders Standpunkt schnell als einen Inkompatibilismus und harten Determinismus identifizieren können.

Als Beleg dafür sieht sie die Tatsache, dass alle uns bekannten Naturgesetze in Differenzialgleichungen ausgedrückt würden. Das sind mathematische Gleichungen, in denen für eine gesuchte Funktion auch ihre Ableitungen vorkommen. Wir brauchen hier nicht alle Details nachzuvollziehen. Wesentlich für das Argument ist, dass das Ergebnis von Differenzialgleichungen eindeutig festgelegt ist, sobald ihre Anfangsbedingungen feststehen. Sie sind also deterministisch. In ihrer Erklärung dazu verweist die Physikerin ebenfalls auf den uns seit dem vorherigen Kapitel bekannten Laplaceschen Dämon (Hossenfelder, 2020a).

Sie geht im nächsten Schritt von einer Differenzialgleichung aus, die die Funktion unseres Gehirns beschreibt. Sobald der Zustand zu *einem* Zeitpunkt bekannt sei, ließen sich mithilfe der Gleichung alle anderen Zustände zu *allen* Zeitpunkten berechnen.

Daraus zieht die Physikerin ebenfalls den Schluss, dass im Zustand des Urknalls bereits alle Folgezustände festgelegt gewesen seien. Was ich am Anfang des Buchs nur als Denkmöglichkeit beschrieb, stellt sie allerdings als wissenschaftliche Tatsache dar. Wer anderer Meinung sei, habe schlicht die Wissenschaft falsch verstanden. Die deterministischen Naturgesetze gelten laut Hossenfelder auch für uns, weil wir und insbesondere unsere Gehirne aus physikalischen Teilchen bestünden. Was mit uns geschehe, sei darum eine Folge dessen, was mit diesen Teilchen geschehe.

Für Hossenfelder ist auch das keine philosophische Position – etwa Materialismus oder Reduktionismus –, sondern schlicht Tatsache. Jeder andere Standpunkt würde wissenschaftlichen Evidenzen widersprechen. Es sei insbesondere keine Spekulation, sondern ein Fakt, dass Gehirne aus physikalischen Teilchen bestünden; und es sei darum keine Spekulation, sondern ein Fakt, dass man aus den Gesetzen über die Bestandteile das Verhalten des Ganzen ableiten könne. Wer anderer Meinung sei,

„könne niemals verstehen, wie das Universum wirklich funktioniert" (Hossenfelder, 2020b).

Sie schlussfolgert: „Das Problem mit der Willensfreiheit ist also, dass gemäß den Naturgesetzen, von denen wir wissen, dass sie Menschen auf der grundlegenden Ebene beschreiben, die Zukunft durch die Gegenwart determiniert ist" (ebenda). Dass sich ein System wie unser Gehirn chaotisch verhalte – denken wir an die Pendel aus dem vorherigen Kapitel zurück –, mache es nicht indeterministisch.

Vom Mikro- zum Makrokosmos

An dieser Stelle bietet sich ein Vergleich mit dem amerikanischen theoretischen Physiker Sean M. Carroll an, der, ähnlich wie Hossenfelder, eine breite Öffentlichkeit über wissenschaftliche Erkenntnisse informiert. Vor einigen Jahren schrieb er in einem Online-Artikel mit dem bezeichnenden Titel „Die Gesetze, denen die Physik unseres Alltagslebens unterliegt, sind vollständig verstanden":

> „Alles, was wir brauchen, um alles zu erklären, was wir in unserer Alltagswelt sehen, sind eine Handvoll Partikel – Elektronen, Protonen und Neutronen –, die mittels einiger Kräfte – der nuklearen Kraft, Gravitation und dem Elektromagnetismus – und gemäß den grundlegenden Regeln der Quantenmechanik sowie der allgemeinen Relativität miteinander interagieren." (Carroll, 2010)

Carroll und Hossenfelder nehmen beide an, dass die mikroskopische Welt vollständig physikalisch verstanden sei und sich daraus sämtliche Erklärungen oder Tatsachen über die makroskopische Welt ableiten ließen. Sie sind also Naturalisten. Hossenfelder betont darüber hinaus, dass es sich dabei um deterministische Gesetze handle. Das seien alles keine Vermutungen, sondern Tatsachen. Was sollen wir von diesen Aussagen halten?

Physiker*innen in der Kritik

Widmen wir uns erst kurz Carrolls Aussage. In ihr geht es zwar nicht direkt um die Willensfreiheit, es werden aber alle Erklärungen über den Menschen auf physikalische Erklärungen reduziert. Eine ausführliche Diskussion des Reduktionismus würde den Rahmen dieses Buchs sprengen. Ähnlich wie beim Determinismus handelt es sich aber auch hierbei um ein häufig wiederkehrendes Thema in wissenschaftlich-philosophischen Diskussionen.

Mir ist hier der Hinweis wichtig, dass es bei kritischer Betrachtung erstaunlich wenige wirkliche Beispiele für eine vollständige Reduktion beispielsweise einer älteren auf eine neuere oder grundlegendere Theorie gibt. Oft ist das auch gar nicht möglich, weil sich die ältere bei näherer Betrachtung als falsch erweist oder weil entscheidende Begriffe eine andere Bedeutung bekommen. Dann stehen beide Theorien nebeneinander und entscheidet die Nützlichkeit, welche für welche Situationen bevorzugt verwendet wird.

Wir können auf den theoretischen Physiker aber auch ganz konkret antworten: Als wir im vorherigen Kapitel das Beispiel der kausalen Erklärung für das Augenblinzeln diskutierten, kamen wir auch auf dessen mögliche soziale Bedeutung zu sprechen. Die Form einer rein physiologischen Erklärung eines konkreten Blinzelvorgangs können wir uns vielleicht noch vorstellen, auch wenn wir hier bereits schnell vor komplexen Herausforderungen stehen.

Wie aber die Tatsache *rein physikalisch* erklärt werden soll, dass ein Zwinkern – in einem sozialen Kontext – den Hinweis geben kann, etwas nicht ganz ernst zu meinen, ist ein einziges Mysterium! Das hat schon den rein sprachlichen Grund, dass wir „etwas nicht ganz ernst meinen" überhaupt nicht unter Verweis auf Elektronen, Protonen und Neutronen und die von Carroll erwähnten Kräfte formulieren können.

Disziplinen wie die Biologie, Psychologie, Soziologie oder Volkswirtschaftslehre haben wir gerade aus dem Grund, dass wir deren Phänomene nicht einmal ansatzweise mit den Mitteln der Chemie oder Physik fassen, geschweige denn erklären können. Das gilt übrigens schon für die wesentlich grundlegendere Brücke zwischen Chemie und Physik, die sich auch nach Jahrhunderten wissenschaftlichen Fortschritts nicht vollständig schlagen lässt.

Bei Sabine Hossenfelder wundere ich mich erst einmal über ihren absolutistischen, ja schon dogmatischen Stil: Wer ihre Schlussfolgerung nicht teilt, habe nicht nur die Wissenschaft falsch verstanden – und das bezieht sie ausdrücklich auch auf ihre renommierten Fachkollegen Bell, Gisin und Zeilinger. Vielmehr habe der- oder diejenige überhaupt keine Chance, das Universum zu verstehen.

Dieser Stil scheint im Internet gut anzukommen, wo die drei hier genannten Folgen ihres YouTube-Kanals jeweils mehrere Hunderttausend, im Fall der Willensfreiheit sogar schon mehr als eine halbe Million Zuschauer haben. Dass sie Philosophen, die sich an einer kompatibilistischen Lösung des Problems versuchen, sinnlose „Wortakrobatik" vorwirft, klingt demgegenüber fast schon harmlos. Für Fachleute, die sich um sprachliche Präzision bemühen, ist es allerdings ein schwerer Vorwurf.

Eine Nebenbemerkung zur „Wortakrobatik": In der Philosophie bemüht man sich – wie übrigens auch in der Mathematik – um eindeutige Definitionen. Doch auch in anderen Fächern wie der Physik sollte man deren Bedeutung nicht vernachlässigen. So schreibt Gribbin beispielsweise zum für die Quantenphysik so zentralen Begriff der Unbestimmtheit:

> „Die Entstehung des Begriffs geht vermutlich zurück auf Schrödingers Besuch in Kopenhagen im September 1926, bei dem er Bohr gegenüber seine berühmte Bemerkung von der ‚verdammten Quantenspringerei' machte. Heisenberg erkannte, dass Bohr und Schrödinger sich vor allem deshalb gelegentlich uneins waren, weil sie von verschiedenen Begriffen ausgingen. Ideen wie ‚Ort' und ‚Geschwindigkeit' (oder später der ‚Spin') haben in der Welt der Mikrophysik einfach nicht die gleiche Bedeutung wie in der gewohnten Welt." (Gribbin, 2014, S. 203)

Eine Stilfrage

Wer, wie Hossenfelder, so hart mit anderen ins Gericht geht, muss sich selbst auch Kritik gefallen lassen. Ungünstig ist für die Physikerin beispielsweise, dass sie erst behauptet, alle uns bekannten Naturgesetze seien in Differenzialgleichungen ausgedrückt und damit deterministisch. Allerdings widerspricht sie sich später schon selbst, wo sie nämlich in der Quantenphysik echten Zufall sieht.

Aber gut, so ein Patzer kann jedem einmal passieren. Dabei hat ihre Ergänzung, dass echter Zufall den freien Willen nicht rettet, eine gewisse Berechtigung. Fairerweise sollte Hossenfelder aber einräumen, dass es in der Bewusstseinsforschung Versuche gibt, unsere psychischen Vorgänge mit der Quantenphysik in Beziehung zu bringen.

Beispielsweise arbeitet der britische Mathematiker, theoretische Physiker und Wissenschaftstheoretiker Roger Penrose seit vielen Jahren an einem derartigen Ansatz. Schon in seinem Buch *The Emperor's New Mind* (dt. etwa „Des Kaisers neuer Geist") schrieb er, das Phänomen des Bewusstseins lasse sich mit den Mitteln der uns bekannten Mathematik gar nicht fassen (Penrose, 1989).

Diese Kritik hat er über die Jahre immer wieder aktualisiert – und wir können sie nicht nur gegen Hossenfelder, sondern auch gegen Carroll richten. Während in meinem früheren akademischen Umfeld Wissenschaftler, die an einer Quantentheorie des Bewusstseins arbeiten, schon einmal als „Quantenspinner" abgetan wurden, erhielt Penrose 2020 den Physiknobelpreis für seine Forschung zu Schwarzen Löchern und der Allgemeinen Relativitätstheorie.

Es ist kein guter Stil, gestandenen Fachkollegen mit anderen Sichtweisen einfach einen Wissensmangel vorzuwerfen. Hossenfelders Standpunkt wirft aber auch inhaltlich die Frage auf, wie gründlich sie das Thema Willensfreiheit sowie Psychologie und Hirnforschung durchdacht hat. Dass es eine Differenzialgleichung für Ihr, mein, Hossenfelders, geschweige denn „das Gehirn an sich" gebe, ist bereits eine sehr starke Annahme.

Dazu kommt noch die Schwierigkeit, einen Anfangszustand dieses komplexen Organs mit allein rund 86 Mrd. Nervenzellen und sehr vielen anderen Bestandteilen und Eigenschaften festzustellen. Wir erinnern uns, dass sich schon das Dreikörperproblem nach heutigem Kenntnisstand nicht genau lösen, sondern nur rechnerisch annähern lässt. Die Versuche, ein Menschengehirn im Computer zu simulieren, wie es beispielsweise das European Brain Project anstrebt, sind bis auf Weiteres rudimentär.

Außerdem ist das Gehirn kein geschlossenes System, sondern wird durch äußere Einflüsse immer wieder verändert. Stellen wir uns beispielsweise vor, dass auf einer Flugreise ein paar Gene durch kosmische Strahlung verändert werden und Zellen dann anders funktionieren. Das heißt, dass sich die ohnehin nur hypothetisch angenommene Differenzialgleichung regelmäßig ändern müsste – nach Vorgängen, die außerhalb des Gehirns stattfinden. Zudem gibt es auch nicht „das Gehirn", sondern ebenso viele individuelle Hirne, wie es Menschen (und Tiere) gibt. Dazu kommen allgemeinere Einschränkungen mit Blick auf die Naturgesetze, hier in den Worten Geert Keils:

> „Unsere fundamentalen Naturgesetze, auf deren Entdeckung die Physiker mit Recht stolz sind, sind aber überhaupt keine Sukzessionsgesetze über Ereignisse, sondern Koexistenzgesetze über Universalien, Erhaltungssätze und Aussagen über Kräftegleichgewichte. Diese sind nicht kausal interpretierbar, fixieren nicht alternativlos den Weltlauf, stützen also nicht den Laplace-Determinismus und sind deshalb auch nicht freiheitsgefährdend." (Keil, 2007, S. 32)

Mit anderen Worten beschreiben die Naturgesetze, auf die Hossenfelder sich in ihrem Argument so entschieden wie entscheidend beruft, allgemeine Rahmenbedingungen. Sie sagen aber nichts über konkrete Ereignisse aus. Ein Sukzessionsgesetz (von lat. *successio,* „Nachfolge") beschreibt demgegenüber einen Ablauf von Ereignissen, wie wir es auch im vorherigen Kapitel diskutiert haben.

Da man bei kausalen Beziehungen in der Regel von einer zeitlichen Abfolge der Form ausgeht, dass die Ursache der Wirkung vorausgeht, bräuchte man für die kausale Erklärung von Ereignissen also Ablaufgesetze folgender Form: „Wenn Ereignis A eintritt, dann folgt darauf Ereignis B." Diese gelten aber wiederum nicht ausnahmslos, determinieren die Folge also nicht strikt. Das liegt allein schon daran, dass es in der wirklichen Welt immer Störfaktoren geben kann.

Hossenfelder (2020a) nennt selbst als Beispiele die Beschreibung des Pandemiegeschehens für ein ansteckendes Virus oder die Wettervorhersage. Diese dynamischen und komplexen Vorgänge können wir aber nur eingeschränkt beschreiben, da einerseits die Anfangsbedingungen nur näherungsweise bestimmt werden können und es andererseits immer wieder Eingriffe von außen gibt. Beispielsweise kann in einer Pandemie die Verfügbarkeit eines Impfstoffs die Ansteckungsrate verringern oder eine Mutation sie vergrößern. Die wirkliche Welt ist eben weder eine geschlossene Laborumgebung noch ein Billardtisch.

Herausforderungen

Auch wenn uns Sabine Hossenfelders Ton vielleicht missfällt, können wir uns über die Gelegenheit freuen, das bereits gelernte Wissen anzuwenden und zu schärfen. Auf YouTube hat die Physikerin ebenfalls sehr viele Reaktionen provoziert. Wie so oft, erhält die reißerische Botschaft „Es gibt keinen freien Willen!" sehr viele Aufrufe, die differenzierteren Reaktionen hinterher aber nur einen Bruchteil davon. Das ist eben eine Eigenschaft unserer Medien und unserer Kommunikationskultur. Dass es nicht so einfach ist, Gehirnprozesse zu beschreiben oder psychologisch zu interpretieren, wie die Physikerin suggeriert, werden wir im nächsten Kapitel sehr deutlich sehen.

Einen Aspekt überlassen wir übrigens den Physikerinnen und Physikern selbst: Wir haben in Kap. 4 dahingehend argumentiert, dass Muster im Naturgeschehen hinreichend für wissenschaftliches Forschen sind. Ob Willensfreiheit wirklich eine notwendige Voraussetzung für Philosophie und Wissenschaft ist und, wenn ja, in welchem Sinne, diskutieren wir hier nicht weiter. Allerdings wird es im praktischen Teil noch um die damit zusammenhängende Sichtweise von uns als rationale Personen gehen, die aus Gründen handeln.

Literatur

Carroll, S. M. (2010). The laws underlying the physics of everyday life are completely understood. Discover Magazine, 23. September 2010. https://www.discovermagazine.com/the-sciences/the-laws-underlying-the-physics-of-everyday-life-are-completely-understood.

Davies, P. C. W., & Brown, J. R. (2004). *The ghost in the atom: A discussion of the mysteries of quantum physics (Reprint).* Cambridge University Press.

Gribbin, J. (2014). *Auf der Suche nach Schrödingers Katze: Quantenphysik und Wirklichkeit* (8. Aufl., E-Book). Piper.

Hossenfelder, S. (2020a). What are Differential Equations and how do they work? *YouTube,* 3. Oktober 2020. https://youtu.be/Em339AlejIs.

Hossenfelder, S. (2020b). You don't have free will, but don't worry. YouTube, 10. Oktober 2020. https://youtu.be/zpU_e3jh_FY.

Hossenfelder, S. (2021). Does superdeterminism save quantum mechanics? Or does it kill free will and destroy science? *YouTube,* 18. Dezember 2021. https://youtu.be/ytyjgIyegDI.

Keil, G. (2007). *Willensfreiheit.* de Gruyter.

Penrose, R. (1989). *The emperor's new mind: Concerning computers, minds and the laws of physics.* Oxford University Press.

6
Willensfreiheit in Biologie und Neurowissenschaften

Zusammenfassung Mehr als alle anderen Disziplinen haben in jüngerer Zeit die Neurowissenschaften die Diskussion um die Willensfreiheit angefacht. In diesem Kapitel werden wir sehen, dass es die Vorstellung vom Menschen als Maschine schon seit dem 18. Jahrhundert gibt. In der Biologie kommen allerdings unterschiedliche Freiheitskonzeptionen vor. Anders als oft dargestellt, stützt das Libet-Experiment die Annahme eines bewussten Willens, anstatt sie zu widerlegen. Daran ändern auch neuere Versuche mit dem Kernspintomografen nichts.

„Menschen können also in ihrem Verhalten als frei angesehen werden, sofern es selbst-initiiert und adaptiv ist. […] Entscheidend ist, dass unsere Handlungen von uns selbst erzeugt sind." (Der Neurobiologe und Genetiker Martin Heisenberg, 2009, S. 165)

Im Vorwort ist uns bereits René Descartes begegnet, der bedeutende Philosoph und Mathematiker der Neuzeit. Dass er auch physiologische Forschung betrieb und dafür Tiere sezierte, ist weniger bekannt. An einer Stelle seiner *Abhandlung über die Methode, richtig zu denken und Wahrheit in den Wissenschaften zu suchen* empfahl der französische Vordenker seinen Lesern, sich zum besseren Verständnis erst einmal das Herz eines großen Tieres zeigen zu lassen (Descartes, 1637/1997). Der uns ebenfalls bereits bekannte Biologe Thomas Huxley beschäftigte sich im 19. Jahrhundert intensiv mit Descartes' Forschung und schrieb, der Franzose habe seine Gäste, wenn er ihnen seine „Bibliothek" zeigen wollte, häufig zu seiner physiologischen Sammlung geführt (Huxley, 1874/1893).

Descartes' Interdisziplinarität ist ein interessanter Nebenaspekt für unser Buch. Der Franzose überschritt regelmäßig disziplinäre Grenzen und lernte unter anderem von bedeutenden Ärzten, Astronomen und Mathematikern seiner Zeit. Nachdem er seine Ausbildung bei Jesuiten (ein katholischer Orden) abgebrochen hatte, trat er als junger Mann ins Militär ein. Und zwar nicht bei irgendwem, sondern im Heer des uns aus Kap. 2 bekannten Prinzen Maurits, der im Streit um die Willensfreiheit van Oldenbarnevelt köpfen ließ.

Der junge Descartes soll sich damals für angewandte Mathematik, den Festungsbau und Reisen interessiert haben. Das Militär bot ihm dafür ideale Möglichkeiten. Die auch in akademischen Kreisen immer wieder vorkommende Darstellung des Philosophen als „dummer Dualist", der von Naturwissenschaften nichts verstanden haben soll, zeugt vor allem von Unkenntnis.

Für René Descartes waren allerdings Tiere bloße Automaten. Allein der Mensch sei wesentlich anders, weil er eine immaterielle Seele besitze. Huxley dachte den Gedanken des „animalischen Automatismus" weiter und kam rund 200 Jahre später zu dem Ergebnis, die Bewusstseinszustände von uns Menschen seien nur Epiphänomene (Randerscheinungen). Das heißt, dass sie zwar aus der Biologie entstünden, doch selbst keinerlei Einfluss auf unser Verhalten hätten (Huxley, 1874/1893). Dennoch bestritt Huxley nicht die Willensfreiheit. Diese war für ihn aber nur ein Gefühl. Frei seien wir, wenn wir tun könnten, was wir wollten. Als Gegenbeispiel nannte er einen angeleinten Hund. Dieser sei unfrei, ohne die Leine aber frei.

Auch Descartes' Landsmann, der Arzt und Philosoph Julien Offray de La Mettrie (1709–1751), war von den physiologischen Studien und der Vorstellung von Tieren als Automaten beeindruckt. Allerdings zog er daraus ganz andere Schlüsse als sein französischer Vorgänger Descartes oder britischer Nachfolger Huxley: Auch wir Menschen seien nichts als materielle, sich selbst organisierende Automaten. So trägt dann auch eines seiner bedeutendsten Werke den Titel *Die Maschine Mensch* (La Mettrie, 1748/2009). Willensfreiheit sei eine Illusion.

Mit seinen für die damalige Zeit radikalen Vorstellungen – darunter ein Vulgärmaterialismus, der Genuss als das höchste Lebensziel ansah – provozierte er allerdings viele seiner Mitmenschen. Wie Descartes floh er in die Niederlande. Doch selbst dort war er schließlich nicht mehr willkommen, und La Mettrie fand sein letztes Asyl in der Potsdamer Residenz Sanssouci von Friedrich dem Großen (1712–1786). Der „Alte Fritz" war als Freund der Künste und Wissenschaften bekannt.

1751 schrieb der französische Arzt im Exil dort allerdings, man werde ihm, wie einst Sokrates, für seinen „philosophischen Mut" den Giftbecher reichen. Kurz darauf starb er. Ob er wirklich vergiftet wurde, sich überaß oder an den Folgen seiner medizinischen Selbstbehandlung starb, ist unklar. Wir sehen aber ein weiteres Mal, nach Sokrates und van Oldenbarnevelt, dass außergewöhnliche Gedanken über die menschliche Natur lebensgefährlich werden können.

Von Heisenberg zu Heisenberg

In den beiden vorhergehenden Kapiteln beschäftigten wir uns mit den Gedanken von Physikerinnen und Physikern. Soeben kamen wir auf die Sichtweise der Physiologie und Biologie zu sprechen, bei der es nicht um den Blick auf das deterministische Universum geht. Vielmehr wirft ein Verständnis vom Körper als Automat, Mechanismus oder Maschine die Frage auf, wo noch Platz für einen freien Willen bleiben kann. Eine positive Antwort darauf kam erst vor einigen Jahren vom Neurobiologen und Genetiker Martin Heisenberg, Sohn des berühmten Physikers Werner Heisenberg.

Martin Heisenberg hält das Leben für „ein Wechselspiel zwischen dem Deterministischen und dem Zufall" (Heisenberg, 2009, S. 164). Der Biologe trennt hier allerdings nicht scharf zwischen Unvorhersehbarkeit und Indeterminismus. Wie wir gesehen haben, ist das einerseits philosophisch problematisch, und andererseits ist unklar, ob sich hinter der Unbestimmtheit auf der Quantenebene echter Zufall verbirgt. Jedenfalls sieht er „eine Fülle an Evidenz" dafür, dass „im Gehirn Zufall eine Rolle spielt" (ebenda). Entscheidend ist für ihn, dass Lebewesen nicht nur auf äußere Reize reagieren, sondern auch aus sich heraus Verhalten erzeugen. Seine Antwort auf das Willensfreiheitsproblem lautet dann wie folgt:

„Meine Handlungen sind also nicht frei, wenn sie von etwas oder jemand anderem festgelegt werden. Wie bereits gesagt, widersprechen von einem selbst initiierte Handlungen nicht der Physik und können diese auch in Tieren nachgewiesen werden. Menschen können also in ihrem Verhalten als frei angesehen werden, sofern es selbstinitiiert und adaptiv ist. [...] Entscheidend ist, dass unsere Handlungen von uns selbst erzeugt sind." (Heisenberg, S. 165)

Die Frage nach dem „bewussten Willen", die in diesem Kapitel im Vordergrund stehen wird, spielt somit für Martin Heisenberg gar keine Rolle. Damit umschifft er die uns vom Anfang des Buchs bekannte neofreudianische Herausforderung einfach. Ähnlich wie bei den Kompatibilisten ist für ihn die Abwesenheit von äußerem Zwang entscheidend; anders als die meisten Kompatibilisten sieht er im Zufall aber kein Problem für die Freiheit. Seinen Standpunkt könnte man am besten als Libertarianismus bezeichnen.

Wichtiger als diese Zuordnung ist aber einmal mehr die Feststellung, dass die Frage des Determinismus nicht so ausgemacht ist, wie uns harte Deterministen glauben machen wollen. Außerdem sehen wir am Beispiel des Neurobiologen, dass sich auch Naturwissenschaftler Gedanken darüber machen, wie man Willensfreiheit am besten verstehen, also definieren kann. Da Heisenberg von einfachen Organismen ausgeht, braucht uns die Abwesenheit einer anspruchsvolleren psychologischen Theorie von Entscheidungsprozessen hier nicht zu wundern. Wir werden aber später im Buch darauf zurückkommen.

Bewusster Wille

Neurowissenschaftler haben weniger mit dem Determinismus im Großen zu tun. Wohl deshalb verlagerte sich mit ihrer Beteiligung die Diskussion um die Willensfreiheit. Zudem finden sie, wie Martin Heisenberg beschreibt, zumindest dem Anschein nach zufällige Signale im Nervensystem. So ging es in den letzten Jahrzehnten vermehrt um den *bewussten* Willen. Das ist die Frage, inwiefern unsere Entscheidungsprozesse bewusst gesteuert sind, also die neofreudianische Herausforderung.

Denn tatsächlich formulierte bereits Sigmund Freud (1917), nachdem er mit seinen anfänglich neurologischen Plänen gescheitert war, die von ihm sogenannte dritte wissenschaftliche Kränkung der Menschheit: Wir seien nicht Herr im eigenen Hause; das Ich habe nur begrenzten Einfluss auf die psychischen Vorgänge, insbesondere die sexuellen Triebe. Wenig bescheiden stellte Freud damit seine eigene psychoanalytische Theorie in eine Reihe mit der Kopernikanischen Wende, also der Aufgabe der Erde als Mittelpunkt des Sonnensystems, und mit Darwins Evolutionstheorie.

Die neurowissenschaftliche Forschung, die wir uns in diesem Kapitel näher anschauen, begann in den 1960er-Jahren in der Abteilung für Physiologie der Universität Freiburg im Breisgau. In einem Versuchsaufbau, der wie eine Duschkabine mit Sitzgelegenheit aussah, untersuchten der damalige Doktorand Lüder Decke und sein Doktorvater Hans H. Kornhuber (1928–2009) *Hirnpotentialänderungen bei Willkürbewegungen* (Kornhuber & Deecke, 1965).

Der „Duschkopf" enthielt die Elektroden, mit denen die Hirnströme der Versuchspersonen gemessen wurden. In der Fachwelt nennt man dieses Verfahren Elektroenzephalografie (EEG). Es wird noch heute tagtäglich in Wissenschaft und Neurologie verwendet. Mit „Willkürbewegungen" meinten die Forscher, dass die Teilnehmerinnen und Teilnehmer selbst entscheiden sollten, wann sie Hand oder Fuß bewegen.

Das stellte die Versuchsleiter vor eine Herausforderung: Unser Gehirn ist ein dynamisches System, das niemals stillsteht, nicht einmal im traumlosen Schlaf. Wenn es keinen von außen vorgegebenen Reiz, kein Kommando gab, wo sollten die Wissenschaftler dann nach dem entscheidenden Ereignis im Gehirn suchen?

Da allerdings die Körperbewegung messbar war, konnten sie von diesem Zeitpunkt aus in die Vergangenheit schauen. Und dabei fiel ihnen ein negatives Signal in der Hirnaktivierung kurz vor den Bewegungen auf, das sie „Bereitschafspotential" nannten – eine Bezeichnung, die sogar wortwörtlich ins Englische übernommen wurde.

Libet: Ein folgenreiches Experiment

Rund 15 Jahre später inspirierte das den amerikanischen Neurowissenschaftler Benjamin Libet (1916–2007) zu einer Variante des Versuchs, der die Willensfreiheitsdebatte bis heute beschäftigen würde. Dabei ging es dem Amerikaner vor allem um die zeitliche Dynamik von Bewusstseinsvorgängen.

Das Thema Bewusstsein war von der einflussreichen Schule des Behaviorismus vernachlässigt, zum Teil sogar als schlechthin unwissenschaftlich abgetan worden. Die Behavioristen untersuchten Beziehungen zwischen Reizen und Reaktionen, weil sie nur diese für objektiv messbar und in diesem Sinne wissenschaftlich hielten. Libet wagte es, in die Black Box, die verschlossene Kiste dazwischen, zu blicken. Dafür wollte er das EEG-Verfahren mit einer einfachen psychologischen Anweisung kombinieren.

Der Neurowissenschaftler beklagte aber, dass er damals in Amerika für sein Vorhaben keine Förderung erhielt. Führende Forscher auf dem Gebiet der Verhaltenswissenschaften hätten seinen Ansatz als „ungeeignet" abgelehnt. In seinem Vorhaben wurde er dann aber von der Tagung Brain and Conscious Experience („Das Gehirn und bewusstes Erleben") bestärkt. Diese wurde vom 28. September bis 4. Oktober 1964 ausgerechnet in der Päpstlichen Akademie der Wissenschaften im Herzen der Vatikanischen Gärten abgehalten.

Die Schirmherrschaft hierfür übernahm der Physiologe und bekennende Leib-Seele-Dualist John C. Eccles (1903–1997), der ein Jahr zuvor mit dem Nobelpreis für Physiologie oder Medizin ausgezeichnet worden war. Libet selbst referierte dort zum Thema „Gehirnstimulation und die Schwelle des Bewusstseins". Den daraus entstandenen Tagungsband (Eccles, 1966) widmete Eccles übrigens einem wenige Jahre zuvor verstorbenen anderen Mitglied der Päpstlichen Akademie: dem theoretischen Physiker Erwin Schrödinger (1887–1961). Auch unser Max Planck, Werner Heisenberg, Niels Bohr (1885–1962) und sogar Stephen Hawking waren wissenschaftliche Mitglieder dieser katholischen Institution.

Benjamin Libet beschrieb, dass erst etwas später, mit dem Aufkommen der Kognitiven Psychologie in den 1970er-Jahren, Wissenschaftler sogenannte introspektive Berichte (von lat. *introspectus,* „das Hineinsehen") ernst genommen hätten; *wieder* ernster genommen, müsste man korrekter sagen, denn der Behaviorismus hatte die zuvor gerade in Europa aufkommende phänomenologische Psychologie verdrängt. Das heißt, dass man psychische Vorgänge nicht aus dem beobachteten Verhalten ableitet, wie es die Behavioristen taten, sondern die Versuchspersonen selbst danach befragt.

Für sein Experiment musste Libet diese Berichte aber noch irgendwie quantifizieren. Da Computer damals noch nicht so verbreitet waren, passten er und seine Kollegen ein Oszilloskop an. Damit ließen sie mit 2,56 s pro Umdrehung einen Punkt auf einer Kreisbahn rotieren (Libet et al., 1982). Drumherum brachten die Forscher eine Skala in Fünferschritten von 5 bis 60 an. Jede „Sekunde" auf dieser Uhr entsprach daher ca. 43 ms.

So erweiterten sie den Versuch von Kornhuber und Deecke um die subjektive Komponente: Die Teilnehmerinnen und Teilnehmer konnten nun den ungefähren Moment angeben, in dem sie den Wunsch für eine Bewegung der rechten Hand verspürten. Die von Libet und seinen Kollegen schließlich gemessene Abfolge von Bereitschaftspotenzial im Gehirn, introspektivem Bericht und Ausführung der Bewegung sorgte erst in wissenschaftlichen Kreisen und dann in der breiteren Öffentlichkeit für Furore.

Nutzloses Bewusstsein?

Laut den Ergebnissen baute sich das Bereitschaftspotenzial nämlich im Mittel rund 550 ms vor dem in den Muskeln messbaren Beginn der Bewegung auf. Das gemessene Signal stammte aus dem sogenannten supplementärmotorischen Areal (SMA), einer Gehirnregion zur Vorbereitung von Bewegungen (Abb. 6.1). Der von den Versuchspersonen angegebene Moment der Bewusstwerdung erfolgte jedoch später, nämlich rund 200 ms vor der Bewegung (Libet et al., 1983a, b). Damit schien das Bewusstsein der unbewussten Gehirnaktivierung um

Motorische und sensorische Regionen der Großhirnrinde

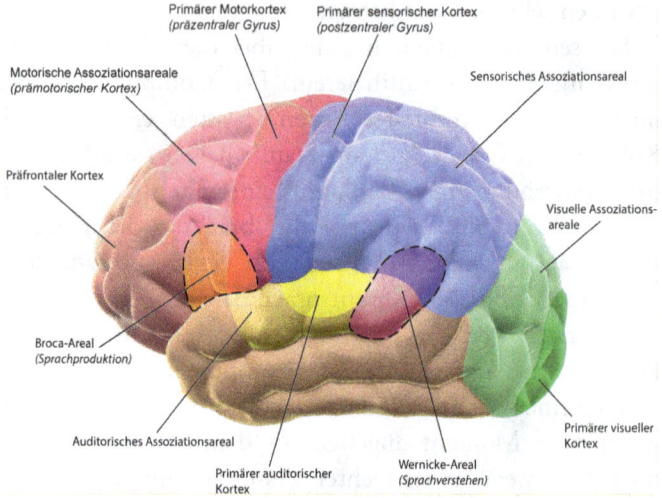

Abb. 6.1 Auf dieser Abbildung schauen wir auf die linke Hemisphäre der Großhirnrinde. Im Uhrzeigersinn sehen wir von links den Frontallappen (rötlich dargestellt; auch: Stirnlappen), daneben den Parietallappen (bläulich; Scheitellappen), rechts den Okzipitallappen (grünlich; Hinterhauptlappen) und unten schließlich den Temporallappen (gelb/bräunlich; Schläfenlappen). Das supplementär-motorische Areal (SMA), in dem das Bereitschaftspotenzial entsteht, liegt im prämotorischen Kortex. (Blausen.com staff (2014). „Medical gallery of Blausen Medical 2014". WikiJournal of Medicine 1 (2). DOI: https://doi.org/10.15347/wjm/2014.010. ISSN 2002–4436. Lizenz: CC BY 3.0 [https://creativecommons.org/licenses/by/3.0/deed.en])

ca. 350 ms hinterherzulaufen. Ist der bewusste Wille also nur eine Illusion?

Bevor man uns Menschen als unbewusst gesteuerte Automaten darstellt, sollte man ein paar wesentliche Details des Versuchs berücksichtigen. Was wurde in dem Experiment, psychologisch gesehen, überhaupt gemessen? Die Versuchspersonen mussten erst einmal eine ganze Umdrehung auf der „Uhr" abwarten. Danach sollten sie, ganz nach Belieben, zu einem Zeitpunkt ihrer Wahl die Finger und/oder das Gelenk der rechten Hand abrupt strecken. Später verdeutlichten die Versuchsleiter die Aufgabe mit dem Hinweis, „den Drang für die Handlung aus sich selbst heraus entstehen zu lassen, zu einem beliebigen Moment, ohne Vorausplanen oder Konzentration auf den Zeitpunkt der Handlung" (Libet et al., 1983a, S. 625).

Erinnern wir uns an die Definition von Willensakten aus Kap. 2. Dort wurden sie scharf von bloßen Drängen oder Reflexen abgegrenzt. Wesentlich waren zudem die Situationsinterpretation im weiteren Sinne sowie das Abwägen von Alternativen und Folgen einer beabsichtigten Handlung. Damit ist zweifelhaft, ob in Libets Experiment überhaupt Willensakte untersucht wurden. Man könnte auch die Frage aufwerfen, ob hier wirklich von einer Handlung gesprochen werden kann oder nur von einer Bewegung beziehungsweise einem Verhalten.

In jedem Fall waren aber das Abwägen und Vorausschauen, die Willensakte wesentlich ausmachen, in dem Versuchsaufbau ausdrücklich ausgeschlossen. Allein aus diesem Grund muss man schlussfolgern, dass die Resultate zwar interessante Fragen für die Diskussion und weitere Forschung aufwarfen, uns jedoch mit Sicherheit nichts Entscheidendes über menschliches Handeln schlechthin verrieten.

So sehen wir, dass das Durchführen eines Experiments auf der einen Seite und die Interpretation seiner Ergebnisse auf der anderen zwei grundverschiedene Dinge sind. Wenn die spezifischen Details einer Versuchsanordnung nicht wesentlich wären, könnten Forscherinnen und Forscher reine Willkür walten lassen. Experimentalisten berufen sich aber – zu Recht! – auf ihr systematisches und kontrolliertes Vorgehen.

Bei näherer Betrachtung spielten Willensakte für Libets Experiment zwar eine Rolle. Das waren aber gerade nicht die spontanen Bewegungen der Versuchspersonen, sobald sie einen Drang wahrnahmen. Vielmehr hatten *die Versuchsleiter* bei der Planung und Durchführung des Experiments Willensakte. Außerdem willigten die Teilnehmerinnen und Teilnehmer vor Beginn des Experiments in das Befolgen der Anweisungen ein.

Das bedeutet aber, dass die wirklichen Willensakte gar nicht experimentell untersucht wurden, während die EEG-Apparate Gehirnsignale aufzeichneten, sondern vielmehr die Voraussetzung für das gemessene Verhalten und die Ergebnisse waren. Im entscheidenden Moment der Bewegung drückten die Menschen lediglich den Willen der Versuchsleiter sowie ihrer vorangegangenen Einwilligung aus.

Bewusste Kontrolle

Ein noch grundlegenderer Aspekt hat damit zu tun, dass die Versuchspersonen ausdrücklich die Vorgänge in ihrem Bewusstsein beobachten sollten. Mit anderen Worten: Es handelte sich um eine Situation bewusster Kontrolle. Ein Gegenmodell wären die Zuckungen oder Laute von Menschen mit einer Ticstörung (von frz. *tic*, „Zucken").

Tics sind das Hauptsymptom des Tourette-Syndroms, einer neurologischen Erkrankung, und überkommen die Patientinnen und Patienten einfach. Dieser Unterschied wirft die Frage auf, ob man dem „Bewegungsdrang" in Libets Experiment widerstehen kann. Und die Antwort ist ein deutliches Ja! Das wissen wir nicht nur aufgrund theoretischer Überlegungen, sondern weil die Versuchspersonen das selbst ausdrücklich angaben.

Benjamin Libet sprach darum von einer „Veto-Bedingung" (von lat. *veto,* „ich verbiete"). Allerdings war, wie beschrieben, für die Auswertung des EEG-Signals die tatsächliche Ausführung des Verhaltens erforderlich. Ohne Feststellung des Muskelsignals lief der Versuch einfach weiter, bis die Versuchspersonen die Bewegung irgendwann geschehen ließen. Das heißt, dass die neuronale Verarbeitung des Vetos in dem ursprünglichen Versuch prinzipiell nicht ausgewertet werden konnte. Dazu die Forscher:

„Es war nicht ungewöhnlich für die Versuchspersonen, einen Bewegungsdrang zu spüren, der nicht zum Vollzug einer tatsächlichen Bewegung führte, als ob dieser Drang durch ein ‚Veto' gestoppt wurde, und dann auf einen neuen Drang zu warten, auf den die Bewegung folgte. Man mag annehmen, dass ein jeder solcher verdeckter oder unerfüllter Bewegungsdrang auch mit einem entsprechenden Bereitschaftspotenzial verbunden sein sollte, ohne das abschließende motorische Signal. Doch die Messung eines solchen Bereitschaftspotenzials würde einen neuen Versuchsaufbau erfordern." (Libet et al., 1982, S. 333)

Wie sich das für gute Forscherinnen und Forscher gehört, leiten sie daraus eine neue Hypothese ab: Würde das Bereitschaftspotenzial auch dann auftreten, wenn die Versuchspersonen sich nicht bewegen? Schon im folgenden Jahr veröffentlichen sie die Antwort:

„Von besonderem Interesse ist unser Ergebnis, dass die fortschreitende Vorbereitung oder Absicht für eine Bewegung sogar dann von einem erheblichen Bereitschaftspotenzial begleitet werden kann, wenn die Versuchsperson weiß, dass sie gegen die Absicht zur Bewegung ein Veto einlegen wird und den Muskel tatsächlich nicht betätigt." (Libet et al., 1983 b, S. 371)

Hierfür mussten die Forscher allerdings den Zeitpunkt vorgeben, an dem die Versuchspersonen die Bewegung durchführten – oder eben nicht. Nur so konnten sie das EEG-Signal richtig zuordnen. Diesen Befund haben in jüngerer Zeit die neuseeländischen Neuropsychologen Judy Trevena und Jeff Miller bestätigt. Auch sie fanden Bereitschaftspotenziale, unabhängig davon, ob anschließend eine Bewegung folgte oder nicht (Trevena & Miller, 2010).

Erst vor Kurzem bestätigte ein internationales Forschungsteam unter Beteiligung von Lüder Deecke, dem Entdecker des Signals in den 1960er-Jahren, den Fund außerhalb des Labors: Sie maßen das Bereitschaftspotenzial unmittelbar vor einem Bungee Jump aus 192 m Höhe (Nann et al., 2019). Diese Wissenschaftler diskutieren ebenfalls, dass das Signal nicht immer zum Verhalten führt.

Wenn wir all diese Varianten zusammenfassen und auf das beziehen, was wir vorher über Willensvorgänge gelernt haben, kommen wir zu dieser Zwischenbilanz: Die durch Anweisungen vorgegebene, wenn auch zeitlich nicht festgelegte, spontane Ausführung einer Bewegung ist mit Sicherheit *kein* Willensakt. Durch die Vorgabe des Entscheidungsmoments, um auch das Veto neurowissenschaftlich messen zu können, verliert der Versuchsaufbau zwar an Spontaneität. Dafür kommt ein Aspekt des Abwägens hinzu, der für willentliche Entscheidungen typisch ist.

Letztlich fehlen meiner Meinung nach aber auch diesen erweiterten Versuchen entscheidende Aspekte des Planens und Abwägens von Bedürfnissen, Alternativen sowie Zielen in einem reicheren Sinn. Hirnforscher können natürlich immer noch Teilaspekte von Willensakten herauspicken und untersuchen. Hinterher so zu tun, als habe man das Phänomen *an sich* erforscht, das zudem für unser Menschenbild zentral ist, hat jedoch etwas von Etikettenschwindel.

Potenzial für Bereitschaft

Wie sollen wir nun das Libet-Experiment interpretieren? Das Bereitschaftspotenzial steht schlicht für die Bereitschaft zu einer späteren Bewegung. Dann kann es aber nicht die alleinige Ursache für das Verhalten sein. Dann wiederum kann sein Auftreten *vor* dem Moment des Bewusstwerdens aus prinzipiellen Gründen kein Argument gegen den bewussten Willen sein. Das formulierten Libet und seine Kollegen bereits in den 1980er-Jahren so (z. B. Libet et al., 1983a, b). 20 Jahre später schrieb der dann schon fast 90-jährige Neurowissenschaftler in seinem Buch *Mind Time:*

> „Der bewusste Wille fungiert im Moment seines Auftretens möglicherweise als Auslöser dafür, der unbewusst vorbereiteten Entschlusskraft zur weiteren Ausführung der Handlung zu verhelfen. […] Mit Sicherheit kennen wir die Möglichkeit des bewussten Willens, den Willensakt zu blockieren und die Ausführung irgendeiner motorischen Handlung zu verhindern." (Libet, 2004, S. 145)

Während viele – bis heute! – Libets Ergebnisse als Hinweise auf die unbewusste Determination unserer Entscheidungen verstehen, war der Standpunkt des Versuchsleiters höchstpersönlich ganz anders: Erstens habe sich der bewusste Wille experimentell als eine Kontrollinstanz bewährt, die Verhalten stoppen könne; zweitens könne Bewusstsein sogar kausal notwendig dafür sein, einer Bewegungsmöglichkeit oder Handlung über die

Schwelle zur Ausführung zu verhelfen. Zum zweiten Punkt sei allerdings weitere Forschung notwendig. Das ist tatsächlich Gegenstand der Volitionspsychologie, die wir in Kap. 2 kennengelernt haben.

Wie ist es dann aber zu verstehen, dass führende Hirnforscher und Psychologen wie in Deutschland John-Dylan Haynes und Gerhard Roth, in den Niederlanden Victor Lamme und Dick Swaab oder in den USA Michael Gazzaniga und Daniel M. Wegner (1948–2013) immer wieder die Möglichkeit des bewussten Willens leugneten? Wieso berichteten auch die Medien überwiegend, das Libet-Experiment widerspreche der Willensfreiheit? Letzteres haben erst vor wenigen Jahren Spezialisten für neurowissenschaftliche Kommunikation aus Kanada bestätigt (Racine et al., 2017).

Provokante Erklärungen

Beispielsweise besprach Roth das Experiment zur Stützung seiner These, „daß die *aktuelle Entscheidung*, etwas zu tun, *unbewusst* erfolgt" (Roth, 1997, S. 307). Dabei unterteilte er das Gehirn in seine kortikalen – die Großhirnrinde (von lat. *cortex*, „Rinde") – und subkortikalen Teile (Abb. 6.2). Uns seien „nur Prozesse, die in der Großhirnrinde stattfinden, bewusst" (ebenda, S. 306). Libets Ergebnisse stimmten damit überein, „daß die eigentlichen Antriebe für unser Verhalten subcorticalen Ursprungs sind, also aus dem limbischen Bewertungs- und Gedächtnissystem kommen" (ebenda, S. 309). Und schließlich:

> „Die Libet'schen Versuche zeigen deutlich: Das Gefühl des Willensentschlusses ist nicht die eigentlich Ursache für eine Handlung, sondern eine *Begleitempfindung*, die auftritt, nachdem corticale Prozesse begonnen haben." (Roth, 1997, S. 309)

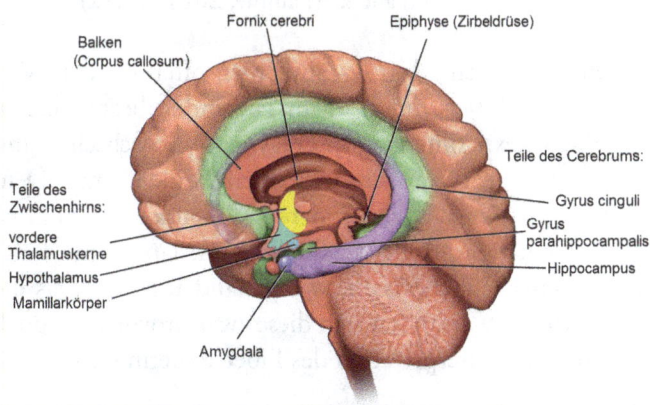

Abb. 6.2 Auf diesem Querschnitt durch das Gehirn (lat. *cerebrum*) ist das limbische System (von lat. *limbus*, „Rand", „Saum") hervorgehoben. Gerhard Roth vermutete, dass Regionen unterhalb der Großhirnrinde – daher subkortikal (von lat. *sub*, „unter", und *cortex*, „Rinde") – wie die Amygdala (Mandelkern) oder der Hippocampus unser Verhalten bestimmen. Das in der Großhirnrinde verortete Bewusstsein sei passiver Zuschauer. Die früher verbreitete Zweiteilung des Gehirns in rational/emotional oder bewusst/unbewusst entlang der anatomischen Unterscheidung kortikal/subkortikal gilt inzwischen aber als überholt (z. B. Pessoa, 2017). (Blausen.com staff (2014). „Medical gallery of Blausen Medical 2014". *WikiJournal of Medicine* 1 (2). DOI: https://doi.org/10.15347/wjm/2014.010. ISSN 2002-4436. Lizenz: CC BY 3.0 [https://creativecommons.org/licenses/by/3.0/deed.en])

Noch deutlicher heißt es bei Victor Lamme:

„Mit anderen Worten, wer die Gehirnaktivität misst, weiß schon, dass die Versuchsperson drücken wird, *bevor* sie das selbst weiß. Im Gehirn sieht die Entscheidung, ‚aus freiem Willen' zu drücken, also ganz anders aus als an der Außenseite. Im Gehirn nimmt erst die Aktivität in der SMA zu, etwa eine halbe Sekunde später denkt die Versuchsperson auf einmal, ‚ich will drücken', und noch etwas später drückt sie dann auch." (Lamme, 2010, S. 212)

Davon abgesehen, dass Lamme hier offenbar den Versuchsaufbau Libets mit dem im Folgenden besprochenen Knopfdruckexperiment von Haynes verwechselt, sind sich die beiden Neurowissenschaftler darüber einig: Dem Bewusstsein und insbesondere Willensakten komme hier *keine* kausale Rolle zu. Somit kann laut Lamme der Hirnforscher früher wissen, was jemand tun wird, als die Person selbst. Warum hat sich diese zwar provokante, doch unzutreffende Interpretation des Libet-Experiments so verbreitet?

Eine spekulative Antwort hat mit der Vorliebe der Medien für Neuigkeiten zu tun: Die Meldung, dass wir unsere Entscheidungen bewusst kontrolliert treffen, ist einfach nicht interessant genug. Mit dem Bild von uns Menschen als unbewusst gesteuerte Automaten kann man hingegen provozieren. Wir sahen bereits am Anfang dieses Kapitels am Beispiel von La Mettrie, dass dieser Trick schon im 18. Jahrhundert funktionierte.

Doch wie gehen Forscher, die diese Falschmeldung verbreiten, mit den widersprüchlichen Fakten um? Traurig, aber wahr: Sie lassen sie häufig einfach aus. So wies schon Libet darauf hin, dass sein amerikanischer Kollege von der Harvard University, Daniel M. Wegner, die nicht ins Bild passenden Ergebnisse einfach verschwieg: „Nirgendwo in seinem Buch diskutiert Wegner jedoch das Veto-Phänomen und die damit einhergehenden Vorbehalte für die mögliche kausale Rolle des bewussten Willens" (Libet, 2004, S. 144).

Das ist schon ein starkes Stück, wenn man, wie Wegner (2002), ein Buch über die *Illusion des bewussten Willens* schreibt! Wie wir gleich sehen werden, ist der Psychologe mit diesem Auslassungsfehler leider nicht allein.

Immer wieder Libet

Mit dem Aufkommen der bildgebenden Hirnforschung war es nur eine Frage der Zeit, bis jemand das Libet-Experiment im Kernspintomografen (auch: funktionelle Magnetresonanztomografie, fMRT; s. zu deren Arbeitsweise z. B. Schleim, 2008; Schleim & Roiser, 2009) wiederholt. Das geschah schließlich unter Leitung von John-Dylan Haynes am Max-Planck-Institut für Kognitions- und Neurowissenschaften in Leipzig.

Anstelle der kompliziert verwirklichten „Uhr" zeigte man Versuchspersonen jetzt aber schlicht eine Abfolge von Konsonanten. Durch die Frage, welchen Buchstaben man im Moment der bewussten Entscheidung sah, konnten die Forscher den Vorgang wieder zeitlich einordnen. Anders als bei Libet ging es im 21. Jahrhundert aber nicht mehr um das Strecken der Hand, sondern einen Knopfdruck links oder rechts. Würde es gelingen, anhand der fMRT-Daten die Seite vorherzusagen? Und wie verhält sich das zum Moment der Bewusstwerdung?

Der Titel des tausendfach zitierten Fachartikels – Haynes' bekannteste Forschungsarbeit – bringt die Antwort auf den Punkt: „Unbewusste Determinanten freier Entscheidungen im menschlichen Gehirn" (Soon et al., 2008). Im Gegensatz zu Libet, wo das Bereitschaftspotenzial der bewussten Entscheidung nur um 300–400 ms vorausging, sprachen die Hirnforscher beim neuen Versuch von einer Vorhersage von bis zu 10 s vor dem Bewusstseinsmoment! War damit schlussendlich bewiesen, dass La Mettrie recht hatte, wir Menschen also doch nur unbewusst gesteuerte Roboter sind?

Zur Beantwortung dieser Frage müssen wir uns wieder mit den näheren Details des Versuchsaufbaus beschäftigen, die es oft nicht in die Medienberichterstattung schaffen.

Dass die Vorhersage der Forscher nur leicht über Zufallsniveau gelang, wurde diesmal allerdings thematisiert. Doch wie schon beim Libet-Experiment darf hier bezweifelt werden, dass tatsächlich Willensentschlüsse untersucht wurden.

Denn wieder verboten Haynes und seine Kollegen den Teilnehmerinnen und Teilnehmern jegliches Vorausplanen. Die Personen mussten so spontan wie möglich reagieren und mit den Knopfdrücken sogar dem Muster eines Zufallsgenerators entsprechen! Wer zu langsam reagierte oder zu häufig eine der beiden Seite wählte, wurde schlichtweg vom Experiment ausgeschlossen. Das geschah zum Teil sogar noch nach der Datenerhebung. Von den ohnehin nur jungen (21 bis 30 Jahre), ausschließlich rechtshändigen Versuchspersonen schafften es schließlich nur die Daten von zwölf von 36 in die Endauswertung. Das ist gerade einmal ein Drittel!

Wie aussagekräftig ist aber ein Experiment über den Menschen schlechthin, wenn schon zwei von drei jungen Personen die Aufgabe nicht gemäß den Wünschen der Versuchsleiter bewältigen können? Man sollte meinen, solche Tatsachen hätten John-Dylan Haynes zu Bescheidenheit gemahnt. Mitnichten! Der breiten Öffentlichkeit erklärte er in einem Interview zur Studie:

> „Unser erste Gedanke war: ‚Wir müssen kontrollieren, ob das wahr ist.' Daher führten wir mehr Gültigkeitsprüfungen durch, als ich jemals bei einer anderen Studie gesehen habe. [...] Ich bin sehr ehrlich mit Ihnen, ich finde es schwierig, hiermit umzugehen. Wie kann ich einen Willen ‚meinen' nennen, wenn ich nicht einmal weiß, wann er stattfand und was er entschieden hat? [...] Plötzlich hatte ich diese große Vision über das ganze deterministische Universum, mich selbst, meinen Platz in ihm und all diese verschiedenen Punkte, wo wir glauben, selbst Entscheidungen zu treffen,

doch nur irgendeinen Kausalfluss widerspiegeln." (Haynes in Smith, 2011, S. 24 f.)

Angesichts so weitreichender Aussagen verwundert es nicht, dass die interviewende Journalistin von einer „Epiphanie" spricht. Das bezeichnet die Erscheinung einer Gottheit unter den Menschen beziehungsweise den Moment einer großen und plötzlichen Enthüllung. Doch wie schon beim Libet-Experiment muss man auch beim neueren Versuch anmerken, dass die einzigen Willensakte *vor* dem Versuch getroffen und gerade nicht vom Kernspintomografen aufgezeichnet wurden. Und wiederum handelte es sich um eine Aufgabe, bei der bewusste Kontrolle von entscheidender Bedeutung war.

Dazu passt, dass die Hirnforscher die Information über den Knopfdruck im Frontalhirn und Parietallappen fanden (der frontale Bereich ganz links in Abb. 6.2 sowie der Gyrus cinguli rechts). Das sind gerade Gehirnregionen, die oft mit Kontrolle und Bewusstseinsvorgängen in Zusammenhang gebracht werden. In den angeblich unser Verhalten unbewusst steuernden subkortikalen Regionen, die Roth für so bedeutend hielt, fand die neuere Untersuchung: nichts.

Dass es sich also wirklich um unbewusste Prozesse handelte, wie die Forscher der Welt weismachen wollten, ist äußerst fraglich. Das ist aber gerade die Kernaussage der Studie. Zudem wird hier ein innerer Widerspruch deutlich: Einerseits konnten die Neurowissenschaftler nur anhand der bewussten Reaktionen der Versuchspersonen den Moment der bewussten Entscheidung identifizieren; alles davor wurde schlicht als „unbewusst" definiert. Andererseits sollten die Ergebnisse zeigen, dass wir Menschen uns grundlegend über die Rolle unseres Bewusstseins irren. Ja, was denn nun?

Zudem fehlte bei dem Experiment im Kernspintomografen ausgerechnet die Veto-Möglichkeit. Dabei war diese für die Interpretation von Libets Versuch von entscheidender Bedeutung! Inzwischen hat sich diese Kritik aber ohnehin erübrigt, da Haynes den bewussten Willen auf einmal als experimentell bestätigt ansieht. Die neurowissenschaftliche „Epiphanie" war also nur von kurzer Dauer.

Doch ein Veto

Für das folgende Experiment mussten Versuchspersonen mit dem Fuß einen Schalter drücken. Währenddessen wurden ihre EEG-Signale an einen Computer übersendet. Dieser sollte anhand des Bereitschaftspotenzials die Fußbewegung vorhersagen (Schultze-Kraft et al., 2016). Dann ging eine rote Lampe an, die ein Stoppsignal darstellte. Betätigte die Person bei brennender Lampe den Schalter, erhielt der Computer einen „Punkt", ansonsten der Mensch. So war das Experiment gleichzeitig ein Mensch-Maschine-Duell. Die Teilnehmerinnen und Teilnehmer sollten also den Schalter drücken, bevor der Computer das vorhersagte. Ansonsten mussten sie die Bewegung nach Möglichkeit abbrechen. Dieser Abbruch war nichts anderes als ein Veto.

Das Ergebnis fiel unentschieden aus. Berücksichtigt man jedoch auch die „falschen Alarme", bei denen das Veto funktionierte, die Versuchspersonen also trotz Vorhersage den Schalter nicht betätigten, dann gewann der Mensch. Interessant ist noch die Frage, bis zu welchem Zeitpunkt das gelang. Haynes und seine Kollegen sprachen von 200 ms vor dem messbaren Einsetzen der Muskelbewegungen. Das ist genau die Zeitspanne, die viele Jahre vorher schon Benjamin Libet als Grenze für den bewussten Willen nannte.

In einer Pressemitteilung[1] seines Instituts an der Berliner Charité äußerte sich John-Dylan Haynes auf einmal weniger „epiphanisch": „Dies bedeutet, dass die Freiheit menschlicher Willensentscheidungen wesentlich weniger eingeschränkt ist, als bisher gedacht." Die Pressestelle veröffentlichte das unter dem Titel „Wie frei ist der Wille wirklich?"

Zutreffend ist stattdessen, dass *keiner* der hier beschriebenen Versuche etwas Wesentliches zur Willensfreiheit aussagen konnte. Das liegt allein schon daran, dass nicht einmal Willensentschlüsse untersucht wurden (s. dazu auch Hartmann, 2005). Insbesondere widerlegen die Ergebnisse nicht die Vorstellung vom bewussten Willen; im Gegenteil wurde diese vom Veto experimentell bestätigt.

Wir Menschen handeln vielleicht nicht immer, doch oft genug unter bewusster Kontrolle. Die meisten von uns haben eben kein Tourette-Syndrom, und selbst diese wenigen Patientinnen und Patienten sind nicht vollständig unbewusst gesteuerte Automaten. Sehr ärgerlich ist aber, dass Haynes zusammen mit dem Wissenschaftsjournalisten Matthias Eckoldt in einem neuen Buch nicht nur wieder Libets Veto-Bedingung unerwähnt lässt, sondern das ganze Experiment falsch darstellt:

„Aber wie kann ein Signal für die Ausführung einer Handlung im Gehirn entstehen, wenn man sich noch gar nicht bewusst entschieden hat, die Handlung auszuführen? Das hieße doch, die Hirnaktivität wäre bereits gestartet, bevor

---

[1] https://www.charite.de/service/pressemitteilung/artikel/detail/wie_frei_ist_der_wille_wirklich/

der Proband den Handlungsimpuls verspürte. Eine reichlich paradoxe Angelegenheit, denn wenn das Gehirn vor der willentlichen Entscheidung aktiv wird, müsste es ja bereits gewusst haben, dass sich der Proband gleich entscheiden wird." (Haynes & Eckoldt, 2021, S. 166 f.)

Nicht „reichlich paradox", sondern reichlich verklausuliert kolportieren die Autoren im Jahr 2021 leider immer noch den Fehler, das Bereitschaftspotenzial determiniere das Verhalten. Dabei türmen sich seit den 1960er-Jahren schlagende Beweise für die Sichtweise, dass es schlicht die Vorbereitung einer Bewegung signalisiert, eben eine Bereitschaft. Wie schon Libet erklärte, bleibt dem bewussten Willen danach genügend Zeit für ein Veto – und möglicherweise spielt er sogar eine notwendige kausale Rolle dafür, das vorbereitete Verhalten in eine tatsächliche Bewegung umzusetzen.

Bewusster Mensch

Dass unser Verhalten – im Rahmen bestimmter Möglichkeiten – bewusst kontrolliert abläuft, ist vielleicht für die Medien nicht so interessant. Es entspricht aber nicht nur unserer Selbstwahrnehmung, sondern auch den wissenschaftlichen Ergebnissen. Der prinzipiell unfreie Mensch ist vielmehr ein Konstrukt, ja eine Erfindung mancher Hirnforscher. Wie passt dazu aber der so oft geäußerte Gestus vom wissenschaftlichen Aufklärer, der dem Rest der Welt erklärt, wie wir Menschen *wirklich* sind?

Auch wer sich den hier dargestellten Interpretationen der Versuchsergebnisse nicht anschließt, kommt um diese schlagenden Tatsachen nicht herum: Dass nämlich, erstens, Libet und seine Kollegen selbst nie an der Willensfreiheit zweifelten; zweitens, sein Experiment so oft nachweislich falsch sowie unvollständig dargestellt wurde und wird; und, drittens, mit John-Dylan Haynes einer der führenden Forscher auf dem Gebiet inzwischen selbst eine 180-Grad-Wende hingelegt hat.

Das Rauschen im Blätterwald hätte man sich eigentlich sparen können. Zugegeben haben auch Philosophen und Psychologen, darunter meine Wenigkeit, von den massiven Übertreibungen mancher Hirnforscher profitiert. Schließlich wurden wir oft genug um eine differenziertere Einordnung der Forschungsergebnisse gebeten. Warum manche Wissenschaftler Hypes erzeugen, wird in Kap. 9 weiter diskutiert. Wichtig ist hier die Feststellung, dass unsere Kritik nicht nur philosophisch-psychologisch, sondern auch neurowissenschaftlich begründet ist.

Der Umgang mit dem bewussten Veto durch den britischen Neurowissenschaftler Anil K. Seth ist in diesem Zusammenhang sehr aufschlussreich: In einem Überblicksartikel zur Bewusstseinsforschung relativiert er diese Funktion des bewussten Willens damit, dass das Veto wahrscheinlich auf andere identifizierbare neuronale Vorläufer zurückzuführen sei; „Libets metaphysische Zwickmühle" sei damit nicht gelöst (Seth, 2018, S. 2 f.).

Seths Antwort ist aber einerseits trivial und andererseits aberwitzig: trivial, weil es in einem dynamischen, komplexen System immer vorangehende Prozesse gibt; aberwitzig, weil nicht Verfechter des bewussten Willens, sondern harte Deterministen endlich schlüssige Ergebnisse für ihren paradoxen Standpunkt bringen müssten.

Dabei vertrat nicht einmal Freud eine so extreme Sichtweise über die unbewusste Beeinflussung des Menschen wie einige Forscher in jüngerer Zeit. Wenn man Seths Reaktion ernst nähme, bräuchte man solche Experimente erst gar nicht durchzuführen. Dann stünde das Ergebnis nämlich schon vorher fest: Der Mensch sei eben ein unbewusst determinierter Automat. Diese These wird aber nicht durch gebetsmühlenartige Wiederholung, sondern nur durch tragkräftige Daten und Argumente plausibel.

Roth argumentierte ähnlich wie Seth. Immerhin erwähnte er Libets Veto, was, wie wir gesehen haben, in der Diskussion leider nicht selbstverständlich ist. Im nächsten Schritt wurde die Bedeutung des Vetos mit Blick auf vorangehende Gehirnprozesse aber gleich wieder relativiert (Roth, 1997).

Hier wechseln die Hirnforscher, Seth wie Roth, aber schlicht das Thema: Es ging doch um den *bewussten* Willen, wogegen manche Wissenschaftler Hinweise auf die unbewusste Determination unserer Entscheidungen anführten. Wer dann erwidert, das bewusste Veto sei selbst Produkt von Gehirnvorgängen, diskutiert nicht mehr entlang der Unterscheidung bewusst/unbewusst. Vielmehr geht es dann um die kausale Geschlossenheit der Welt und die Frage, ob der Wille „von außen" auf das Gehirn einwirken kann.

Übrigens könnte man die ganze Erklärung auch umdrehen: Da die Versuchspersonen den Drang für die Bewegung spontan in ihrem Bewusstsein entstehen lassen sollten, gingen Bewusstseinsvorgänge den angeblich unbewussten Gehirnprozessen zeitlich voraus. Also determinierte das Bewusstsein das Unbewusste. Die Antwort hängt schlicht davon ab, was der Versuchsleiter als Ausgangspunkt definiert. Bei dieser Entscheidung der Hirnforscher dürften bewusste Willensakte eine wichtige Rolle gespielt haben. Welches Ergebnis klingt wohl interessanter: „Unbewusstes steuert Bewusstes" oder „Bewusstes steuert Unbewusstes"?

Ein letzter erwähnenswerter Nebenaspekt ist, dass es nach wie vor keine neurowissenschaftliche Definition von „Bewusstsein" gibt. Schlimmer noch: Unter Kognitions-

und Hirnforschern besteht nicht einmal Einigkeit darüber, wie so eine Definition oder Erklärung dieses für uns so alltäglichen wie vertrauten Phänomens überhaupt aussehen *könnte* (Mashour et al., 2020; Schleim, 2022; Signorelli et al., 2021).

Diese bräuchten Neurowissenschaftler aber, um ohne subjektive Berichte Bewusstsein identifizieren zu können. Das gilt insbesondere dann, wenn sie gleichzeitig uns Subjekten einen grundlegenden Irrtum über unsere Bewusstseinsvorgänge attestieren. Denken wir bei dieser Gelegenheit noch einmal an Sabine Hossenfelders Vorwurf der „Wortakrobatik" zurück.

Die Untersuchung von Menschen ist eben sehr viel stärker von den gewählten Definitionen abhängig als die Erforschung von Atomen. Doch auch in der Physik war nicht immer klar, was das für Entitäten sind. Das Wort gab es schon in der Antike (gr. *a-* und *tomos*, „un-teilbar"). Hätte man Wissenschaftlerinnen und Wissenschaftlern mit dem Hinweis auf „Wortakrobatik" ihre Arbeit verbieten sollen? Manchmal hat man es in der Forschungspraxis eben mit einer gewissen Zirkularität zu tun: Man hat noch keine genaue Definition des Forschungsgegenstands, während die verwendete Arbeitsdefinition die erzielten Ergebnisse beeinflusst. Idealerweise trennt sich durch kontinuierliches Experimentieren, Reflektieren und die Einbettung in bestehende Theorien (Stichwort: Kohärenz) schließlich die Spreu vom Weizen. Dann bleibt am Ende ein wissenschaftlich plausibles und praktisch nützliches Konzept übrig.

Das Rätsel Bewusstsein müssen wir uns für ein anderes Buch aufheben. Jetzt ist es erst einmal an der Zeit für eine Zwischenbilanz am Ende des Teils über Freiheit als Forschungsgegenstand.

Literatur

Descartes, R. (1637/1997). *Discours de la méthode* (Franz.-dt., übers. u. hrsg. v. Lüder Gäbe). Meiner.

Eccles, J. C. (Hrsg.) (1966). *Brain and Conscious Experience: Study Week September 28 to October 4, 1964, of the Pontificia Academia Scientiarum.* Springer.

Freud, S. (1917). Eine Schwierigkeit der Psychoanalyse. *Imago: Zeitschrift für Anwendung der Psychoanalyse auf die Geisteswissenschaften, V,* 1–7.

Hartmann, D. (2005). Willensfreiheit und die Autonomie der Kulturwissenschaften. *E-Journal Philosophie der Psychologie, 1.* http://www.phps.at/texte/HartmannD1.pdf

Haynes, J.-D., & Eckoldt, M. (2021). *Fenster ins Gehirn: Wie unsere Gedanken entstehen und wie man sie lesen kann.* Ullstein.

Heisenberg, M. (2009). Is free will an illusion? *Nature, 459,* 164–165.

Huxley, T. (1874/1893). On the hypothesis that animals are automata, and its history. In: *Collected Essays* (Vol. I, S. 199–250). Macmillan & Co.

Kornhuber, H. H., & Deecke, L. (1965). Hirnpotentialänderungen bei Willkürbewegungen und passiven Bewegungen des Menschen: Bereitschaftspotential und reafferente Potentiale. *Pflügers Arch., 284,* 1–17.

La Mettrie, J. O. (1748/2009). *L'Homme-Machine/Die Maschine Mensch* (Übers. u. hrsg. v. Claudia Becker). Meiner.

Lamme, V. (2010). *De vrije wil bestaat niet: Over wie er echt de baas is in het brein.* Uitgeverij Bert Bakker.

Libet, B. (2004). *Mind time: The temporal factor in consciousness.* Harvard University Press.

Libet, B., Wright, E. W., & Gleason, C. A. (1982). Readiness-potentials preceding unrestricted 'spontaneous' vs. preplanned voluntary acts. *Electroencephalography and Clinical Neurophysiology, 54,* 322–335.

Libet, B., Gleason, C. A., Wright, E. W., & Pearl, D. K. (1983a). Time of conscious intention to act in relation to onset of cerebral activity (readiness-potential). The unconscious initiation of a freely voluntary act. *Brain, 106,* 623–642.

Libet, B., Wright, E. W., & Gleason, C. A. (1983b). Preparation- or intention-to-act, in relation to pre-event potentials recorded at the vertex. *Electroencephalography and Clinical Neurophysiology, 56,* 367–372.

Mashour, G. A., Roelfsema, P., Changeux, J. P., & Dehaene, S. (2020). Conscious processing and the global neuronal workspace hypothesis. *Neuron, 105,* 776–798.

Nann, M., Cohen, L. G., Deecke, L., & Soekadar, S. R. (2019). To jump or not to jump: The Bereitschaftspotential required to jump into 192-meter abyss. *Scientific Reports, 9,* 1–9.

Pessoa, L. (2017). A network model of the emotional brain. *Trends in Cognitive Sciences, 21,* 357–371.

Racine, E., Nguyen, V., Saigle, V., & Dubljevic, V. (2017). Media portrayal of a landmark neuroscience experiment on free will. *Science and Engineering Ethics, 23,* 989–1007.

Roth, G. (1997). *Das Gehirn und seine Wirklichkeit: Kognitive Neurobiologie und ihre philosophischen Konsequenzen.* Suhrkamp.

Schleim, S. (2008). *Gedankenlesen: Pionierarbeit der Hirnforschung.* Heise.

Schleim, S. (2022). Stable consciousness?: The „Hard Problem" historically reconstructed and in perspective of neurophenomenological research on meditation. *Frontiers in Psychology, 13,* 914322.

Schleim, S., & Roiser, J. P. (2009). fMRI in translation: The challenges facing real-world applications. *Frontiers in Human Neuroscience, 3,* 63.

Schultze-Kraft, M., Birman, D., Rusconi, M., Allefeld, C., Görgen, K., Dähne, S. ... & Haynes, J. D. (2016). The point of no return in vetoing self-initiated movements. *Proceedings of the National Academy of Sciences, 113,* 1080–1085

Seth, A. K. (2018). Consciousness: The last 50 years (and the next). *Brain and Neuroscience Advances, 2,* 2398212818816019.

Signorelli, C. M., Szczotka, J. & Prentner, R. (2021). Explanatory profiles of models of consciousness-towards a systematic classification. *Neuroscience of Consciousness, 2,* niab021.

Smith, K. (2011). Neuroscience vs philosophy: Taking aim at free will. *Nature, 477,* 23–25.

Soon, C. S., Brass, M., Heinze, H. J., & Haynes, J. D. (2008). Unconscious determinants of free decisions in the human brain. *Nature Neuroscience, 11,* 543–545.

Trevena, J., & Miller, J. (2010). Brain preparation before a voluntary action: Evidence against unconscious movement initiation. *Consciousness and Cognition, 19,* 447–456.

Wegner, D. M. (2002). *The illusion of conscious will.* MIT Press.

7

Eine Zwischenbilanz

Zusammenfassung Bisher haben wir eine Fülle von Positionen und Argumenten für und gegen Willensfreiheit kennengelernt. Jetzt ist es an der Zeit für eine Zwischenbilanz: Wie lässt sich der Perspektivenstreit lösen? Wie gehen wir mit dem Determinismusproblem um? Welchen Positionen lassen sich die verschiedenen Vertreterinnen und Vertreter in der Willensfreiheitsdiskussion zuordnen? Und welchen offenen Fragen sollten wir uns jetzt widmen?

„[K]eine realistischerweise zu erwartenden neurowissenschaftlichen Ergebnisse könnten für sich genommen die Frage entscheiden, ob jemand einen freien Willen hat. Ein wichtiger Grund hierfür ist, dass die Frage, was es bedeutet, einen freien Willen zu haben, eine philosophische Frage ist [...]." (Die Neurophilosophin Adina Roskies, 2022, S. 71)

Inzwischen haben wir rund 2500 Jahre Kultur- und Wissenschaftsgeschichte überspannt. Dabei sahen wir, dass der Konflikt der unterschiedlichen Perspektiven auf den Menschen schon seit der Antike tobt. Trotzdem scheint es nicht so, als würde man sich einem Konsens, geschweige denn einer definitiven Schlussfolgerung annähern.

Die im vorherigen Kapitel behandelten Versuche aus der neueren Hirnforschung, die Willensfreiheit als Illusion darzustellen, haben die Verwirrung eher vergrößert: Jetzt streiten sich nicht nur Philosophen sowie Theologen über die richtige Definition des Phänomens und alle mit den Physikern über Determinismus. Vielmehr werden nun auch noch neurowissenschaftliche Experimente in ihrer Aussagekraft übertrieben, unvollständig oder gar falsch dargestellt. Wie sollen wir mit dieser Situation umgehen?

Gründe

Zum Perspektivenstreit lässt sich erst einmal feststellen: Eine Erklärung unseres Verhaltens ausschließlich anhand physikalischer Elementarteilchen und Kräfte steht uns nicht zur Verfügung. Das gilt sogar für so einfache Vorgänge wie ein Augenblinzeln. Die in Kap. 5 besprochene Behauptung Sean Carrolls ist eher Wunschdenken. Es ist auch nicht so, dass es eine derartige Erklärung bereits für 20, 10, 5 oder überhaupt nur 1 % unserer Verhaltensweisen gäbe und der Rest nur noch eine Frage der Zeit wäre. Es gibt sie schlicht *gar nicht*.

Das hat nicht nur mit der Komplexität der Materie zu tun, sondern auch mit unserer Sprache. Physikerinnen und Physiker untersuchen nämlich durchaus sehr komplexe Phänomene – doch auf einer grundlegend anderen Ebene. In absehbarer Zeit wird es keinen erfolgversprechenden Ansatz dafür geben, etwas wie eine

Absicht oder ein Gefühl in die Sprache von Elektronen, Protonen und Neutronen zu übertragen. Gegen diese Möglichkeit gibt es sogar einige prinzipielle philosophische Gründe, die hier aber zu weit führen würden.[1] Oder wann haben Sie zuletzt Elementarteilchen gezählt, als Ihnen ein anderer Mensch sagte, dass er Sie liebt, Ihnen vertraut oder am Wochenende Lust auf einen gemeinsamen Spaziergang hat?

Im Gegensatz dazu können wir eine Erklärung unmittelbar nachvollziehen, dass beispielsweise Paula sich einen Tee machte, weil ihr gerade langweilig war. Unsere Alltagssprache ist hier sehr nützlich, selbst wenn sich solche Erklärungen hinterher als falsch herausstellen können. Das erkennen wir aber nicht dadurch, dass sich die Elementarteilchen von Paulas Körper anders verhielten als zunächst gedacht. Vielmehr erfahren wir vielleicht, dass die Frau immer zur selben Zeit Tee macht oder damit ihrem Gast Paul eine Freude bereiten wollte.

Erst in einem größeren Sinnzusammenhang wird uns menschliches Verhalten *als Handlung* verständlich. Verhaltensweisen ohne bewusste Absicht bezeichnen wir darum anders, beispielsweise als Reflex oder Schlafwandeln. Und in der Regel machen wir Menschen dafür auch nicht verantwortlich. Das sagt zunächst noch nichts

---

[1] Siehe etwa die Diskussion zur Unmöglichkeit der „Naturalisierung des Geistes", zum nichtreduktiven Materialismus oder auch zum harten Problem des Bewusstseins, für das sich nun schon seit Jahrhunderten keine Lösung abzeichnet (Schleim, 2022a). Nicht einmal im Teilbereich der psychischen Störungen hat man in rund 180 Jahren wesentliche Fortschritte erzielt (Schleim, 2022b). Wenn sich, kurz gesagt, unsere heutige psychologische Sprache nicht in die Biologie übertragen lässt, könnte man die Sprache ändern – oder endlich diesen spekulativen Gedanken aufgeben, die Biologie/Neurowissenschaft müsse die grundlegendere Ebene für Psychologie, Psychiatrie und andere Disziplinen vom Menschen sein. In der Praxis ist es übrigens eher so, dass sich auch die Biologie/Neurowissenschaft der psychologischen Sprache bedient, was gegen deren Ersetzung spricht.

über Willensfreiheit aus, wohl aber über unsere normative Praxis, die im nächsten Kapitel im Fokus steht.

Es mag durchaus sein, dass am Anfang von Paulas Handlung ein Bereitschaftspotenzial entstand. Wenn ihr dann aufgefallen wäre, dass sie besser erst noch eine E-Mail fertig schreibt, anstatt ihre Tätigkeit zu unterbrechen, wäre diese Gehirnaktivierung aber nicht handlungswirksam geworden. Es scheint bis auf Weiteres also nicht nur nützlich und sinnvoll, sondern schlicht notwendig, uns selbst und einander für das, was wir tun, Gründe zuzuschreiben (z. B. Nida-Rümelin, 2005; Sturma, 2012).

Determinismus

Die Diskussion des Determinismus gehört in ein Buch über Willensfreiheit, weil diese Position dem libertarianischen Freiheitsverständnis widerspricht: Wenn schon im Moment des Urknalls alle folgenden Zustände des Universums eindeutig festgelegt waren, wie sollte sich ein Mensch dann unter genau denselben Umständen anders entscheiden können? Der Standpunkt des Kompatibilisten verdeutlicht aber, dass man auch anders über Willensfreiheit denken kann. Zudem ist, wie wir in Kap. 4 gesehen haben, die Annahme des Determinismus keineswegs zwingend.

Für die praktische Wissenschaft ist sie ohnehin wenig ergiebig: Wenn man den Determinismus nämlich nur für einen bestimmten Teilbereich annimmt, dann kann es immer einen äußeren Einfluss geben, der den Lauf der Dinge verändert; dann würden also die formulierten Gesetzesbeziehungen wiederum nicht ausnahmslos gelten. Findet man bei einem Versuch aber nur statistische Zusammenhänge, wie es die Regel ist, dann beschreiben diese gerade nicht den Einzelfall; dann bliebe es eine müßige Frage, ob bei genauerer Kenntnis aller Umstände das Ergebnis zu 100 % feststünde.

Im vorherigen Kapitel haben wir erfahren, dass der Knopfdruck links oder rechts in Haynes' Versuch nur leicht über Zufallsniveau vorhersagbar war. In den seitdem rund 15 vergangenen Jahren hat man das Modell aber nicht auf die restlichen Durchläufe ausdehnen können, sich also den 100 % nicht wesentlich angenähert.

Für experimentelle Zwecke ist die Determinismusthese also unergiebig: Findet man einen starken Zusammenhang zwischen Anfangs- und Endzustand, könnte dieser durch einen späteren Versuch widerlegt werden – beispielsweise wegen Einflüssen von außen oder minimalen Änderungen der Startbedingungen. Findet man hingegen nur eine schwache Beziehung, kann ein harter Determinist immer sagen, dass man noch nicht genug wisse und weitere Studien erforderlich seien.

Experimentierarbeit

Besonders aufschlussreich war aber die Erkenntnis, dass die Ergebnisse von Versuchen wie denen von Libet oder Haynes nur bei Kenntnis der Voraussetzungen und Rahmenbedingungen richtig verstanden werden können. Ein sehr anschauliches Beispiel hierfür stammt vom weltberühmten niederländisch-amerikanischen Primatologen Frans de Waal.[2]

Demnach hat der britische Zoologe Solomon Zuckerman (1904–1993) in seinem bis heute viel zitierten Buch *The Social Life of Monkeys and Apes* das angeblich

---

[2] Studium-Generale-Vorlesung an der Universität Groningen vom 13. Juni 2022.

extrem gewaltsame Verhalten unserer nahen Verwandten im Tierreich beschrieben (Zuckerman, 1932/2000). Mit diesen wissenschaftlichen Ergebnissen sei über viele Jahre die Gewalt in unserer eigenen Evolution und Kultur gerechtfertigt worden.

Tatsächlich hätte Zuckerman aber fast ausschließlich männliche Affen in dieser Kolonie untergebracht, die einander dann im Kampf um wenige Weibchen töteten. Die Beobachtungen waren also unter künstlichen, vom Versuchsleiter geschaffenen Bedingungen entstanden und entsprachen gerade *nicht* dem Verhalten der Tiere in der freien Wildbahn. Die extreme Gewalt entstand also erst bei einem unnatürlichen Missverhältnis zwischen Männchen und Weibchen. Ohne dieses Hintergrundwissen zieht man aus dem Experiment völlig falsche Schlüsse.

Das ist laut Gribbin auch in der Quantenphysik prägnant, wo „schon der Akt der Beobachtung eine Sache verändert" und „wir, die Beobachter, in einem ganz realen Sinne Teil des Experiments sind" (Gribbin, 2014, S. 210). Unter Verweis auf den britischen Astronomen und Mathematiker Arthur Eddington, der die „quantenphysikalische Revolution" seines Fachs hautnah miterlebte und der breiten Öffentlichkeit erklärte, ergänzt er: „Was wir wahrnehmen, was wir aus Experimenten ‚entnehmen', ist [...] in hohem Maße von unseren Erwartungen gefärbt" (ebenda, S. 211). Wenn Wissenschaft so objektiv wie möglich sein soll, müssen wir solche Beobachtereffekte immer mitberücksichtigen.

Diese Kritik lässt sich direkt auf die Versuche mit dem Fingerstrecken oder Knopfdrücken aus dem vorherigen Kapitel übertragen: Diese sind nicht nur meilenweit von den Willensvorgängen des echten Lebens entfernt. Vielmehr haben die Neurowissenschaftler Libet und Haynes ihren Versuchspersonen aktiv verboten, was Willensakte gerade ausmacht, beispielsweise Abwägen und Vorausplanen. Dutzende Male hintereinander eine so spontane wie sinnlose Bewegung auszuführen, um das Signal-Rausch-Verhältnis für die Messverfahren der Hirnforscher zu verbessern, ist eben etwas prinzipiell Anderes als eine Entscheidung für Pasta oder Pizza, einen Studienplatz oder Schwangerschaftsabbruch.

Ich habe früher selbst diese Experimentierarbeit in der Hirnforschung gemacht und wurde darum häufig von Kolleginnen und Kollegen zur Teilnahme an deren Versuchen eingeladen. Natürlich hilft man einander, weil man selbst auch auf die Hilfe anderer angewiesen ist. Dabei sind die Experimente oft so langweilig, dass man sich als Versuchsperson vor allem eines wünscht: deren baldiges Ende! Derartige Versuchsaufbauten sagen also mitunter mehr über die Möglichkeiten und Voraussetzungen der Hirnforscher aus als über „den Menschen an sich". Häufig konnte ich mich mit dem Hinweis darauf, dass ich Linkshänder bin, vor diesen langweiligen Versuchen drücken. Meine Signale würden nämlich die Variabilität der Ergebnisse erhöhen – und das ist schlecht für die Statistik. Was sagt das aber über die Qualität der Ergebnisse der so oft gepriesenen Hirnforschung aus?

Eine Komplexitätsreduktion fürs experimentelle Arbeiten *ist* vertretbar, ja schlicht notwendig. Unterschlägt man diese Schritte aber bei der anschließenden Diskussion der Ergebnisse, handelt es sich bestenfalls um eine ungerechtfertigte Übertreibung, schlimmstenfalls um Hochstapelei.

Benjamin Libet tat gut daran, nur von einer unbewussten Einleitung von Bewegungen zu sprechen, nicht von der Determination von Willensakten. Wie wir gesehen haben, ging diese Zurückhaltung in der wissenschaftlichen und medialen Diskussion schnell verloren. Dann ist das reduzierte Menschenbild der Hirnforschung aber primär eine Folge der reduzierten Sicht- und Arbeitsweise des Hirnforschers sowie der Medien, nicht unserer Natur oder Kultur!

Die besondere Bedeutung neurowissenschaftlicher Grundlagenforschung oder der Fortschritte in der Neurologie zur Behandlung neuronaler Erkrankungen steht für mich trotzdem nicht zur Debatte. Diese sind aber nicht Thema dieses Buchs, sondern Willensfreiheit. Außerdem können sich die Neurowissenschaften nicht über einen Mangel an öffentlicher Aufmerksamkeit beklagen. Es ist sogar wissenschaftlich belegt, dass die Berichte über Hirnforschung fast ausschließlich positiv sind, ein „Neuro-Optimismus" also weit verbreitet ist (z. B. O'Connor et al., 2012; Racine et al., 2010). Eine alternative kritische Sichtweise muss man auch einmal aushalten können.

Standpunkte

Bisher haben wir unterschiedliche Standpunkte zur Willensfreiheit kennengelernt: Geert Keil und Martin Heisenberg vertraten Spielarten des Libertarianismus. Dabei blieb die Frage nach der psychologischen Funktionsweise des freien Willens offen. Heisenbergs Fokus auf spontanes, selbstverursachtes Verhalten wäre für die meisten Philosophinnen und Philosophen wahrscheinlich nicht hinreichend, um menschliche Entscheidungen zu erfassen. Er setzte dem Determinismus aber eine naturwissenschaftliche Alternative entgegen.

Diese bezeichnete die Physikerin Sabine Hossenfelder wiederum als unwissenschaftlich. Das darf sie tun, ist für sich aber kein schlüssiges Argument. Ihr Standpunkt ist am deutlichsten der eines harten Deterministen. In dieses Lager würde ich auch die Hirnforscher Victor Lamme und Gerhard Roth einordnen. Im Einzelfall sollte man hier aber Aussagen über den *freien* und den *bewussten* Willen unterscheiden: Geht es um den Determinismus und die Ablehnung der Vorstellung vom Anderskönnen unter den exakt gleichen Bedingungen? Oder um die Frage, ob unbewusste Prozesse unsere Entscheidungen festlegen?

Ihr Kollege John-Dylan Haynes trat 2011 wie ein harter Determinist auf, um schon wenige Jahre später zum Kompatibilismus zu konvertieren: Laut der Studie von 2016 mit dem „Mensch-Maschine-Duell" sind wir frei, bis die Ausführung eines Verhaltens einen „Punkt ohne Zurück" überschritten hat. Dieser liegt bei etwa 200 ms vor dem Muskelsignal beziehungsweise dem Knopfdruck (Schultze-Kraft et al., 2016), wie es Benjamin Libet bereits lange vorher formuliert hatte.

Für die Kompatibilisten aus der Philosophie, wie Michael Pauen oder Harry Frankfurt, ging es ebenfalls nicht ums Anderskönnen. Vielmehr war für sie von Bedeutung, ob unsere Entscheidungen selbstverursacht (wie bei Martin Heisenberg) und im Einklang mit unseren Präferenzen, Überzeugungen und/oder Wünschen höherer Ordnung (anders als bei Heisenberg) sind. Das verschiebt das Freiheitsproblem aber auf das Entstehen dieser Präferenzen, Überzeugungen und so weiter. Zudem blieb auch dann noch die Frage offen, wie Willensakte genau funktionieren.

Wie lässt sich der Neurowissenschaftler Benjamin Libet in das philosophische Schema der Willensfreiheit einordnen? Inzwischen wissen wir, dass er den bewussten Willen als experimentell bestätigt ansah. Macht ihn das automatisch zum Libertarianer? Tatsächlich wird er oft – meiner Meinung nach fälschlicherweise – als Dualist dargestellt, so auch von Haynes (Schultze-Kraft et al., 2016). Für einen Leib-Seele-Dualisten wie René Descartes ist ein Eingriff von „außen" in den natürlichen Weltverlauf eine Selbstverständlichkeit.

Libet (2004, S. 181 ff.) selbst grenzte seine Sichtweise aber ausdrücklich vom Dualismus des französischen Philosophen und Physiologen ab. Stattdessen vertrat er eine Zwei-Aspekte-Lehre, die Bewusstseinsvorgänge zwar als in Gehirnprozessen verankert sieht, ihnen jedoch neue Eigenschaften und sogar kausale Kräfte einräumt (s. hierzu auch Fahrenberg, 2013). In der philosophischen Diskussion spricht man dann meist von emergenten Phänomenen oder Eigenschaften (von lat. *emergere*, „auftauchen").

Der Gedanke, dass das Ganze mehr ist als nur die Summe seiner Teile, ist uns aber auch aus der Alltagswelt bekannt: Auf keines der Atome unseres Esstischs für sich genommen können wir Geschirr und Besteck legen; auf ihre Gesamtheit schon. Kein einzelnes Wassermolekül alleine ist glatt, ihre gefrorene Gesamtheit im Winter sehr wohl. Kein einzelnes Neuron hat einen Gedanken, eine Person als Ganze allerdings doch. Und auch in einem Orchester können die Musikerinnen und Musiker aufeinander reagieren und gemeinsam eine dynamische Harmonie erzeugen, die sie für sich genommen nicht schaffen.

Wir erfuhren in Kap. 5, dass der Physiknobelpreisträger Roger Penrose nach einer Verbindung von Quantenphysik und Bewusstseinsforschung sucht. John Eccles, ebenfalls Nobelpreisträger, war sogar noch einen Schritt weitergegangen und sah dort ein Einfallstor für eine immaterielle Seele. Der Neurologe und Psychiater Hans Berger (1873–1941) entwickelte das EEG, um damit „psychische Energie" aufzuspüren.

Ohne dieses Verfahren hätten wiederum Deecke, Kornhuber, Libet sowie sehr viele andere das Bereitschaftspotenzial erst gar nicht messen können. Sogar Gerhard Roth (2021) geht inzwischen davon aus, dass es noch unentdeckte „Bewusstseinsteilchen" geben müsse, um das

7 Eine Zwischenbilanz

Bewusstseinsrätsel zu lüften. Diese Vielfalt an Ideen zeigt uns, dass in diesem Forschungsbereich vieles ungewiss ist und man daher auch nichts voreilig als „unwissenschaftlich" ausschließen sollte.

Doch bleiben wir beim Thema Willensfreiheit: Die Vorstellung vom bewussten Willen allein ist sowohl mit einem Kompatibilismus als auch mit einem Libertarianismus vereinbar. Aufgrund Libets Ideen über das Problem des Bewusstseins kann man ihn jedoch besser den Libertarianern zuordnen. In seinem Buch erwähnte er allerdings keine dieser Positionen ausdrücklich (Libet, 2004). Das zeigt einerseits, dass Neurowissenschaftler oft andere Begrifflichkeiten verwenden als Philosophen, und andererseits, dass es dem Forscher eher um Bewusstsein als um Willensfreiheit ging.

Natürlich dürfen wir in unserer Aufzählung Max Planck nicht vergessen. Sein Standpunkt – von innen sind wir frei, von außen determiniert – lässt sich nicht ohne Weiteres in das uns bekannte Schema einordnen. Dass die beiden Perspektiven für den theoretischen Physiker vielleicht doch nicht so ganz gleichberechtigt waren, wie es zunächst scheint, lässt eine Stelle am Ende seines Vortrags vermuten. Da erklärte er, dass wir uns aufgrund der Selbstbeobachtung frei *fühlen* (Planck, 1939, S. 24). Gefühle seien für uns objektiv gegeben und könnten nicht objektiv-wissenschaftlich erfasst werden. Die kausale Determiniertheit der Welt war für ihn aber wohl doch kein Gefühl, sondern ein Fakt, das Planck sogar für eine Voraussetzung der Wissenschaft schlechthin hielt.

Aus heutiger Sicht wirkt seine Vorstellung, dass wir Menschen die Beweggründe vergangener Entscheidungen vollständig und zutreffend herleiten können, zudem etwas voreilig. Zu Plancks Verteidigung kann man anführen, dass die Psychologie in seiner Zeit noch in den Kinderschuhen steckte. Inzwischen wurden systematische Fehler beispielsweise beim Erinnern früherer Ereignisse wissenschaftlich belegt (z. B. Miyazono & Bortolotti, 2021, insb. Kap. 7; Schacter & Coyle, 1997).

Außerdem neigen wir hin und wieder dazu, hinterher die Erklärung zu geben, die uns am besten gefällt oder im besten Licht erscheinen lässt. Das nennt man Post-hoc-Rationalisierung. Die innere Widersprüchlichkeit, A für richtig zu halten, doch stattdessen B zu tun, halten wir nicht immer gut aus. Vielleicht wäre Max Planck mit dem Wissen von heute anderer Meinung.

Verantwortlichkeit

Bereits Thomas H. Huxley formulierte im Zusammenhang mit seinem Epiphänomenalismus den Gedanken, bei Willensfreiheit handle es sich um ein Gefühl, wie wir im vorherigen Kapitel gesehen haben. Reicht aber ein Gefühl von Freiheit, um die Praxis unserer moralischen wie rechtlichen Verantwortlichkeit zu rechtfertigen? Ist es genug, dass Wissenschaftler unser individuelles Verhalten aus praktischen und wir selbst es nicht aus theoretischen Gründen voraussagen können?

Ganz analog zu Planck argumentierte auf der Tagung an der Päpstlichen Akademie mit Eccles und Libet im Jahr 1964 übrigens der britische Physiker, Informations- und Neurowissenschaftler Donald M. MacKay (1922–1987). Er zeigte auf, dass ein informationsverarbeitendes System aus dem Zustand der Welt einschließlich dem eigenen Gehirn unmöglich die eigenen Entscheidungen vorhersagen könne (MacKay, 1966).

Dafür brauchte er nicht einmal auf die Annahme eines Determinismus zu verzichten. Er schlussfolgerte, dass

„der Bezug auf die Heisenbergsche Unbestimmtheit, auch wenn sie möglicherweise für unser Bild von spontaner menschlicher Aktivität relevant ist, logisch gesehen unnötig ist, um Raum für die Art von Freiheit zu schaffen, die mit verantwortlichen Entscheidungen einhergeht." (MacKay, 1966, S. 440)

Soll das etwa das Schlusswort der Diskussion sein? Das Determinismusproblem ist wissenschaftlich unentscheidbar; in der Philosophie konkurrieren verschiedene Vorstellungen zur Willensfreiheit miteinander; für eine bessere psychologisch-neurowissenschaftliche Erklärung müssten wir das Bewusstseinsrätsel lösen; aber immerhin *fühlen* wir uns frei und sind unsere Entscheidungen unvorhersehbar, von außen praktisch und von innen prinzipiell.

Stellen Sie sich vor, Sie sind Teeliebhaber und jemand verkauft Ihnen eine „ganz besondere Sorte". Das Getränk sieht aber aus wie Kaffee, riecht wie Kaffee und schmeckt wie Kaffee. Auf Ihre geäußerten Zweifel an dem Produkt antwortet der Verkäufer, dass Sie ihm schon glauben können und besser nicht so genau nachschauen. „Trinken Sie einfach und genießen Sie!" Würde Sie diese Antwort befriedigen?

Dieser zugegeben etwas platte Vergleich hinkt natürlich insofern, als wir für die Unterscheidung von Tee und Kaffee deutliche Kriterien haben, abgesehen vielleicht von Grenzfällen wie dem stark fermentierten, jahrelang in gepresster Form gelagerten Pu-Erh-Tee mit seinem erdigen, würzigen Geschmack. Für die Trennung von freien und unfreien Entscheidungen fehlen uns aber schlüssige Merkmale. Darum geht es ja gerade in der Willensfreiheitsdiskussion.

Der Vergleich soll zeigen, dass wir schon bei unserem Lieblingsgetränk berechtigte Fragen hätten und nicht blind dem Verkäufer glauben würden. Wie viel mehr müsste uns dann daran liegen, unser tieferes Wesen zu ergründen? Und auch unsere Mitmenschen besser zu verstehen sowie die Art und Weise, wie der Staat beispielsweise im Sinne des Strafrechts mit seinen Bürgerinnen und Bürgern umgeht? Diesen Fragen widmen wir uns jetzt im zweiten, praktischen Teil des Buchs.

Bis hierhin sollte klar geworden sein, dass die wissenschaftliche Forschung keine endgültige Antwort zur Willensfreiheitsproblematik gegeben hat, vielleicht sogar prinzipiell nicht geben kann. Philosophisch lassen sich immerhin Argumente und Positionen ordnen und gegenüberstellen. Trotzdem wartet unsere normative Praxis nicht darauf, bis diese Probleme alle gelöst sind. Was lässt sich also zwischenzeitlich über praktische Freiheit aussagen?

Literatur

Fahrenberg, J. (2013). *Zur Kategorienlehre der Psychologie Komplementaritätsprinzip Perspektiven und Perspektiven-Wechsel*. Freiburg: Institut für Psychologie, Universität Freiburg. Online unter: https://doi.org/10.23668/psycharchives.10413

Gribbin, J. (2014). *Auf der Suche nach Schrödingers Katze: Quantenphysik und Wirklichkeit* (8. Aufl., E-Book). Piper.

Libet, B. (2004). *Mind time: The temporal factor in consciousness*. Harvard University Press.

MacKay, D. M. (1966). Cerebral Organisation and the Conscious Control of Action. In J. C. Eccles (Hrsg.), *Brain and Conscious Experience: Study Week September 28 to October 4, 1964, of the Pontificia Academia Scientiarum* (S. 422–445). Springer.

Miyazono, K., & Bortolotti, L. (2021). *Philosophy of psychology: An introduction*. Polity.

Nida-Rümelin, J. (2005). *Über menschliche Freiheit*. Reclam.

O'Connor, C., Rees, G., & Joffe, H. (2012). Neuroscience in the public sphere. *Neuron, 74*, 220–226.

Planck, M. (1939). *Vom Wesen der Willensfreiheit* (3. Aufl.). Leipzig: Johann Ambrosius Barth Verlag.

Sturma, D. (2012). *Vernunft und Freiheit. Zur praktischen Philosophie von Julian Nida-Rümelin*. de Gruyter.

Racine, E., Waldman, S., Rosenberg, J., & Illes, J. (2010). Contemporary neuroscience in the media. *Social Science & Medicine, 71*, 725–733.

Roth, G. (2021). *Über den Menschen*. Suhrkamp.

Roskies, A. (2022). What kind of neuroscientific evidence, if any, could determine whether anyone has free will? In W. Sinnott-Armstrong & U. Maoz (Hrsg.), *Free will: Philosophers and neuroscientists in conversation* (S. 71–79). Oxford University Press.

Schacter, D. L., & Coyle, J. T. (Hrsg.). (1997). *Memory distortion: How minds, brains, and societies reconstruct the past*. Harvard University Press.

Schleim, S. (2022a). Stable consciousness?: The „Hard Problem" historically reconstructed and in perspective of neurophenomenological research on meditation. *Frontiers in Psychology, 13*, 914322.

Schleim, S. (2022b). Why mental disorders are brain disorders. and why they are not: ADHD and the challenges of heterogeneity and reification. *Frontiers in Psychiatry, 13*, 943049.

Schultze-Kraft, M., Birman, D., Rusconi, M., Allefeld, C., Görgen, K., Dähne, S. ... & Haynes, J. D. (2016). The point of no return in vetoing self-initiated movements. *Proceedings of the National Academy of Sciences, 113*, 1080–1085.

Zuckerman, S. (1932/2000). *The Social Life of Monkeys and Apes*. Routledge.

Teil II
Praktische Freiheit

8

Freiheit und Verantwortung in Recht und Moral

Zusammenfassung In diesem Kapitel beschäftigen wir uns mit der „sozialen Logik" unserer Gesellschaft. Historisch und im Ländervergleich werden wir sehen, dass diese einem permanenten Wandel unterliegt. Entscheidend ist dabei, dass die damit einhergehenden Praktiken nützlich und sinnvoll sind. Hier steht insbesondere das Strafrecht im Fokus. Konkrete historische Beispiele veranschaulichen die möglichen Entgleisungen, zu denen ein reduziertes Menschenbild führen kann. Allerdings wird auch die Tür für ein mögliches „Neurostrafrecht" nicht ganz verschlossen. In einem Land ist es tatsächlich schon Realität.

> *„[Freiheit entsteht] durch die Fähigkeit, übergeordnete Werte zu langfristigen Zielen zu machen und Probleme kreativ zu lösen. [...] Es ist eine relative, keine absolute Freiheit, sie ist kein Gegensatz zur Natur, sondern Folge von Natur, Kultur, Moral. Menschliche Freiheit beruht nicht auf weniger an Determination, sondern auf höherer Bindung. Sie ist uns nicht fertig gegeben, sondern auch aufgegeben."* (Der Neurophysiologe und Mitentdecker des Bereitschaftspotenzials Hans H. Kornhuber, 1992, S. 207 f.)

Stellen wir uns eine Frau vor, die beim Stehlen von Schmuck in einem Juwelierladen ertappt wird. Einige Monate später muss sie sich dafür vor Gericht verantworten und sagt zur Richterin: „Frau Vorsitzende, ich wollte den Schmuck wirklich nicht stehlen. Aber mein Gehirn hat so entschieden!" Darauf die Richterin: „Ich verstehe. Dann verurteilt Sie mein Gehirn jetzt zu 5000 Euro Geldstrafe und einer Freiheitsstrafe von sechs Monaten auf Bewährung."

Gesellschaftliche Logik

Wir begegnen hier einmal mehr dem uns wohlbekannten Perspektivenstreit. Bevor wir uns die Äußerungen der beiden fiktiven Akteure genauer anschauen, sollten wir die Ausgangssituation näher betrachten: Für uns scheint sie selbstverständlich. Aber dass es überhaupt etwas wie Schmuck, Juwelierläden, Privateigentum und ein Strafgesetz gibt, ist nicht trivial. Tatsächlich handelt es sich dabei um Kulturleistungen, die auch heute nicht überall bestehen.

Einen schimmernden Stein bekommt man vielleicht für 1 € auf dem Flohmarkt, während man für bestimmte Juwelen Tausende Euro bezahlen muss. Dieser Unterschied ist nur in einem sozialen Kontext verständlich.

8 Freiheit und Verantwortung in Recht und Moral

(Zum Beispiel messen wir Rosenquarz einen anderen Wert zu als Diamanten.)

Auch dass Sie einen Ring als *Ihren* ansehen können, ist in unserer heutigen Gesellschaftsform gesetzlich geregelt. Zur Durchsetzung dieser Regeln gibt es gesellschaftliche Institutionen wie Polizei, Staatsanwaltschaft, Gerichte und Gefängnisse. Glücklicherweise brauchen wir deren Hilfe nur in Ausnahmefällen, was ein Ergebnis von Erziehung und einem funktionierenden Rechtsstaat ist.

So „normal", wie wir diese Sachverhalte heute finden, war es über Jahrhunderte hinweg Normalität, dass Menschen nach ihrem gesellschaftlichen Stand unterschiedlich behandelt wurden. Eine wichtige Unterscheidung war über lange Zeit die zwischen Besitzenden und Besitzlosen: „der Arme büsste mit seinem Leibe, während der Reiche zahlte" (Radbruch, 2001, S. 362 f.).

Beispielsweise rechnete man Adligen eine besondere Würde zu. Noch bis ins 18. Jahrhundert wurden sie darum vor entwürdigenden Strafen geschützt. Das bedeutete Geld- und Freiheitsstrafen statt Leibes- oder Schandstrafen – im Falle einer Hinrichtung den schnellen Tod durch das humanere Schwert statt des Baumelns am Strang. So sah es etwa das bayerische Strafrecht (*Codex juris criminalis Bavarici*) von 1751 konkret vor (ebenda, S. 364). Auch wenn dort noch nicht galt, dass alle Menschen vor dem Gesetz gleich sind (Art. 3, Abs. 1 GG), sondern manche „gleicher" waren als andere, war das doch ein Zivilisationsfortschritt. In der Despotie hatte nämlich schlicht derjenige mit der größten Macht recht. Der Übergang von einem Stände- in ein bürgerliches Rechtssystem ist übrigens in der heute immer noch sehr lesenswerten Novelle *Michael Kohlhaas* von Heinrich von Kleist (1777-1811) dargestellt.

Was hat ein kurzer Ausflug in die Geschichte des Strafrechts in einem Buch über Willensfreiheit zu suchen? Erstaunlicherweise ging es in den vorherigen Absätzen weder um Elektronen, Protonen und Neutronen noch um Nervenzellen oder neuronale Schaltkreise. Oder vielmehr: *Logischerweise* ging es nicht darum, denn das Strafrecht ist eine soziale Institution und keine physikalische oder neurowissenschaftliche. Demnach folgt es vor allem einer gesellschaftlichen Logik (von gr. *logos,* „Vernunft").

Das schließt natürlich nicht aus, dass auch Gerichtsgebäude mit bestimmten Materialien gebaut werden und Richterinnen wie Richter Gehirne haben. Wahrscheinlich war ich sogar der Erste auf der Welt, der Rechtsanwälte, darunter auch einige Staatsanwälte, in einem Hirnscanner untersuchte und ihren Gehirnen beim Lösen rechtlicher Probleme „zusah" (Schleim et al., 2011).

Gebäude und Gehirne sind schlicht notwendige Voraussetzungen für ein funktionierendes Rechtssystem, wie wir es kennen. In der Coronapandemie wurden inzwischen manche Gerichtsverhandlungen online durchgeführt. Das ist ein weiterer Hinweis darauf, dass Sinn und Bedeutung solcher Verfahren gerade *nicht* physikalisch bestimmt werden. Schließlich kann man sie „virtualisieren", also in die Online-Welt übertragen.

Das klassische Argument

Um zu verstehen, wie neurowissenschaftliche Ergebnisse dennoch unsere Rechtsordnung herausfordern sollen, schauen wir uns das klassische Argument hierfür an:

1. Ohne Freiheit keine Verantwortung (ohne A kein B)
2. Ohne Verantwortung keine Schuld (ohne B kein C)
3. Und ohne Schuld keine Strafe (ohne C kein D)

So ein Argument kann man auf unterschiedliche Weisen analysieren: Stimmt die logische Struktur? Um das zu

8 Freiheit und Verantwortung in Recht und Moral

verdeutlichen, könnte man die Sätze anders formulieren. Der erste würde dann lauten: „Wenn Menschen nicht frei sind, dann sind sie für ihre Taten nicht verantwortlich." Wir haben es also mit einer Wenn-A-dann-B-Struktur zu tun. Das führt über ein C (keine Schuld) schließlich zu D (keine Strafe).

Da unser *Straf*recht nicht ohne Grund so heißt, weil es eben wesentlich über Strafen funktioniert, scheint ihm die Schlussfolgerung D offensichtlich zu widersprechen. Wenn also A der Fall ist, müssten wir dem Anschein nach die bestehende Rechtspraxis aufgeben. Und übrigens nicht nur die Rechtspraxis: Auch im Alltag „bestrafen" wir einander, sei es mit einem Tadel, einem Entzug von Aufmerksamkeit oder dem Streichen von Taschengeld. Wenn die logische Struktur des klassischen Arguments stimmt, fällt dann unausweichlich das Strafrecht, wie bei einer Kette von Dominosteinen?

Nicht so schnell! Denn neben der logischen Struktur müssen wir das Argument auch inhaltlich untersuchen. Das ist die Frage, ob es von zutreffenden Vorannahmen ausgeht. Stimmt es, dass Strafe Schuld, Schuld Verantwortung und Verantwortung Freiheit voraussetzt? Hier gilt es zu berücksichtigen, dass das Rechtssystem eine Praxis ist.

Richterinnen und Richter müssen unter den gegebenen Umständen innerhalb einer bestimmten Zeit zu einem Ergebnis, einem Urteil kommen. Anders als in der Philosophie, können sie sich nicht einige Tausend Jahre Zeit lassen, weil dann nämlich die Konfliktparteien längst gestorben wären. Um gute Urteile zu gewährleisten, werden Richter nach jahrelanger akademischer Ausbildung an der Universität und staatlichen Prüfungen auch noch jahrelang praktisch ausgebildet. Mit der Qualität dieser Ausbildung, der Integrität der Amtsträger und den Regeln des Systems steht und fällt nicht weniger als der gesamte Rechtsstaat.

Praktisches Problem

Bei praktischen Problemen wird meist auch von praktischen Annahmen ausgegangen. Wenn zum Beispiel Ingenieure die Statik einer Brücke berechnen, dann verwenden sie dafür mathematische Formeln. Die tatsächlich gebaute Brücke ist immer nur eine Annäherung an diese Formeln, so wie auch ein gezeichneter Kreis immer nur eine Annäherung an einen perfekten Kreis ist; sie ist aber – praktisch gesehen – gut genug, um einen sicheren Betrieb zu gewährleisten, jedenfalls dann, wenn die Fachleute gute Arbeit geleistet haben.

Was ist nun die praktische Annahme im Strafrecht? Dass wir alle erst einmal für unser Handeln verantwortlich sind, zumindest ab einem bestimmten Alter. Übrigens hat dieser Gedanke eine lange Tradition, denn schon das Strafrecht Kaiser Karls V. aus dem Jahr 1532 (die *Constitutio Criminalis Carolina*) sah Beschuldigte bis zum siebten Lebensjahr als strafunmündig, bis zum 14. als bedingt strafmündig an. Das deutsche Strafrecht zieht auch 500 Jahre später bei diesem Alter eine wichtige Grenze (§ 19 StGB, Schuldunfähigkeit des Kindes). Doch nicht in allen Ländern ist das so: So gelten im Vereinigten Königreich tatsächlich schon Zehnjährige als strafmündig. Auf die Altersgrenzen und die Gehirnentwicklung komme ich später noch einmal zurück.

Von der Grundannahme der rechtlichen Verantwortlichkeit weicht das Strafrecht nur im Ausnahmefall ab. Und diese Ausnahme regelt, wie es in einem Rechtsstaat sein muss, ein Gesetz: In Deutschland sind das die Paragrafen über Schuldunfähigkeit wegen seelischer Störung und Verminderte Schuldfähigkeit (§§ 20 und 21 StGB). In diesen Rechtsnormen geht es nicht um Nervenzellen oder Gehirne, nicht einmal um freien Willen. Es geht vielmehr um Einsichts- und Steuerungsfähigkeit.

Die Frage ist daher, ob jemand beim Begehen einer verbotenen Tat wissen konnte, dass die Tat unrecht ist, und ob er oder sie nach dieser Einsicht handeln konnte. Wie wir schon den abstrakten Willen in konkrete Willensakte übertrugen, um wissenschaftliche Forschung zu ermöglichen, wird so der abstrakte Begriff von Schuldunfähigkeit praktischer Forschung zugänglich. Deshalb beraten in solchen Fragen auch spezialisierte forensische Psychologen und Psychiater regelmäßig Gerichte.

Freiheit und Verantwortung

Ist das klassische Argument also gar nicht relevant? Das hängt, wie so oft, von der Definition ab. Wir haben beispielsweise noch gar nicht thematisiert, was dort überhaupt mit „Freiheit" gemeint ist. Und das war sozusagen der erste Dominostein, mit dem die ganze Kette zu fallen beginnen würde. Philosoph Michael Pauen und Hirnforscher Gerhard Roth gingen in diesem Zusammenhang von einem Freiheitsbegriff im Sinne des Anderskönnens aus:

> „[E]ine weitere Bedingung ist, daß die schuldhafte Handlung der Person zugerechnet werden kann, weil sie frei ist. […] Diese Freiheit impliziert ihrerseits die Fähigkeit des Täters, aufgrund eigener Entscheidung *anders zu handeln*, als er es im konkreten Fall getan hat." (Pauen & Roth, 2008, S. 134–136)

Damit würden wir wieder vor dem Problem des Libertarianers stehen, wie sich ein Mensch unter den exakt gleichen Bedingungen anders entscheiden könnte; wir kämen somit auch wieder auf den Determinismus zu sprechen. Wie wir vorher gesehen haben, sind diese

Fragen nicht beantwortet – und vielleicht sogar prinzipiell nicht beantwortbar. Auch das in Kap. 6 dargestellte Libet-Experiment im Hirnscanner unter Leitung von John-Dylan Haynes wurde übrigens sofort mit dem Strafrecht in Konflikt gebracht:

> „Auch wenn es nur schwer vorstellbar ist, dass unsere Entscheidungen unbewusst getroffen werden, haben diese Ergebnisse wichtige Folgen. Können Menschen für ihre Taten verantwortlich gemacht werden, wenn sie sich der Entscheidungen erst hinterher bewusst werden?" (Welberg, 2008, S. 411)

Anders als beim vorherigen Zitat, das Freiheit als Anderskönnen verstand, geht es hier nun um den bewussten Willen. Dann ist die dargestellte Schlussfolgerung aber falsch, da erstens in dem Experiment gar keine Willensakte untersucht wurden und zweitens nicht gezeigt wurde, dass die Versuchspersonen keine bewusste Kontrolle über die Knopfdrücke hatten. Im Gegenteil sprach sogar viel *für* die Steuerung des Verhaltens durch Bewusstseinsvorgänge. Laut Libet und der neueren Studie unter Haynes' Leitung hätten die Versuchspersonen zudem bis zu rund 200 ms vor dem Knopfdruck ein bewusstes „Veto" einlegen können.

Doch diese Möglichkeit sah der neuere Versuchsaufbau gar nicht vor: Wer nicht schnell, nicht spontan, nicht zufällig genug oder schlicht gar nicht reagierte, wurde schlicht vom Experiment ausgeschlossen. So konstruiert sich der Hirnforscher aber das unfreie Subjekt selbst – oder vielmehr ein *Objekt:* Dieses dient dann dem Zweck, interessante Messergebnisse zu produzieren, die sich für eine wissenschaftliche Veröffentlichung verwerten lassen. Mit dem Menschen in „freier Wildbahn" haben diese

8 Freiheit und Verantwortung in Recht und Moral

Personen, die so tun, als wären sie Zufallsgeneratoren, so gut wie nichts gemeinsam.

Fassen wir zusammen: Es ist weder gezeigt, dass „Freiheit" im klassischen Argument libertarianistisch verstanden werden muss, noch, dass es keinen bewussten Willen gibt. Letzterer ist aufgrund experimenteller Befunde und unserer eigenen Erfahrung aber bis auf Weiteres sehr plausibel.

Das bedeutet aber nicht, dass wir *immer* bewusste Kontrolle über unsere Taten hätten. Und genau an dieser Stelle kommen auch die im Strafrecht formulierten Ausnahmen ins Spiel: Täterinnen oder Täter können aufgrund einer geistigen Behinderung, einer schweren psychischen Störung oder auch eines schweren Rauschzustands eingeschränkt oder gar nicht schuldfähig sein.

Dieselben Verhaltensweisen können dann übrigens, je nach Kontext und Annahmen über die psychischen Vorgänge des Täters, mal als freie Entscheidungen, mal als Ergebnisse krankhafter Vorgänge angesehen werden. Die Grenze zwischen Krankheit und Verbrechen ist in unserer Kulturgeschichte fließend. Gerade dann, wenn Taten unmenschlich brutal erscheinen, liegt der Verdacht auf eine krankhafte Störung nahe. Einem Menschen seine Rationalität abzusprechen, ist aber auch kein trivialer Vorgang.

Mit der neurowissenschaftlichen Forschung in diesem Bereich vertreten einige Fachleute nun wieder verstärkt einen Standpunkt, der vor allem Gewaltverbrechen als pathologisch (von gr. *pathos,* „Leiden"), also krankhaft, darstellt. In meinem Buch *Die Neurogesellschaft* (Schleim, 2011) habe ich mehr über diese Versuche geschrieben. Weiter unten werden wir uns ein konkretes Beispiel anschauen, bei dem Wissenschaftler nach Risikomerkmalen in unschuldigen Menschen suchen

– um im Fall eines „Treffers" dann freiheitsentziehende Präventionsmaßnahmen anzuordnen.

Statt Strafe

Die Feststellung einer verminderten Schuldfähigkeit ist aber auch heute kein Freifahrtschein zum Begehen von Straftaten. Gerichte können dann nämlich, insbesondere bei schweren Rechtsbrüchen, bestimmte Zwangsmaßnahmen verhängen. Das kann zum Beispiel der Verlust des Führerscheins sein (§ 69 StGB, Entziehung der Fahrerlaubnis), eine Zwangstherapie (§ 64 StGB, Unterbringung in einer Entziehungsanstalt) oder auch die Sicherungsverwahrung in einer psychiatrischen Klinik (§ 66 ff. StGB, Unterbringung in der Sicherungsverwahrung).

Letztere kann man sich wie ein Krankenhaus in einem Hochsicherheitsgefängnis vorstellen, weil man dort als gemeingefährlich geltende Menschen unterbringt. Im Gegensatz zu einer Strafe gilt diese Maßnahme unbefristet, bis Fachleute den Betroffenen für ungefährlich halten. Vielleicht dauert der Freiheitsentzug im Falle einer verminderten Schuldfähigkeit also vielleicht sogar länger!

Als Laie mag man das für eine noch schwerere Strafe halten als den zeitlich befristeten Aufenthalt in einem Gefängnis. Gesellschaftlich und insbesondere aufgrund der Menschenrechte müssen die Institutionen den Unterschied zwischen Sicherungsverwahrung und Strafe aber deutlich machen, beispielsweise durch größere Zellen oder therapeutische Angebote.

Erst in der jüngeren Vergangenheit haben hier unterschiedliche Gerichte korrigierend eingegriffen und hat das Bundesverfassungsgericht sogar das Abstandsgebot formuliert (s. die Entscheidungen 2 BvR 2029/01 und

2 BvR 2365/09). Das bedeutet, dass Strafe auf der einen und Sicherungsverwahrung auf der anderen Seite deutlicher unterschieden werden müssen. Das gebietet laut den Entscheidungen schon die Menschenwürde. Anhand solcher Urteile sehen wir, wie sich das Strafrecht auch in unserer Zeit noch weiterentwickelt.

Auf die Willensfreiheit kam es hier nicht an, jedenfalls nicht im libertarianischen Sinne. Die Beschäftigung mit der Schuldfähigkeit weist aber große Ähnlichkeit damit auf, wie wir in Kap. 2 den Kompatibilismus kennengelernt haben: Dort diskutierten wir beispielsweise Sucht und Psychosen als Beispiele für Unfreiheit.

Die für Kompatibilisten typische Abgrenzung von äußerem Zwang passt auch zum Rechtfertigenden und Entschuldigenden Notstand (§§ 34 und 35 StGB). Wer etwa eine Straftat begeht, weil sein Leben oder das eines geliebten Menschen in Gefahr ist, handelt unter Umständen nicht rechtswidrig oder gar schuldlos. Das Strafrecht hat also ein Gespür dafür, was menschenmöglich ist; es erwartet von niemandem, zum Märtyrer zu werden.

Sinn und Würde

Die hier behandelten Unterscheidungen ergeben nur in einem gesellschaftlichen Zusammenhang Sinn. Ein Robinson Crusoe auf der Insel oder Einsiedler in den Bergen braucht kein Strafgericht. Wir haben von Einsichts- und Steuerungsfähigkeit gesprochen, die von den psychischen Fähigkeiten und Vorgängen im Moment einer Tat abhängen. Und wir haben gerade gesehen, wie die Menschenwürde für die Abgrenzung von Strafe und anderen Zwangsmaßnahmen bei Schuldunfähigkeit eine wichtige Rolle spielt.

Dabei ist das Konzept der Menschenwürde aufgrund der spezifischen Erfahrungen mit dem Nationalsozialismus im deutschsprachigen Raum von besonderer Bedeutung. Diese rechtsphilosophische Tradition unterstreicht einen inneren Wert *jedes* Menschen, selbst eines hochgefährlichen Täters. Sogar diesen darf der Staat nicht als bloßes Ding behandeln.

Hierfür spielt das Instrumentalisierungsverbot nach Immanuel Kant (1724–1804) eine wichtige Rolle. Demnach darf man einen Menschen nicht nur als Mittel zum Zweck, sondern muss man ihn immer auch als einen Zweck an sich behandeln. Das bedeutet, die Bedürfnisse, Wünsche und Ziele dieses Menschen mitzuberücksichtigen.

Solche Gedanken spielen auch in anderen Ländern eine Rolle: So sind im niederländischen Vught, nur 70 km südlich von mir, im Schnitt zehn Verdächtige oder Verurteilte in einem getrennten Hochsicherheitstrakt innerhalb eines größeren Gefängnisses eingeschlossen. Dort unterliegen sie den schwersten Sicherheitsvorkehrungen des Landes, weil sie als die Gefährlichsten der Gefährlichen gelten.

Die Regeln beinhalten, dass sie von ihrem Besuch höchstens einen kurzen Handschlag, doch keine Umarmung bekommen dürfen. Davon würde laut den Behörden schon ein zu großes Sicherheitsrisiko ausgehen. Gerichte sind zurzeit mit der Prüfung beauftragt, ob das noch menschenwürdig ist.

Solche Überlegungen können wir nahtlos auf unseren Perspektivenstreit anwenden: Einzelne Neuronen, Zellverbände und auch ganze Areale im Gehirn haben keine Menschenwürde; diese kommt nur einem Menschen als Ganzem zu. Übrigens besteht diese sogar über den Tod hinaus, also wenn Hirnfunktionen irreversibel zum Erliegen gekommen sind: Darum müssen auch Medizinstudierende in Anatomiekursen die Körper von Verstorbenen mit Respekt behandeln. Dementsprechend gibt es den Straftatbestand der Störung der Totenruhe (§ 168 StGB).

Entgleisungen

Gerade in Zeiten und unter Umständen, in denen Menschen entwürdigt und in diesem Sinne dehumanisiert (entmenschlicht) wurden, kam es immer wieder zu zivilisatorischen Entgleisungen: Am Anfang des Buchs haben wir den Sozialdarwinismus kurz kennengelernt, den manche als natürliche Ordnung darstellten. Bis weit ins 20. Jahrhundert wurden aber auch Rassismus, Eugenik, Zwangssterilisierungen oder Euthanasie immer wieder wissenschaftlich gerechtfertigt – mit den hinlänglich bekannten verbrecherischen Folgen.

In einer weniger extremen Variante hat die Vorstellung, psychische Störungen seien Gehirnstörungen (Schleim, 2018, 2022), zu den Fehltritten der *Psychochirurgie* geführt. Das heißt, dass man Kinder und Erwachsene mit Verhaltensauffälligkeiten und psychischen Problemen massenweise am Gehirn operierte (Lapidus et al., 2013; Meier, 2015). Insbesondere die Folgen der Lobotomie (von gr. *lobos,* „Lappen", und *tome,* „schneiden"), bei der man durch die Augenhöhle Teile der Frontallappen zerstörte, waren vielfach dramatisch, teils sogar tödlich.

Sogar Homosexuelle wollte man noch bis in die 1970er-Jahre per Gehirnoperation und elektrischer Stimulation „heilen", das heißt zu „guten Heterosexuellen" umpolen (Moan & Heath, 1972). Bei solchen wissenschaftlichen „Moden" spielten immer wieder vereinfachte sowie übertrieben optimistische Darstellungen in den Medien eine Rolle (Caruso & Sheehan, 2017; Schleim, 2014; Snyder, 2009).

Auch in unserer Zeit gibt es Versuche mit Hirnstimulation bei Gefangenen (z. B. Molero-Chamizo et al., 2019). Zwar sind die Methoden heute verfeinert, und man sollte auch nicht das Leiden durch Freiheitsentzug vernachlässigen. Es sollte aber doch irgendwann einmal klar sein, dass Verbrechen ein komplexes biopsychosoziales Phänomen ist, das man nicht *nur* im Gehirn behandeln kann.

Doch kehren wir zum Willensfreiheitsproblem zurück. In diesem Kapitel haben wir gesehen, dass neurowissenschaftliche Ergebnisse unserer Rechtspraxis *nicht* widersprechen. Die Hirnforscher, die eine Revolution des Strafrechts forderten, sollten die Robustheit unserer rechtlich-moralischen Ordnung nicht unterschätzen.

Der Strafrechtler Klaus Günther (2009) wies sogar in meinem Sammelband über das „Neurorecht" auf die Möglichkeit eines „agnostischen" Strafrechts hin: Diese würde, ganz ohne Bezug zur Freiheit, den Einzelnen schlicht darum für seine Taten verantwortlich machen, weil sich die Mehrheit an die Regeln hält. Wie es oben schon hieß, hat die gesellschaftliche Sphäre eben ihre eigene Logik.

Tatsächlich sehen wir, dass sich die allermeisten Menschen in den allermeisten Ländern die meiste Zeit an die Regeln halten. Die Differenzen beispielsweise in den Morden zwischen amerikanischen und europäischen Ländern dürften weniger an anderen Genen und Gehirnen als an unterschiedlichen sozialen Strukturen liegen. Unterschiede in der Verfügbarkeit von Waffen, dem Funktionieren der Justiz, sozialer Ungleichheit und Religion spielen hierfür aber eine wichtige Rolle (z. B. Lynch & Pridemore, 2011; Soares, 2004).

Dennoch wollen wir hier die Möglichkeit eines „Neurostrafrechts" nicht vollständig ausklammern. Eine Mindestvoraussetzung wäre aber, dass Hirnforscher dann nicht nur das bestehende System kritisieren, sondern ein besseres und gerechteres vorschlagen. Im nächsten Abschnitt beschäftigen wir uns mit einem hypothetischen sowie einem schon existierenden Beispiel hierfür.

Neurodystopien

In den letzten Jahren hat sich kaum jemand so intensiv aus der neurowissenschaftlichen Perspektive mit Verbrechen auseinandergesetzt wie der US-amerikanische Neuropsychiater Adrian Raine. In seinem Buch *Die Anatomie der Gewalt: Die biologischen Wurzeln des Verbrechens* fasste er die Forschungsergebnisse auch für ein breiteres Publikum zusammen (Raine, 2013; s. auch Schirmann & Schleim, 2014).

Übrigens verweist der Forscher im Buch, anders als es der Titel erwarten lässt, intensiv auf psychosoziale Aspekte von Kriminalität. Dann gibt es aber eigentlich gar keine „biologischen Wurzeln des Vebrechens", sondern allenfalls eine Wechselwirkung von Veranlagung und Umwelt. Wahrscheinlich sehen wir hier ein weiteres Beispiel dafür, wie Diskussionen in den Medien geformt werden, etwa mit einem griffigen Titel, der neugierig macht und zum Kaufen anregt.

Raine (2013, S. 342 ff.) formuliert am Ende des Buchs ein Zukunftsszenario, das seiner Darstellung nach heute schon vorhandene Trends in Wissenschaft und Politik fortsetzt: So könnte bereits im Jahr 2033 ein nach dem italienischen biologischen Kriminologen Cesare Lombroso (1835–1909) benanntes LOMBROSO-Programm eingeführt werden, bei dem sich alle Männer beim Erreichen der Volljährigkeit im örtlichen Krankenhaus melden müssten.

Dort würden ein DNA-Test und ein Gehirnscan vorgenommen. Bei wem dann Risikomerkmale für schwere Gewaltverbrechen gefunden würden – Raine nennt eine Voraussagegenauigkeit von 51–82 % –, der würde vorsorglich in einer Hochsicherheitseinrichtung untergebracht. Immerhin bekäme er zuvor noch die Möglichkeit, das Ergebnis von unabhängiger Seite prüfen zu lassen.

Das Programm wäre so erfolgreich, führt Raine weiter aus, dass es schon im Jahr 2040 auf alle Kinder im Alter von zehn Jahren ausgedehnt würde. Diese würden dann einem umfassenden medizinisch-psychologischen Screening unterzogen. Bei einem positiven Ergebnis bekämen die Eltern den Hinweis, dass ihr Kind, so der Hirnforscher wortwörtlich, ein „verrotteter Apfel" ist. Das ist im Englischen ein Ausdruck für eine moralisch korrupte Person, die einen schlechten Einfluss auf die Gruppe ausübt.

Die Wahrscheinlichkeit für eine kriminelle Laufbahn des Kindes könne jedoch mit einer „intensiven biosozialen Therapie" verringert werden. Dafür müssten die Mädchen und Jungen allerdings für zwei Jahre aus ihren Familien geholt und in Spezialkliniken untergebracht werden. Anfangs sei das noch freiwillig, würde später aber verpflichtend.

In einem letzten Schritt in Raines Zukunftsszenario müssten Eltern ab dem Jahr 2050 erst eine Lizenz erwerben, bevor sie Kinder kriegen dürfen. „Bessere Eltern, bessere Kinder" wäre ein Slogan für diese Initiative. Sie müssten dann erst mit einer Art „Elternführerschein" nachweisen, dass sie gute Eltern sein können.

Beim Lesen von Raines Buch wartete ich auf den Moment, in dem der Neurowissenschaftler das alles für Unsinn erklärt. Doch darauf wartete ich vergeblich, Seite für Seite. Selbst wenn sich Raine diese Vision nicht

8 Freiheit und Verantwortung in Recht und Moral

unbedingt zu eigen macht, hält er sie doch zumindest für realistisch. Man braucht also nicht erst aus philosophisch-ethischer Perspektive zu verdeutlichen, wie eine derartige „Neurogesellschaft" dem uns bekannten liberalen Rechtsstaat widerspräche. Das machen manche Wissenschaftler schon selbst.

Die Idee für das LOMBROSO-Programm übernahm der Hirnforscher übrigens aus dem lesenswerten Kriminalroman *Das Wittgenstein-Programm* von Philip Kerr. Ein damit verwandtes Buch ist Jens Johlers *Kritik der mörderischen Vernunft*, das sogar auf meiner eigenen Forschung aufbaut. Beide Romane spielen mit der Vorstellung vom freien Willen sowie den Perspektiven von Neurowissenschaften und Philosophie.

Ein historisches, doch heute fast schon wieder vergessenes Beispiel ist die Forschung des spanischen Hirnforschers José M. R. Delgado (1915–2011). Dieser hielt es für unausweichlich, Menschen durch elektrische Gehirnstimulation zu „zähmen". Nur so könne unsere Spezies überleben. Die dafür benötigten Apparate entwickelte er selbst, vor allem an der namhaften Yale University in den USA.

Manchen dürfte er als der Hirnforscher bekannt sein, der einen Stier per Fernsteuerung zähmte. Dieses Verfahren wurde jedoch auch an Menschen erprobt, vor allem psychiatrischen Patienten, Prostituierten und Kriminellen (Delgado, 1971; s. auch Schleim, 2021a). Für ihn stand außer Zweifel, dass das Verfahren erst für klinische Zwecke verfeinert und schließlich allgemein angewandt würde. Seine Vision bezeichnete er als „psychozivilisierte Gesellschaft".

Natürlich hat die Hirnforschung und insbesondere die Neurologie sehr viele nützliche Anwendungen. Man denke allein an die Therapie schwerer Erkrankungen wie Parkinson oder Demenzen. Hier haben wir aber gesehen, dass die Reduktion des Menschen auf seine Nervenzellen auch Gefahrenpotenzial birgt: Die Neurowissenschaftler, die in diesem Bereich forschen, finden Freiheit, Verantwortlichkeit und Würde schlicht aus dem Grund nicht im Gehirn, dass dies keine neurowissenschaftlichen Kategorien sind. Daraus abzuleiten, dass es sie nicht gibt oder sie nicht sinnvoll sind, ist dann aber ein Fehlschluss – ein Fehlschluss, der historisch immer wieder zu Entgleisungen führte.

Echtes Neurostrafrecht

Ein letztes praktisches Beispiel stammt aus den Niederlanden. Diesmal geht es nicht um einen gescheiterten historischen Versuch, wie bei Delgado, oder eine Zukunftsvision, wie bei Raine. Stattdessen haben wir es nun mit einer wirklichen Änderung des Strafrechts aufgrund neurowissenschaftlicher Ergebnisse zu tun.

Dabei geht es um die Anhebung der Altersgrenze für das Anwenden des Jugendstrafrechts auf 22 Jahre. Meines Wissens haben die Niederlande damit die höchste Grenze, um mildere Regeln anzuwenden. Bei diesen werden Integration und Rehabilitation stärker gewichtet als Strafe.

Als die Initiative im Jahr 2010 begann, wurde auf die Gruppe der 15- bis 23-Jährigen verwiesen, die überdurchschnittlich viele Straftaten begehe. Das wurde mit den psychologischen und neurowissenschaftlichen Ergebnissen in Zusammenhang gebracht, dass die Entwicklung eines Menschen über das 20. Lebensjahr hinaus andauere. Insbesondere wurden hier die Impulskontrolle, emotionale Verarbeitung, das Abschätzen von Folgen und die Beeinflussbarkeit durch andere genannt.

In der Gesetzesbegründung für das seit 1. April 2014 geltende neue Strafrecht hieß es schließlich, Menschen könnten sich bis ins Alter von 22 Jahren aufgrund ihrer Gehirnentwicklung weniger verantwortungsvoll verhalten. Darum solle das Strafrecht sie, auf Antrag, anders behandeln. Die neurowissenschaftlichen Studien, auf die sich die Befürworter dieser Initiative beriefen, habe ich mir im Detail angeschaut (Schleim, 2019, 2020a).

Es geht hier nun nicht um die Frage, ob das Alter von 22 Jahren die passende Obergrenze für die Anwendung des Jugendstrafrechts ist. Wie wir bereits sahen, unterscheiden sich die Sichtweisen beispielsweise zur Strafmündigkeit zwischen den Ländern. Liegt das etwa daran, dass Kinder in Großbritannien schon mit zehn, in Deutschland aber erst mit 14 Jahren verantwortungsvoll genug sind? Haben sie im selben Alter unterschiedliche Stadien ihrer Gehirnentwicklung erreicht?

Oder liegt es nicht vielmehr daran, wie die Gesellschaft Kinder betrachtet, ob und wie sie sie für ihr Handeln verantwortlich macht? Ganz analog dazu verhält es sich bei der Anwendung des Jugendstrafrechts. Wir analysieren das nun als Beispiel dafür, wie ein konkretes „Neurostrafrecht" aussehen könnte.

Von den verschiedenen neurowissenschaftlichen Studien, auf die sich der Gesetzgeber bei der Initiative berief, soll hier nur eine diskutiert werden (Adleman et al., 2002). Die Argumentation für die anderen Fachartikel sind aber ganz analog (Schleim, 2019, 2020a). In dem fraglichen Experiment sollten die Versuchspersonen den aus der Psychologie wohlbekannten Stroop-Test ausführen.

Dabei muss man die Farbe gezeigter Wörter so schnell wie möglich nennen. Allerdings gibt es hier eine kongruente und eine inkongruente Bedingung: Manchmal sieht man beispielsweise das Wort „grün" in grünen Buchstaben (kongruent). Dann ist die Antwort einfach, und sie geht sehr schnell. Wenn wir aber stattdessen „rot" in grünen Buchstaben sehen (inkongruent), brauchen die meisten Menschen länger und machen eher Fehler – indem sie dann „rot" sagen, obwohl das Wort grün dargestellt ist.

Dieses klassische Experiment ließen die amerikanischen Hirnforscher Nancy E. Adleman und Kollegen aber nicht einfach nur im Kernspintomografen (fMRT) ausführen. Das Interessante an der Studie war die Unterteilung in verschiedene Altersgruppen: Kinder im Alter von sieben bis elf Jahren (N = 8), Jugendliche im Alter von zwölf bis 16 Jahren (N = 11) und schließlich junge Erwachsene im Alter von 18 bis 22 Jahren (N = 11).

Auf den ersten Blick lässt sich erst einmal sagen, dass sich aus diesen kleinen Gruppengrößen keine allgemeinen Schlussfolgerungen für alle Menschen ziehen lassen. Aber sehen wir darüber hinweg. Dann ist die experimentelle Aufgabe in diesem Zusammenhang von Interesse, da es um Impulskontrolle geht, denn wenn man zum Beispiel „blau" in gelben Buchstaben sieht, neigen viele dazu, vorschnell „blau" zu antworten, obwohl „gelb" die richtige Antwort ist. Und wie wir sahen, ist Impulskontrolle eine strafrechtlich relevante psychologische Fähigkeit.

Nun gab es laut den Ergebnissen der Hirnforscherinnen und Hirnforscher aber gerade neuronale *Unterschiede* zwischen den Jugendlichen und jungen Erwachsenen. Das ist insofern merkwürdig, als diese beiden Gruppen gemäß dem neuen Strafrecht in den Niederlanden *gleicher* behandelt werden sollen. Umgekehrt wurde die Altersgruppe, zu der eine harte Grenze gezogen wurde, nämlich Erwachsene ab 23 Jahren, in der Studie gar nicht untersucht. Demnach scheint die Veröffentlichung, die die Gesetzesinitiative stützen sollte, dieser bei näherer Betrachtung zu widersprechen. Bei den anderen zitierten neurowissenschaftlichen Studien verhält es sich leider ähnlich (Schleim, 2019, 2020a).

Plastisches Gehirn

Ein wichtiger Punkt ist hierbei, dass das Gehirn ein Organ ist, das sich das ganze Leben über weiterentwickelt. Das nennen wir „Plastizität" (von gr. *plassein,* „bilden", „formen"). Tatsächlich verändert auch gerade jetzt das Lesen dieses Buchs Ihr Gehirn!

Dank dieser Plastizität können wir sogar im Erwachsenenalter noch Auto fahren, eine neue Sprache oder ein Instrument lernen, selbst wenn es dann vielleicht etwas länger dauert. Allerdings findet sich im Gehirn keine harte Grenze dafür, wann ein Mensch vollständig verantwortlich ist. Aus dieser Sicht ist die normativ getroffene Entscheidung für die Strafmündigkeit oder das Jugendstrafrecht immer etwas willkürlich.

Das schließt aber nicht aus, dass wissenschaftliche Studien diese Entscheidung informieren können – und sowohl aus der eigenen Erfahrung als auch durch Verhaltensstudien wissen wir, dass Menschen in einem bestimmten Alter tendenziell weniger verantwortlich handeln. Gerade deshalb sprechen wir ja von Kindern, Jugendlichen und Erwachsenen! Besser begründet als im Fall des niederländischen „Neurostrafrechts" sollte es dann aber schon sein.

Im deutschen Strafrecht unterscheidet man Jugendliche im Alter von 14 bis 17 Jahren sowie Heranwachsende von 18 bis 20. Ganz analog zu dem, was wir oben über strafrechtliche Verantwortung und Schuldfähigkeit gelernt haben, stehen hier bestimmte psychologische Fähigkeiten zentral, nämlich die Einsichts- und Steuerungsfähigkeit. Insbesondere bei den Heranwachsenden kommt es aber auf eine Einzelfallentscheidung über die geistige Reife des Täters oder der Täterin an.

Ziehen wir für diesen Abschnitt ein Fazit: Da, wie wir in diesem Kapitel mehrmals gesehen haben, gesellschaftliche Kategorien ihrer eigenen Logik folgen, musste der Versuch des niederländischen „Neurostrafrechts" schiefgehen, denn während die Gesetzesbegründung die scharfen Altersgrenzen mit neurowissenschaftlichen Funden verteidigt, berichten diese in Wirklichkeit nur fließende Übergänge. Das wesentliche Unterscheidungskriterium für Verantwortlichkeit *muss* normativ sein, nicht biologisch.

Darum ist das Endergebnis aber nicht nutzlos: Vielmehr bietet es sowohl der Staatsanwaltschaft als auch Richterinnen und Richtern die Gelegenheit, das Jugendstrafrecht individuell flexibler anzuwenden, wenn das bei der strafrechtlichen Verfolgung eines jungen Täters sinnvoll ist. Die Entscheidung hierfür wird aber bis auf Weiteres gerade nicht im Hirnscanner getroffen, sondern vor allem auf der Grundlage verhaltenswissenschaftlicher Berichte (Van der Laan et al., 2021).

Wie verantwortungsvoll jemand ist, zeigt sich eben vor allem im Lebenswandel. Das sagt uns auch etwas über das Verhältnis von Psychologie und Sozialwissenschaften auf der einen und den Neurowissenschaften auf der anderen Seite aus (Schleim, 2021b). Erstere kommen ohne Letztere ganz gut aus; Letztere braucht aber zumindest die Kategorien der Ersteren, um etwas über uns Menschen in einem weiteren Sinne aussagen zu können.

Verursachung und Verantwortlichkeit

Bringen wir dieses so lange wie wesentliche Kapitel allmählich zum Schluss. Wir haben gesehen, dass unsere normative Praxis nicht so ohne Weiteres durch neurowissenschaftliche Funde umgestoßen werden kann

– sofern diese überhaupt richtig dargestellt und interpretiert wurden. Wir erinnern uns aber auch an Kritik von psychologischer Seite: So zweifelte der Behaviorist Skinner zum Teil sogar noch schärfer an unseren gesellschaftlichen Kategorien als diejenigen Hirnforscher, die eine Revolution des Strafrechts forderten.

Der Titel seiner in den 1970er-Jahren sehr erfolgreichen Aufsatzsammlung *Jenseits von Freiheit und Würde* bringt dieses Denken schon sehr deutlich zum Ausdruck (Skinner, 1971). Doch bereits in seinem Standardwerk *Wissenschaft und menschliches Verhalten* formulierte er die Idee, dass unser Verantwortlichkeitsgefühl eine soziale Kontrolltechnik sei (Skinner, 1953, S. 116).

Solche Vorstellungen würden uns angeblich anerzogen, um einen bestimmten gesellschaftlichen Status quo aufrechtzuerhalten. Skinner sagte voraus, wir würden unser Bild von Verantwortlichkeit und dem freien Willen bald aufgeben. Das ist bisher aber nicht eingetreten.

Allerdings sollten wir die Kritik des bedeutenden Psychologen auch nicht einfach so ignorieren. Immerhin hat er insofern recht, als wir die psychischen Prozesse von anderen nicht direkt sehen können, sondern nur indirekt zuweisen. Dazu passt die Tatsache, dass unterschiedliche Kulturen zu unterschiedlichen Zeiten damit unterschiedlich umgehen.

Verantwortungs- und Straffähigkeit sind eben Eigenschaften, die wir einander in einem bestimmten gesellschaftlichen Kontext *zuschreiben*. Wie wir gesehen haben, war es einmal für Menschen selbstverständlich, Adlige hierbei anders zu behandeln. Den Glauben an diese „besondere Würde" hatten sogar diejenigen verinnerlicht, die davon selbst gar nicht profitierten.

Übrigens geht auch die uns aus Kap. 5 bekannte Physikerin Sabine Hossenfelder wenig zimperlich mit unserer rechtlich-moralischen Praxis um. Unter dem Titel

„Du hast zwar keinen freien Willen, doch mache dir keine Sorgen" formuliert sie: „Wenn du Schaden verursacht hast, dann bist du nicht dafür verantwortlich, weil du einen ‚freien Willen' hattest, sondern weil du das Problem verkörperst – und dich einzusperren, wird das Problem lösen" (Hossenfelder, 2020).

Diese Analyse ist im Kontext dieses Kapitels eigentlich schon zu platt, um sie ernsthaft zu diskutieren. Jedenfalls erscheint es unwahrscheinlich, dass sich die Physikerin schon einmal ernsthaft mit dem für sie geltenden Strafrecht auseinandergesetzt hat. Und dass es auch für sie gilt, liegt nicht an der Existenz eines freien Willens, sondern der gesellschaftlichen Ordnung.

Auch heute noch befinden sich unsere Normen und Gesetze im Wandel. Das haben wir am Beispiel der Sicherungsverwahrung oder des niederländischen „Neurostrafrechts" ganz konkret gesehen. Dass Menschen bei fehlender Einsichts- und Steuerungsfähigkeit oder in einem gewissen Alter weniger für ihre Taten verantwortlich gemacht werden, hat aber nichts mit dem libertarianischen freien Willen zu tun: Strafrechtlich gesehen sind wir insbesondere nicht deshalb frei und verantwortlich, weil unsere Handlungen nicht verursacht wären.

Einen bedeutenden, aber meiner Meinung nach zu wenig gewürdigten Beitrag hierzu hat schon in den 1990er-Jahren der amerikanische Rechtsanwalt Aaron S. Greenberg zusammen mit dem Psychologen J. Michael Bailey geleistet. Die beiden gehen davon aus, dass all unser Verhalten biologisch verursacht ist (Greenberg & Bailey, 1994).

Verursachung oder nicht sei demnach kein relevanter Gegensatz für strafrechtliche Verantwortlichkeit. Vielmehr gehe es um die Art der Verursachung. Auch für diese beiden Experten ist die Kontrolle unseres Verhaltens ein wesentlicher Faktor. Beispielsweise sei es ein typisches Merkmal von Störungen und Krankheiten, dass deren Symptome unabhängig von unserer Kontrolle aufträten.

Biologie und Sprache

Führt das aber nicht zu einem Widerspruch, wenn wir gleichzeitig die Vorstellung vom Menschen als Maschine beziehungsweise den Reduktionismus ablehnen? Ich denke nicht: Anstelle von biologischer Verursachung würde ich allerdings von „Verankerung" sprechen. Wir sind nun einmal Körperwesen mit einer evolutionären Vor- und psychosozialen Entwicklungsgeschichte.

Unser Verhalten findet zudem immer in einem Kontext statt. In einem größeren Sinnzusammenhang sprechen wir von Handlungen. Das ist gerade antireduktionistisch und gilt – mit Einschränkungen beim „Sinn" – wahrscheinlich auch für sehr viele andere Spezies.

Doch auch wenn unser Wahrnehmen, Denken, Fühlen und Handeln biologisch verankert ist, sind unser zwischenmenschliches Miteinander sowie unsere Gesellschaft sprachlich geprägt. Sprache ist eine höhere kulturelle Leistung und erlaubt kategorielle Unterscheidungen (Begriffe), die sich nicht auf der biologischen, neurowissenschaftlichen oder gar physikalischen Ebene durchführen lassen.

So ist aber nicht nur unsere moralisch-rechtliche Praxis sprachlich geprägt, sondern es sind unsere psychologischen Vorgänge überhaupt (Schleim, 2020b, 2022). Beispiele hierfür wie Einsichts- und Steuerungsfähigkeit, Schuldmündigkeit, Schuldfähigkeit und viele andere mehr haben wir in diesem Kapitel kennengelernt. Diese Liste ließe sich noch lange Fortsetzen, etwa mit Vorsatz oder niederen

Beweggründen, also Kennzeichen von Mord (§ 211 StGB).

In diesem Sinne irrt sich auch die Diebin in unserem Eingangsbeispiel, die sich selbst von ihrem Gehirn abgrenzt. Sie ist zwar als Person in ihrem Körper verankert. Dennoch lassen sich viele Sachverhalte nur über sie als Person und nicht als Körper oder Gehirn formulieren. Diese Sachverhalte sind oft nützlich, sinnhaft und so Teil der gesellschaftlichen Realität. Als Person in dieser Gesellschaft wird sie für den Juwelendiebstahl verantwortlich gemacht und bestraft, sofern sie sich nicht glaubhaft auf bestimmte Entschuldigungsgründe berufen kann.

Es ist kein Zufall, dass die Rechtswissenschaft so ein komplexes sprachliches Unterfangen ist. Schließlich will sie die vielfältigen Verhältnisse zwischen Bürgern und verschiedensten Institutionen in allgemeinen Prinzipien regulieren. Diese nennen wir „Gesetze". Außenstehende ohne entsprechende Vorkenntnisse attestieren den Vertretern dieses Fachs manchmal zynischerweise „Juristendeutsch". Und natürlich kann sich eine sprachliche Praxis zu stark von den ursprünglichen gesellschaftlichen Sachverhalten abkoppeln und so vom Mittel zum Zweck zum Selbstzweck werden.

Das führt uns zurück zu den Kriterien der Nützlichkeit, der Kohärenz und der Sinnhaftigkeit, die wir in Kap. 2 kennengelernt haben. In dem Bewusstsein, dass unsere gesellschaftlichen Praktiken einem ständigen Wandel unterzogen sind, haben freilich auch Hirnforscherinnen und Hirnforscher die Gelegenheit, neue Kriterien vorgeschlagen. Ihre bisher vorliegenden Versuche scheinen allerdings kaum durchdacht.

Apropos kaum durchdachte Versuche: Ich hatte eingangs meine Studie mit den Rechtsanwälten im Kernspintomografen erwähnt (Schleim et al., 2011). Das waren meine eigenen Gehversuche in der Hirnforschung. Im

Endeffekt kam ich zu zwei Schlussfolgerungen: Erstens verfügen wir nicht über die sprachlichen Mittel, das Wesentliche der von uns untersuchten normativen Entscheidungen neurobiologisch zu untersuchen (Schleim, 2009). Der Psychologe Wolfgang Mack (2002, S. 91) formulierte einmal die Forderung nach der Beschreibbarkeit der Messgegenstände durch „algebraische Eigenschaften". Mit anderen Worten: Wir bräuchten in der sogenannten „sozialen Neurowissenschaft" mehr mathematische Modelle.

Wenn aber stimmt, was ich gerade über Sprache und Gesellschaft formulierte, ist deren Formulierung wenig wahrscheinlich. Diese Beschränkungen sollten alle Beteiligten mindestens zu Bescheidenheit mahnen. Stattdessen stellte ich aber, meine zweite Schlussfolgerung, an vielen Stellen einen Gruppenzwang fest, seine Ergebnisse permanent zu übertreiben. Das war nicht mein Stil.

Es fügte sich, dass genau zu dem Zeitpunkt an der Universität Groningen ein theoretischer Psychologe gesucht wurde, der sich kritisch mit den Erklärungsansprüchen der Hirnforschung beschäftigt. Das war anno 2009. Noch heute bin ich dort. Und so sind wir zu der Einsicht gelangt, dass auch Wissenschaftler Menschen sind. Was das genau bedeutet, werden wir im nächsten Kapitel noch ausführlicher behandeln.

Literatur

Caruso, J. P., & Sheehan, J. P. (2017). Psychosurgery, ethics, and media: A history of Walter Freeman and the lobotomy. *Neurosurgical Focus, 43,* E6.

Delgado, J. M. R. (1971). *Physical control of the mind: Toward a psychocivilized society.* Harper & Row.

Greenberg, A. S., & Bailey, J. M. (1994). The irrelevance of the medical model of mental illness to law and ethics. *International Journal of Law and Psychiatry, 17,* 153–173.

Günther, K. (2009). Die naturalistische Herausforderung des Schuldstrafrechts. In S. Schleim, T. M. Spranger, & H. Walter (Hrsg.), *Von der Neuroethik zum Neurorecht? Vom Beginn einer neuen Debatte* (S. 214–242). Vandenhoeck & Ruprecht.

Hossenfelder, S. (2020). You don't have free will, but don't worry. *YouTube*. https://youtu.be/zpU_e3jh_FY. Zugegriffen: 10. Okt. 2020.

Kornhuber, H. H. (1992). Gehirn, Wille, Freiheit. *Revue de Métaphysique et de Morale, 97,* 203–223.

Lapidus, K. A. B., Kopell, B. H., Ben-Haim, S., Rezai, A. R., & Goodman, W. K. (2013). History of Psychosurgery: A Psychiatrist's Perspective. *World Neurosurgery, 80,* S27.e1–S27.e16.

Lynch, J. P., & Pridemore, W. A. (2011). Crime in international perspective. In J. Q. Wilson & J. Petersilia (Hrsg.), *Crime and public policy* (S. 5–52). Oxford University Press.

Mack, W. (2002). Kommentar zu „Die Einheit der Psychologie und ihre anthropologischen Grundlagen" von Dieter Münch. *Journal für Psychologie, 10,* 88–100.

Meier, M. (2015). *Spannungsherde: Psychochirurgie nach dem Zweiten Weltkrieg.* Wallstein.

Moan, C. E., & Heath, R. G. (1972). Septal stimulation for the initiation of heterosexual behavior in a homosexual male. *Journal of Behavior Therapy and Experimental Psychiatry, 3,* 23–30.

Molero-Chamizo, A., Riquel, R. M., Moriana, J. A., Nitsche, M. A., & Rivera-Urbina, G. N. (2019). Bilateral prefrontal cortex anodal tDCS effects on self-reported aggressiveness in imprisoned violent offenders. *Neuroscience, 397,* 31–40.

Pauen, M., & Roth, G. (2008). *Freiheit, Schuld und Verantwortung: Grundzüge einer naturalistischen Theorie der Willensfreiheit.* Suhrkamp.

Radbruch, G. (2001). *Gesamtausgabe, Bd. 11 Strafrechtsgeschichte*. C. F. Müller.

Raine, A. (2013). *The anatomy of violence: The biological roots of crime*. Penguin.

Schirmann, F., & Schleim, S. (2014). The anatomy of violence: The biological roots of crime. *Theoretical Criminology, 18*, 576–578.

Schleim, S. (2009). Der Mensch und die soziale Hirnforschung: Philosophische Zwischenbilanz einer spannungsreichen Beziehung. In S. Schleim, T. M. Spranger, & H. Walter (Hrsg.), *Von der Neuroethik zum Neurorecht? Vom Beginn einer neuen Debatte* (S. 37–66). Vandenhoeck & Ruprecht.

Schleim, S. (2011). *Die Neurogesellschaft: Wie die Hirnforschung Recht und Moral herausfordert*. Heise.

Schleim, S. (2014). Critical neuroscience – or critical science? A perspective on the perceived normative significance of neuroscience. *Frontiers in Human Neuroscience, 8*, 336.

Schleim, S. (2018). *Was sind psychische Störungen? Grundlagenfragen, gesellschaftliche Herausforderungen, Alternativen zur Biologie*. Heise.

Schleim, S. (2019). „Neurorecht" in Nederland. De motivering van het nieuwe adolescentenstrafrecht vanuit een neurofilosofisch perspectief. *Algemeen Nederlands Tijdschrift voor Wijsbegeerte, 111*, 379–404.

Schleim, S. (2020a). Real neurolaw in the Netherlands: The role of the developing brain in the new adolescent criminal law. *Frontiers in Psychology, 11*, 1762.

Schleim, S. (2020b). To overcome psychiatric patients' mind-brain dualism, reifying the mind won't help. *Frontiers in Psychiatry, 11*, 605.

Schleim, S. (2021a). Neurorights in history: A contemporary review of José M. R. Delgado's „Physical Control of the Mind" (1969) and Elliot S. Valenstein's „Brain Control" (1973). *Frontiers in Human Neuroscience, 15*, 703308.

Schleim, S. (2021b). *Gehirn, Psyche und Gesellschaft: Schlaglichter aus den Wissenschaften vom Menschen*. Springer.

Schleim, S. (2022). Why mental disorders are brain disorders. And why they are not: ADHD and the challenges of heterogeneity and reification. *Frontiers in Psychiatry*.

Schleim, S., Spranger, T. M., Erk, S., & Walter, H. (2011). From moral to legal judgment: The influence of normative context in lawyers and other academics. *Social Cognitive and Affective Neuroscience, 6*, 48–57.

Skinner, B. F. (1953). *Science and human behavior*. Macmillan.

Skinner, B. F. (1971). *Beyond freedom and dignity*. Bantam Books.

Snyder, P. J. (2009). Delgado's brave bulls: The marketing of a seductive idea and a lesson for contemporary biomedical research. In P. J. Snyder, L. C. Mayes, & D. D. Spencer (Hrsg.), *Science and the media: Delgado's brave bull and the ethics of scientific disclosure* (S. 25–40). Academic.

Soares, R. R. (2004). Development, crime and punishment: Accounting for the international differences in crime rates. *Journal of Development Economics, 73*, 155–184.

Van der Laan, A. M., Zeijlmans, K., Beerthuizen, M. G. J. C., & Prop, L. J. C. (2021). *Evaluatie van het adolescentenstrafrecht: Een multicriteria evaluatie*. Wetenschappelijk Onderzoek- en Documentatiecentrum.

Welberg, L. (2008). Free will? *Nature Reviews Neuroscience, 9*, 410–411.

9

Wissenschaftler sind auch nur Menschen

Zusammenfassung In diesem Kapitel beschäftigen wir uns eingehend mit Max Plancks Biografie. Dabei werden dessen Schicksalsschläge, Prinzipientreue und schließlich seine Vorstellung von wissenschaftlicher Integrität deutlich. Plancks einflussreiche Stellung als Akademiesekretär während der NS-Diktatur wird allerdings auch kritisch hinterfragt werden. Über Gemeinsamkeiten mit dem niederländischen Physiknobelpreisträger Frits Zernike zur Arbeitsweise von Philosophen werden wir schließlich die Arbeitsteilung zwischen den Disziplinen sowie verschiedene Arten von Wissen diskutieren.

„Eine neue wissenschaftliche Wahrheit pflegt sich nicht in der Weise durchzusetzen, daß ihre Gegner überzeugt werden und sich als belehrt erklären, sondern vielmehr dadurch, daß ihre Gegner allmählich aussterben und daß die heranwachsende Generation von vornherein mit der Wahrheit vertraut gemacht ist." (Max Planck in seiner wissenschaftlichen Selbstbiographie, 1948, S. 22)

Wissenschaftler sind auch nur Menschen. Schon das Eingangszitat Plancks suggeriert, dass hier psychosoziale Vorgänge am Werk sind. Doch was heißt das für unser Thema? In Kap. 3 haben wir Plancks bewegendes wie bewegtes Leben kurz angesprochen. Neben einigen bedeutenden Fakten aus seiner Biografie kommen wir in diesem Kapitel auf einen interessanten Bezug zu einem anderen Physiknobelpreisträger der Vergangenheit, nämlich dem Niederländer Frits Zernike (1888–1966). Auch dieser äußerte sich in den 1930er-Jahren zur Willensfreiheit. Beide hatten ähnliche Ansichten über die ihnen bekannten Philosophen und Ethiker.

Im Anschluss daran beschäftigen wir uns mit einigen Wissenschaftlern aus unserer Zeit, nämlich den uns bisher begegneten Hirnforschern. Diese wollten das Wesen des Menschen ergründen. Dabei war, wie wir vor allem in Kap. 6 gesehen haben, einiges schiefgegangen und vieles übertrieben. Jetzt drehen wir den Spieß gewissermaßen um: Können wir das Auftreten dieser Wissenschaftler philosophisch, psychologisch und soziologisch erklären? Doch bleiben wir zunächst bei Planck.

Aus Max Plancks Biografie

Der theoretische Physiker war interdisziplinär begabt und schwankte nach dem Abitur zwischen einem Studium in Altphilologie (v. a. klassisches Griechisch und Latein), Musik und Physik.[1] Obwohl er sich für Letztere entschied, blieb Planck sein Leben lang der Musik treu – und begleitete später regelmäßig seinen Sohn Erwin (Cello) und Albert Einstein (Geige) am Klavier. Als junger Professor mit nur 31 Jahren – also um das Jahr 1890 – musste er sich in Berlin aber erst einmal in einem akademischen Umfeld behaupten, das sein Fach für überflüssig hielt.

Max Planck soll nicht nur durch seine eigenen Leistungen, sondern auch die Würdigung der Erfolge anderer gewirkt haben. Dabei habe er sich weniger vom Opportunismus treiben lassen, als von dem, was er selbst für richtig hielt. Einstein habe er gegen antisemitisch motivierte Angriffe in Schutz genommen. Noch kurz vor Ausbruch des Zweiten Weltkriegs setzte sich Planck nachweislich für den Frieden ein: Als Zeichen der Versöhnung zwischen Frankreich und Deutschland wirkte er daraufhin, dass der französische Physiker Louis de Broglie (1892–1987) von der Deutschen Physikalischen Gesellschaft mit der Max-Planck-Medaille ausgezeichnet wurde. Diese Auszeichnung wird übrigens bis heute verliehen.

Planck befand sich allerdings auch in einem Konflikt: Seit 1912, also noch im Deutschen Kaiserreich, war er „Beständiger Sekretär" der Preußischen Akademie der Wissenschaften und bekleidete damit ein angesehenes öffentliches Amt. In dieser Funktion bemühte er sich, den

---

[1] Die biografischen Fakten beruhen vor allem auf Armin Hermanns Einleitung in Plancks Aufsatzsammlung (Planck, 1990).

damals noch in der Schweiz wohnenden Albert Einstein nach Berlin zu holen, was ihm 1914 schließlich gelang. Dafür war Einstein ein attraktiver Posten ohne Lehrverpflichtung an der Preußischen (heute: Berlin-Brandenburgischen) Akademie der Wissenschaften geschaffen worden.

Trotz des für Deutschland katastrophalen Ausgangs des Ersten Weltkriegs wurde das öffentliche Klima mit dem Erstarken der Nationalsozialisten wieder militaristischer. Einstein, der ohnehin wegen seiner jüdischen Herkunft zunehmend diskriminiert wurde, sprach sich aber für Kriegsdienstverweigerung und Pazifismus aus. Das war in der Öffentlichkeit ein heikles Thema und nahm ihm sogar Planck übel, da sich dessen Meinung nach die Mitglieder der Preußischen Akademie loyal gegenüber dem Staat verhalten müssten.

Andererseits soll Max Planck es gewagt haben, Hitler bei seinem Antrittsbesuch am 16. Mai 1933 auf die schädlichen Folgen der Vertreibung jüdischer Gelehrter hinzuweisen. Dafür habe der „Führer" aber kein offenes Ohr gehabt. Es heißt, dieser habe den Physiker und Akademiesekretär schließlich unterbrochen und mit einem Monolog über die angebliche Schädlichkeit des Judentums nicht mehr zu Wort kommen lassen.

Dennoch gelang es Planck in seinem Amt nicht gänzlich, eine Beteiligung an nationalsozialistischem Unrecht zu vermeiden: So leitete er beispielsweise am 1. Dezember 1938 den Ministerialerlass an alle Mitglieder der Akademie weiter, einen Fragebogen über ihre jüdische Abstammung oder jüdische „Versippung" auszufüllen. Letzteres bezeichnete eine Ehe mit einer jüdischen Frau oder einem „jüdischen Mischling". Den ministeriellen Vorschlag, in einem solchen Fall die Mitgliedschaft freiwillig niederzulegen, ließ der Physiker und Akademiesekretär unkommentiert stehen.

9 Wissenschaftler sind auch nur Menschen

Schon am Folgetag schickte etwa der Historiker Otto Hintze (1861–1940) den Fragebogen ausgefüllt und mit dem handschriftlichen Vermerk zurück, seine Mitgliedschaft „selbstverständlich" niederzulegen. Seine jüdische Ehefrau Hedwig (1884–1942) würde nur wenige Jahre später auf der Flucht im niederländischen Utrecht sterben – womöglich von eigener Hand, um der Deportation und Ermordung durch die Nationalsozialisten zu entkommen. Hätte Planck, Ende 1938 schon stolze 80 Jahre alt, wegen solcher Folgen sein Amt nicht besser niederlegen können?

Albert Einstein war schon 1933 in die USA emigriert. Am 28. März jenes Jahres trat er aus der Preußischen Akademie aus und kam damit einem Ausschluss zuvor. Außerdem gab er sein 1920 erhaltenes Ordenszeichen an den Kanzler des preußischen Verdienstordens *Pour le Mérite* zurück: Max Planck. In etwa zeitgleich strich ihn die noch heute bestehende Deutsche Akademie der Naturforscher Leopoldina aus ihrem Mitgliederregister (Abb. 9.1 und 9.2).

Doch bleiben wir bei Planck, der in seinem Leben drei deutsche Systemwechsel miterlebte: vom Kaiserreich in die Weimarer Republik, die NS-Diktatur und schließlich die Übergangsphase zur Bundesrepublik Deutschland. Seinem großen wissenschaftlichen Erfolg standen ähnlich große Katastrophen im Privatleben gegenüber. 1909 (er war 50 Jahre alt) starb seine Frau Marie nach über 20 Jahren Ehe. Das Paar hatte zwei Söhne und zwei Töchter.

Einer der Söhne, Karl, kam 1916 bei der Schlacht um Verdun ums Leben. Nur ein Jahr später starb die Tochter Grete bei der Geburt ihres ersten Kindes. Daraufhin kümmerte sich die andere Tochter, Emma, um das Neugeborene, heiratete den Witwer – und starb ebenfalls bei der Geburt ihres ersten Kindes. Damit blieb Planck aus der Ehe mit Marie nur noch Sohn Erwin, der als Beamter Karriere machte. Dieser brachte es sogar zum Staats-

> Coq-sur-Mer (Belgien), 12.4.33
>
> An die
> Preussische Akademie der Wissenschaften
> Berlin
>
> Eingegangen 18. APR. 1933
>
> Ich erhalte Ihr Schreiben vom 7.4. dieses Jahres und bedaure ausserordentlich die Gesinnung, die sich darin kundgibt.
> Sachlich habe ich nur folgendes zu erwidern:
> Ihre Behauptung über meine Haltung ist im Grund nur eine andere Form Ihrer bereits veröffentlichten Erklärung, in der Sie mich beschuldigten, mich an einer Greuelhetze gegen das deutsche Volk beteiligt zu haben. Diese Behauptung habe ich bereits in meinem letzten Schreiben als eine Verleumdung bezeichnet.
> Sie haben ferner bemerkt, dass ein "Zeugnis" meinerseits "für das deutsche Volk" sehr machtvoll im Ausland gewirkt haben würde. Hierauf muss ich erwidern, dass ein solches Zeugnis, wie Sie es mir zumuten, einer Verneinung aller der Anschauungen von Gerechtigkeit und Freiheit gleichgekommen wäre, für die ich mein Leben lang eingetreten bin. Ein solches Zeugnis wäre nämlich nicht, wie Sie sagen, ein Zeugnis für das deutsche Volk gewesen; es hätte sich vielmehr nur zugunsten derer auswirken können, die jene Ideen und Prinzipien zu beseitigen suchen, die dem deutschen Volk einen Ehrenplatz in der Welt-Zivilisation verschafft haben. Durch ein solches Zeugnis unter den gegenwärtigen Umständen hätte ich - wenn auch nur indirekt - zur Sittenverrohung und Vernichtung aller heutigen Kulturwerte beigetragen.
> Eben aus diesem Grund habe ich mich gedrängt gefühlt, aus der Akademie auszutreten, und Ihr Schreiben beweist mir nur, wie richtig ich damit gehandelt habe.
>
> Mit vorzüglicher Hochachtung
> Albert Einstein

Abb. 9.1 Als ich 2014 für eine Summer School mit Studierenden der Universität Groningen Räumlichkeiten der Berlin-Brandenburgischen Akademie der Wissenschaften am Gendarmenmarkt in Berlin-Mitte mietete, konnte ich noch nicht ahnen, Jahre später über die Geschichte dieser Institution zu schreiben. Damals setzte sich die Akademie mit einer Ausstellung kritisch mit ihrer Vorgeschichte in der Zeit des Nationalsozialismus auseinander. In diesem Brief vom April 1933 verteidigte Einstein sich gegen Verleumdungen der Preußischen Akademie und unterstrich noch einmal seinen Entschluss zum Austritt. Interessant ist Einsteins Reaktion auf den Vorwurf, er habe sein Renommee im

9 Wissenschaftler sind auch nur Menschen

◄ Ausland zum Wohle des deutschen Volkes verwenden müssen: Der Physiker bringt hier zum Ausdruck, dass ein Einsatz für das damalige Deutschland tatsächlich den Werten, Ideen und Prinzipien widersprochen hätte, die der deutschen Kultur überhaupt erst zu Weltruhm verholfen hätten. Insbesondere mit Blick auf die danach noch folgenden Gräueltaten und Verbrechen gegen die Menschlichkeit muss man leider feststellen, dass Albert Einstein mit dieser Einschätzung völlig richtig lag. (Bildzitat nach Originalvorlage)

sekretär im Reichskanzleramt, schied mit Hitlers Amtsantritt aber aus dem Dienst aus.

Wir haben bereits in Kap. 3 gesehen, dass Erwin Planck wegen seiner Beteiligung am gescheiterten Hitler-Attentat vom 20. Juli 1944 zum Tode verurteilt wurde. Die Gnadengesuche seines berühmten Vaters konnten die

```
22 INTL PRINCETON NJ JUL 29 956A

LC AKADEMIE DER WISSENSCHAFTEN BERLIN (GERMANY)

NACH ALL DEM FURCHTBAREN DAS GESCHEHEN IST SEHE

MICH AUSSERSTANDE DAS ANERBIETEN DER DEUTSCHEN AKADEMIE

ANZUNEHMEN

        EINSTEIN
```

Abb. 9.2 Nach der militärischen Befreiung Deutschlands durch die alliierten West- und Ostmächte bemühte sich die Akademie, wie so viele Individuen und Institutionen jener Zeit, schleunigst um Schadensbegrenzung. Beispielsweise wollte man bei den Physikern James Franck (1882–1964; Nobelpreis 1925) und Max Born (1882–1970; Nobelpreis 1954), die beide vor nationalsozialistischer Verfolgung ins Ausland geflohen waren, so tun, als habe man sie nie ausgeschlossen. Praktischerweise hatte man ihnen im Ausland die Ausschlüsse erst gar nicht zugestellt. Albert Einstein erteilte der Einladung, wieder Mitglied der Akademie zu werden, im Juli 1946 jedoch klipp und klar eine Absage. (Bildzitat nach Originalvorlage)

Vollstreckung nicht verhindern. So verlor Max Planck am 23. Januar 1945 sein letztes Kind aus erster Ehe.

Es blieb nur noch sein Sohn Hermann aus der zweiten Ehe, zu dem die Beziehung aber distanziert gewesen sein soll. Übrigens versuchte die Stadt Frankfurt (Main) mitten in der NS-Diktatur mehrmals, dem Physiker für seine Dienste den Goethe-Preis zu verleihen. Doch das wussten die Nazi-Oberen zu verhindern, nämlich Reichspropagandaminister Goebbels persönlich.

Prinzipien, Ethik, Glaube

Was wohl so viele Schicksalsschläge mit der sprichwörtlichen „Menschenseele" machen, auch der eines berühmten Physikers und Nobelpreisträgers? In der Literatur finden sich nicht ohne Grund Bezüge zwischen Max Planck und dem biblischen Buch Hiob. Wir sahen schon, dass Prinzipien, aber auch Loyalität für Planck von besonderer Bedeutung waren.

Seinen Aufsatz über die Willensfreiheit schloss er mit Gedanken über die Ethik ab. Diese sei das Allerwichtigste für die Lebensführung. Insbesondere wandte er sich dort gegen den Fatalismus. Auch Rückschläge seien kein Grund zu verzweifeln. Im Gegenteil würde sich im Nachhinein oft herausstellen, dass diese etwas Gutes hätten. Mit anderen Worten, man soll die Hoffnung nie aufgeben:

> „Denn wie er stets empfänglich bleibt für alles Gute und Schöne, was ihm jeder Tag und jede Stunde bringen kann, so bleibt er zugleich von vornherein gefeit gegen die inneren und äußeren Gefahren, welche das seelische Gleichgewicht unablässig bedrohen." (Planck, 1939, S. 33)

Dass er bei der Ethik insbesondere religiöse Formen in Gedanken hatte, verrät sein in etwa zeitgleich erschienener Aufsatz „Religion und Naturwissenschaft". Darin schreibt er: „Die Naturwissenschaft braucht der Mensch zum Erkennen, die Religion aber braucht er zum Handeln" (Planck, 1938/1990, S. 189). Mit dieser Sichtweise sieht er sich in einer Tradition mit anderen bedeutenden Naturforschern, nämlich Kepler, Newton und Leibniz, die „von tiefer Religiosität durchdrungen" gewesen seien (ebenda, S. 190). Am Ende schlussfolgerte er:

„Es ist der stetig fortgesetzte, nie erlahmende Kampf gegen Skeptizismus und gegen Dogmatismus, gegen Unglaube und gegen Aberglaube, den Religion und Naturwissenschaft gemeinsam führen, und das richtungweisende Losungswort in diesem Kampf lautet von jeher und in alle Zukunft: Hin zu Gott!" (Planck, 1938/1990, S. 191)

Mit den Ethikern seiner Zeit ging er allerdings hart ins Gericht. So wie ein Naturwissenschaftler die Pflicht habe, seine Sichtweisen in der Natur zu überprüfen, müsse ein Ethiker im Einklang mit seiner Lehre leben. Nur dann könne ein Vertreter dieses Fachs Glaubwürdigkeit erlangen, anstatt bloß „ein geistvolles, interessant anmutendes Gedankenspiel" zu betreiben (Planck, 1939, S. 29). Seinen zeitgenössischen Moralphilosophen warf er aber vor, sich nicht an die eigenen Prinzipien zu halten.

Vielmehr hätten diese einerseits eine lebensverneinende Weltanschauung vertreten, während sie andererseits „ganz besonders aktive und gewiegte Lebenskünstler" gewesen seien (ebenda). Das klingt sehr nach „Wasser predigen, Wein saufen". Wenn man sich angesichts des Elends in der Welt von ihr abwende, so Planck, dann sei das menschlich nachvollziehbar; dann müsse man aber auch asketisch wie die indischen Weisen leben, die der Physiker hier als Beispiel nannte.

Wozu Philosophen?

Bereits in der Einleitung lernten wir die Ringvorlesung über das Willensfreiheitsproblem im akademischen Jahr 1935/1936 an meiner Universität kennen. Der später von den Nationalsozialisten ermordete Philosoph Leo Polak hatte den ersten Vortrag beigesteuert. Anschließend folgte der 30 Jahre nach Planck geborene Frits Zernike, nach dem noch heute unser naturwissenschaftlicher Campus benannt ist.

Zernike sprach über „Kausalität in der Natur". Später erhielt er zwar, wie Planck, den Physiknobelpreis. Allerdings war der Niederländer Experimentalphysiker. Die hohe Auszeichnung wurde ihm für die Entwicklung der Phasenkontrastmikroskopie verliehen.

In Kap. 3 haben wir erfahren, dass Plancks Lehrstuhl an der Universität Berlin erst noch an der Philosophischen Fakultät angesiedelt war. Viele Naturwissenschaftler hielten die theoretische Physik anfangs für Zeitverschwendung. Im selben Kapitel begegneten wir Hawkings und Mlodinows Ausspruch, die Philosophie sei tot.

Auch Frits Zernike war dieser Disziplin gegenüber sehr kritisch eingestellt. Anders als Planck richtete er seine Ablehnung allerdings nicht nur gegen bestimmte Individuen. Vielmehr bemängelte er die Arbeitsweise der Philosophen, die sich mit der Naturwissenschaft beschäftigen, schlechthin.

Schon im Idealfall würden diese Gelehrten dem Stand der Forschung zehn Jahre hinterherlaufen. Bis sie sich mit den Methoden und Begriffen der Naturwissenschaften hinreichend vertraut gemacht und ihre Ergebnisse schließlich in Buchform veröffentlicht hätten, habe sich die Forschung längst weiterentwickelt (Zernike, 1936). Am schlimmsten seien allerdings diejenigen Philosophen, die Naturwissenschaftlern erklären wollten, wie sie ihre Arbeit zu tun hätten.

Der Physiker hat sicher in dem Sinne recht, dass Reflexion Zeit kostet. In einem System, das pragmatisch funktioniert und in dem man der Erste sein muss, der eine Theorie oder ein neues Verfahren entwickelt, ist Philosophie natürlich „Sand im Getriebe".

Allerdings scheint sich Zernike hier – ebenso wie manche Hirnforscher unserer Zeit, die sich sehr ähnlich äußern – nicht ganz der Implikation dieses Standpunkts bewusst gewesen zu sein, denn wenn Forschungsergebnisse schon nach ein paar Jahren überholt sind, gilt das für den heutigen Wissensstand ebenso. Die Philosophie braucht für ihre Erkenntnisse vielleicht länger, diese sollen dann idealerweise aber zeitlos gültig sein.

Unterschiedliche Wissensformen

Dieses Muster ist uns aus den Nachrichten bekannt: Da gibt es einerseits die schnellen, aber oberflächlichen Meldungen, die Aktuelles behandeln. Nach wenigen Stunden – an der Börse vielleicht sogar nur Sekunden – sind diese oft schon wieder uninteressant.

Nach sorgfältiger Recherchearbeit folgt andererseits ein Beitrag mit Hintergrundinformationen, Faktenchecks, Kontextwissen und Kritik. Dieser kann auch nach Tagen, Monaten oder gar Jahren noch interessant sein. Beide Vorgehensweisen haben ihren Sinn und ihre Berechtigung. Anstelle eines Entweder-oder sollte man hier ein Sowohl-als-auch vertreten. Auf die richtige Mischung kommt es an

– und dasselbe gilt meiner Meinung nach auch für Praxis und Theorie sowie Naturwissenschaft und Philosophie.

In Kap. 6 haben wir beispielsweise gesehen, wie John-Dylan Haynes innerhalb nur weniger Jahre seinen Standpunkt über das Universum und die Willensfreiheit radikal änderte. Wir haben – in philosophischer, psychologischer und neurowissenschaftlicher Reflexion – festgestellt, dass keines der Experimente die Frage entscheidend beantworten konnte. Diese Tatsache zusammen mit den wechselhaften Äußerungen der Hirnforscher selbst legen den Verdacht nahe, dass diese Wissenschaftler in der Beantwortung der Frage gar nicht kompetent sind.

Gegen Zernike ließe sich zudem einwenden, dass viele Philosophen ebenfalls in einer wissenschaftlichen Disziplin ausgebildet sind. So waren bedeutende Wissenschaftstheoretiker oft auch Physiker. Karl Popper begann seine Laufbahn als Psychologe, der Wissenschaftssoziologe Thomas Kuhn erwarb einen Bachelor, Masterabschluss und schließlich sogar Doktorgrad in Physik. Auch heutige Vertreterinnen und Vertreter der Philosophie der Physik – beispielsweise in der Forschungsgruppe Christian Wüthrichs an der Universität Genf – verfügen meistens über Doppelqualifikationen.

Zur Verteidigung von Zernike könnte man verschiedene Arten von Fragen unterscheiden: Ob zum Beispiel ein neues Mikroskopieverfahren funktioniert, zeigt sich in der Praxis. Fragen nach der Willensfreiheit und dem Menschenbild sind aber in einem viel stärkeren Maße kultur- und theorieabhängig.

Naturwissenschaftler könnten die theoretische Reflexion freilich selbst anstellen. In der akademischen Realität tun sie es aber eher selten – oder erst nach dem Rückzug in den Ruhestand und dann nicht immer mit Erfolg. Letztlich ist es eine gesellschaftliche Entscheidung, sich eine Reihe von „Berufsdenkern" zu leisten oder nicht.

9 Wissenschaftler sind auch nur Menschen

Doch wo wir noch bei Zernike sind, sollten wir auch dessen Kernaussage zu Kausalität und Determinismus betrachten:

> „Es ist deutlich, was wir hier [...] aufgegeben haben. Nicht weniger als die vollständige Determiniertheit allen Naturgeschehens, denn der weitere Verlauf folgt nicht mehr unzweideutig aus dem vorherigen. Es versteht sich dann auch von selbst, dass eine so große Abweichung von dem uns Bekannten vielen ein unbefriedigtes Gefühl vermittelt. Sie wollen gerne die Ursache dafür wissen, die das eine Atom am Scheideweg einen anderen Weg nehmen lässt als das andere. Darauf gibt die Quantenmechanik keine Antwort. Das darf aber kein Grund dafür sein, alles andere zu verwerfen, worauf sie sehr wohl eine Antwort gibt." (Zernike, 1936, S. 32)

Am Ende seines Vortrags war dem Physiker noch der Hinweis wichtig, dass seine Disziplin mit der Aufgabe des kausalen Determinismus nicht aufhöre, eine exakte Wissenschaft zu sein. Allerdings gilt das aufgrund der Einführung statistischer Verfahren nur noch für die Vorhersage von Ereignissen im Mittelwert oder im großen Maßstab und nicht mehr für den Einzelfall.

Als Beispiel dafür, dass auch Fachleute Menschen sind, lassen sich Plancks Gedanken und Zernikes Kritik in der Forschung des amerikanischen Philosophen Eric Schwitzgebel vereinen. Dessen Experimente veranschaulichen nämlich, dass man sich auch innerhalb der Philosophie mit der eigenen Arbeitsweise kritisch auseinandersetzt. Schwitzgebel tat das auf sehr originelle Weise: Er untersuchte nämlich das konkrete Verhalten von Ethikerinnen und Ethikern sowie deren Ansehen bei anderen Fachleuten. Die Ergebnisse stützen Plancks Kritik noch heute.

So untersuchte der Amerikaner in einer Studie, ob Ethikbücher in Bibliotheken häufiger fehlten als vergleichbare Philosophiebücher. Das war tatsächlich der Fall (Schwitzgebel, 2009). In ausgerechnet dem Fachgebiet, in dem es um richtiges Handeln geht, wurden Bücher also häufiger gestohlen oder nicht zurückgebracht.

Natürlich sollte man ein derartiges Einzelergebnis nicht verabsolutieren. Doch nach verschiedenen Studien zog der Philosoph schließlich das Fazit, dass sich Ethikerinnen und Ethiker nicht besser zu verhalten scheinen als andere Menschen unter vergleichbaren Umständen (Schwitzgebel, 2014). Wie lässt sich nun das Verhalten einiger Hirnforscher aus menschlicher Sicht bewerten?

Hirnforschung und Naturalismus

Im Vorwort haben wir bereits von der „Dekade des Gehirns", die in den 1990er-Jahren ausgerufen wurde, erfahren. Seitdem haben sich die Neurowissenschaften zu einer Art Superwissenschaft entwickelt, auch wenn ihr die Informatik beziehungsweise Informationstechnologie inzwischen diesen Rang abgelaufen haben dürfte.

Die Daten, die wir beispielsweise mit unserem Kauf- oder Surfverhalten im Netz hinterlassen, machen erstaunlich – und für viele erschreckend – gute Vorhersagen über uns möglich. Dass das weitgehend ohne Psychologie und Hirnforschung geschieht, sollte den Vertretern dieses Fachs zu denken geben. Die schiere Masse der Daten zusammen mit immer effizienteren Algorithmen und Supercomputern wiegen offenbar in vielen Bereichen schwerer als wissenschaftliche Modelle.

Den „Wir-erklären-jetzt-den-Menschen-Impetus" findet man im deutschsprachigen Bereich insbesondere im „Manifest" von elf, wie es hieß, „führenden Neuro-

9 Wissenschaftler sind auch nur Menschen

wissenschaftlern über Gegenwart und Zukunft der Hirnforschung" aus dem Jahr 2004 (Elger et al., 2004). Der uns inzwischen gut bekannte Gerhard Roth war einer der Autoren; Wolf Singer, damals Direktor am Max-Planck-Institut für Hirnforschung in Frankfurt (Main), war ein weiterer.

In den Medien wurde er mit seinen weitreichenden Aussagen in der Willensfreiheitsdebatte bekannt. Im selben Jahr war er übrigens der Chef meines Chefs während meines Praktikums an dem Max-Planck-Institut, wo ich meine ersten Gehversuche in der Hirnforschung wagte. Das „Manifest" bediente aber, neben einer Reihe von Versprechungen, die nicht erfüllt wurden (Schleim, 2014), vor allem ein Narrativ: Dass sich nämlich der Mensch rein naturwissenschaftlich erklären lasse.

> „Geist und Bewusstsein – wie einzigartig sie von uns auch empfunden werden – fügen sich also in das Naturgeschehen ein und übersteigen es nicht. Und: Geist und Bewusstsein sind nicht vom Himmel gefallen, sondern haben sich in der Evolution der Nervensysteme allmählich herausgebildet. Das ist vielleicht die wichtigste Erkenntnis der modernen Neurowissenschaften." (Elger et al., 2004, S. 33)

Dieser Standpunkt, dass sich alle Fragen naturwissenschaftlich beantworten lassen, entspricht der naturalistischen Logik. Wir denken noch einmal an den Physiker Sean Carroll zurück, für den drei Elementarteilchen und drei elementare Kräfte ausreichten, um alles zu erklären.

Traditionell richtet sich der Naturalismus gegen religiöse Sichtweisen mit ihrem Glauben an eine Übernatur mit Wundern, Seelen, Göttern und so weiter. Der britische Evolutionsbiologe Richard Dawkins unterteilte die Menschen mit seinem „neuen Atheismus" dann in *Brights* (die Schlauen) und *Supers* (die Übers). Man kann sich leicht vorstellen, dass zwischen diesen Lagern nun endlose ideologische Grabenkämpfe toben.

Bei dem Zitat aus dem „Manifest" sollte man ebenfalls verstehen, dass hier das gewünschte Endresultat bereits als Tatsache vorausgesetzt wird, denn die naturwissenschaftliche Erklärung des Bewusstseins haben wir ja noch gar nicht – und der Stand der Bewusstseinsforschung ist auch fast 20 Jahre später nicht unbedingt berauschend, wie wir in Kap. 6 gesehen haben.

Von den „führenden Neurowissenschaftlern" wurden hier wissenschaftliche Erkenntnisse und philosophisches Wunschdenken miteinander vermischt. Mit noch mehr Chuzpe kann man es aber gleich so direkt wie der Physiologie-Nobelpreisträger Roger W. Sperry (1913–1994) auf den Punkt bringen. Kurz nach Erhalt der hohen Auszeichnung schrieb er:

> „Ideologien, Philosophien, religiöse Doktrinen, Weltmodelle, Wertsysteme und Ähnliches mehr werden mit den Antworten stehen und fallen, die die Hirnforschung schließlich enthüllt. Es kommt alles im Gehirn zusammen." (Sperry, 1981, S. 4)

Im vorliegenden Buch finden sich demgegenüber aber viele Beispiele dafür, dass Hirnforscherinnen und Hirnforscher *nicht* das letzte Wort haben.

Wir haben inzwischen mehrmals gesehen, wie wichtig Max Planck Prinzipien waren. Prüft ein Naturwissenschaftler seine eigenen Ideen in der Natur? Hält sich ein Ethiker an seine eigenen Handlungsanweisungen? In der Einleitung sind wir Thomas H. Huxleys Vernunftprinzip begegnet, das beinhaltete: „Gebe in Sachen des Intellekts nicht vor, dass Schlussfolgerungen sicher sind, die nicht bewiesen wurden oder nicht beweisbar sind" (Huxley, 1894, S. 246). Von Wissenschaftlerinnen und Wissenschaftlern darf man also verlangen, sich an wissenschaftliche Prinzipien zu halten.

Das gilt insbesondere dann, wenn sie in der Öffentlichkeit mit aufklärerischem Gestus auftreten und für sich beanspruchen, den Menschen die Welt zu erklären. Im nächsten Kapitel werden wir einigen solchen Versuchen kritisch auf den Zahn fühlen. Dabei muss man bedenken, dass ich nie systematisch nach solchen Fehlern gesucht habe; sie begegneten mir vielmehr zufällig bei der Untersuchung von für mich interessanten Themen. Über die allgemeine Verbreitung solcher Fehlschlüsse ist damit also nichts gesagt. Doch lesen Sie selbst weiter und staunen Sie – und denken Sie bei jedem Beispiel an das „Manifest" und Sperrys „Neuro-Autorität" zurück.

Literatur

Elger, C. E., Friederici, A. D., Koch, C., Luhmann, H., von der Malsburg, C., Menzel, R., ... & Singer, W. (2004). Das Manifest: Elf führende Neurowissenschaftler über Gegenwart und Zukunft der Hirnforschung. *Gehirn & Geist, 6,* 30–37.

Huxley, T. (1894). Agnosticism. *Collected Essays, V,* 209–262.

Planck, M. (1939). *Vom Wesen der Willensfreiheit* (3. Aufl.). Johann Ambrosius Barth Verlag.

Planck, M. (1948). *Wissenschaftliche Selbstbiographie.* Johann Ambrosius Barth Verlag.

Planck, M. (1938/1990). Religion und Naturwissenschaft. In: ders., *Vom Wesen der Willensfreiheit und andere Vorträge: Mit einer Einleitung von Armin Hermann*, S. 172-191. Frankfurt am Main: Fischer.

Planck, M. (1990). *Vom Wesen der Willensfreiheit und andere Vorträge: Mit einer Einleitung von Armin Hermann.* Frankfurt am Main: Fischer.

Schleim, S. (2014). Zu viel versprochen. *Gehirn & Geist, 4,* 50–54.

Schwitzgebel, E. (2009). Do ethicists steal more books? *Philosophical Psychology, 22,* 711–725.

Schwitzgebel, E. (2014). The moral behavior of ethicists and the role of the philosopher. In C. Luetge, H. Rusch, & M. Uhl (Hrsg.), *Experimental ethics: Toward an empirical moral philosophy* (S. 59–65). Palgrave Macmillan.

Sperry, R. W. (1981). Changing priorities. *Annual Review of Neuroscience, 4,* 1–16.

Valenstein, E. S. (1973). *Brain control: A critical examination of brain stimulation and psychosurgery.* Wiley.

Zernike, F. (1936). Causaliteit in de natuur. In W. J. Aalders, H. J. F. W. Brugmans, F. J. J. Buytendijk, I. H. Gosses, H. van Goudoever, G. van der Leeuw, L. Polak, E. D. Wiersma, & F. Zernike (Hrsg.), *Causaliteit en Wilsvrijheid* (S. 27–35). Wolters' Uitgevers-Maatschappij.

10

Allzumenschliche Neurofehlschlüsse

Zusammenfassung In diesem Kapitel betrachten wir die Erklärungen und Erklärungsansprüche namhafter Hirnforscher aus einer psychosozialen Perspektive. Bei näherer Betrachtung werden sich einige ihrer für das „Neuro-Menschenbild" wesentlichen Erklärungen als einseitig oder gar falsch herausstellen. Beispiele hierfür sind Behauptungen über angebliche Willenstäuschungen und den wahrscheinlich berühmtesten neurologischen Patienten, Phineas Gage. Ein kurzer Ausflug in das 19. Jahrhundert und seinen Materialismusstreit verdeutlicht, dass dieses Phänomen nicht neu ist, und zwar sowohl in der Wissenschaft als auch in den Medien.

„Ideologien, Philosophien, religiöse Doktrinen, Weltmodelle, Wertsysteme und Ähnliches mehr werden mit den Antworten stehen und fallen, die die Hirnforschung schließlich enthüllt. Es kommt alles im Gehirn zusammen." (Der Hirnforscher und Nobelpreisträger Roger Sperry, 1981, S. 4)

Wir haben uns in Kap. 6 bereits ausführlicher mit Aussagen von Hirnforschern auseinandergesetzt. Dort ging es spezifisch um das Thema Willensfreiheit. Am Ende des vorherigen Kapitels haben wir dann – ähnlich der Dramaturgie eines Theaterstücks – mit dem „Manifest" und dem oben noch einmal wiederholten Zitat Sperrys eine gewisse Fallhöhe für die „Helden" der Neurowissenschaften aufgebaut.

In diesem Kapitel können wir sie nun abstürzen lassen, natürlich nur im übertragenen Sinne sowie mit nachvollziehbaren Fakten und Gründen. Das „Allzumenschliche" in der Überschrift ist dabei von Friedrich Nietzsches (1844–1900) Werk *Menschliches, Allzumenschliches* entlehnt. Der „Philosoph mit dem Hammer" war bekannt dafür, den Finger immer wieder in die Wunde zu legen und den herrschenden Zeitgeist mit seiner Selbstwidersprüchlichkeit und Doppelmoral zu konfrontieren. Kritik, auch wenn sie wehtut, ist dabei kein Selbstzweck, sondern eröffnet neue Erkenntnismöglichkeiten.

Kritisch überprüft

Unser erstes Beispiel stammt nicht direkt von einem Hirnforscher, sondern einem Philosophen. Der Amerikaner Daniel C. Dennett hat aber auch große Bedeutung in den Kognitionswissenschaften sowie der Bewusstseinsforschung erlangt und ist neben Dawkins einer der „neuen Atheisten".

10 Allzumenschliche Neurofehlschlüsse

In seinem Buch mit dem bescheidenen Titel *Bewusstsein erklärt* aus dem Jahr 1991 beschrieb er einen Versuchsaufbau, bei dem der britische Neurophysiologe William Grey Walter (1910–1977) das Gehirn von Patienten mit einem Diaprojektor verbunden haben soll (Dennett, 1991). (Wer das nicht mehr kennt: Mit Diaprojektoren wurden spezial angefertigte Fotoabzüge vergrößert auf einem Schirm gezeigt, lange vor der Zeit unserer „Beamer".)

Mit implantierten Elektroden sei das uns aus Kap. 6 bekannte Bereitschaftspotenzial abgeleitet worden. Diese frühe Gehirn-Computer-Schnittstelle sei so eingerichtet worden, dass die Messung des Signals zum Anzeigen des nächsten Dias führte. Das hätten die Patienten allerdings nicht gewusst. Stattdessen habe man ihnen einen Knopf gegeben, um die Diashow zu steuern. Dieser sei aber in Wirklichkeit eine Attrappe gewesen.

Laut Dennett berichteten die Teilnehmerinnen und Teilnehmer nach dem Experiment, wie das Dia in genau dem Moment weitergesprungen sei, in dem sie sich für den Knopfdruck entscheiden wollten. Tatsächlich hätten sie sich gesorgt, dass der Projektor gleich zwei Dias weiterspringe, wenn sie auch noch den Knopf betätigten. Diese Erzählung Dennetts, die viele weitere Autoren ungeprüft übernommen haben, transportiert das uns inzwischen gut bekannte Narrativ: Im Moment unserer bewussten Entscheidungen ist diese längst unbewusst vom Gehirn festgelegt. Wir nannten dies die „neofreudianische" Herausforderung.

In den frühen 2000er-Jahren schickte sich aber Dennetts deutscher Philosophenkollege Dirk Hartmann an, die wissenschaftliche Quelle für diesen Versuch zu überprüfen. Sein Ergebnis ernüchtert: Das Experiment hat mit ziemlicher Sicherheit nie stattgefunden, sondern war von dem Neurophysiologen Walter vermutlich nur als Gedankenexperiment formuliert worden (Hartmann,

2000). Dennett, der das „Gerücht" überhaupt erst in die Welt brachte, empfehle inzwischen, es nicht mehr zu zitieren (ebenda). Das Beispiel zeigt einmal mehr, dass man selbst die Schlussfolgerungen und Quellen führender Fachleute kritisch überprüfen muss. (Wenn man zudem weiß, wie aufwändig auch heute noch solche Gehirn-Computer-Schnittstellen kalibriert werden müssen, erscheint so ein Versuchsaufbau für die 1950er bis 1970er extrem unwahrscheinlich.)

Wie wir bereits gesehen haben, ist auch bei der Darstellung des Libet-Experiments viel schiefgegangen. Das bezieht sich nicht nur auf die fragwürdige Interpretation, sondern sogar auf die Vollständigkeit der Fakten. Wir erinnern uns, wie Libet (2004, S. 144) den Psychologen Wegner dafür kritisierte, in seinem Buch über die *Illusion des bewussten Willens* (Wegner, 2002) die Ergebnisse zum bewussten Veto mit keinem Wort zu erwähnen.

Auslassungsfehler

In der Wissenschaft bezeichnet man das als Auslassungsfehler. Dieser ist nicht trivial, denn wenn man die Seite der Ergebnisse verschweigt, die einer Sichtweise oder Theorie widersprechen, lässt sich fast alles wissenschaftlich „beweisen"!

Wegner war mit diesem Fehler nicht allein – und selbst 20 Jahre später wiederholte ihn John Dylan-Haynes mit dem Journalisten Matthias Eckoldt immer noch. In ihrem Buch erklärten sie der Allgemeinheit wesentliche Funde der Hirnforschung, insbesondere auf dem Gebiet der Entscheidungsfindung (Haynes & Eckoldt, 2021; s. auch Schleim, 2021a). Mit der korrekten Darstellung der Ergebnisse zum bewussten Veto würde Haynes' eigene Forschung weniger originell erscheinen und wäre Wegners

Kritik am bewussten Willen nicht so überzeugend ausgefallen.

In diesem Zusammenhang sei noch einmal daran erinnert, wie diejenigen Naturalisten – der Einfachheit halber seien sie nun einmal so genannt –, die das Veto nicht unter den Tisch fallen ließen, dessen Bedeutung umgehend wegrelativierten: Immerhin müsse auch dieser Vorgang auf vorhergehenden Gehirnprozessen beruhen (Roth, 1997; Seth, 2018). Wie ich in Kap. 6 geschrieben habe, wechselt man damit aber einerseits das Thema und andererseits die argumentative Ebene.

Das Thema ist dann nämlich nicht mehr, ob unsere Entscheidungen auf unbewussten oder bewussten Vorgängen beruhen, sondern ob diese aus Gehirnprozessen hervorgehen; es geht dann also nicht mehr um den bewussten Willen, sondern um das Körper-Geist-Problem, das wir in Kap. 1 kennengelernt haben. Und die Ebene verschiebt sich von der Diskussion tatsächlicher wissenschaftlicher Befunde zur Spekulation darüber, wie Experimente ausgehen müssten.

Wenn das Ergebnis laut den Naturalisten aber schon vor dem wissenschaftlichen Versuch felsenfest feststeht, welchen Nutzen hat dann all das Experimentieren überhaupt noch? Wie schon beim „Manifest" zeigt sich, dass man besser zwischen wissenschaftlichen Fakten, Wunschdenken und philosophischem Standpunkt unterscheiden sollte. Das fordert auch Huxleys Prinzip der Wissenschaftlichkeit.

Eng mit diesen „Neurofehlschlüssen" sind Falschmeldungen über angebliche Willenstäuschungen verbunden. So haben beispielsweise der amerikanisch-kanadische Neurochirurg Wilder G. Penfield (1891–1976) oder der uns aus dem vorherigen Kapitel bekannte spanische Neurophysiologe José M. R. Delgado Versuche mit elektrischer Stimulation im Menschengehirn durchgeführt.

Deren Ergebnisse wurden unter anderem von Wegner und im deutschsprachigen Bereich von Gerhard Roth sowie Kuno Kirschfeld, früher Direktor am Max-Planck-Institut für biologische Kybernetik in Tübingen, immer wieder verkehrt dargestellt (z. B. Kirschfeld, 2008, S. 252; Roth, 2004, S. 75, 2006, S. 10; Wegner, 2002). Ihnen zufolge hätte die elektrische Stimulation bei den Teilnehmerinnen und Teilnehmern nämlich Willensentschlüsse ausgelöst, die diese fälschlicherweise als ihre eigenen angesehen hätten.

Wenn man die Quellen studiert, sind diese Fälle aber allesamt unklar oder sogar im Einklang mit dem bewussten Willen (Schleim, 2011, 2021b). So sagte beispielsweise ein Patient Delgados: „Ich vermute, Herr Doktor, dass Ihre Elektrizität stärker ist als mein Wille" (Delgado, 1971, S. 114). Auch wenn man durch elektrische Stimulation im Gehirn bestimmte Wahrnehmungen oder Verhaltensweisen hervorrufen kann, scheinen die Betroffenen diese nicht ohne Weiteres als ihre eigenen anzusehen. Es wurden also auch bei den Stimulationsexperimenten wissenschaftliche Ergebnisse verzerrt, um den bewussten Willen zu widerlegen.

Während übrigens die meisten Forscher, die man mit solchen Fehlern konfrontiert, wütend oder gar nicht reagieren, entstand mit Kuno Kirschfeld immerhin ein konstruktiver Gedankenaustausch in meinem Blog.[1] In der Wissenschaft und Philosophie sollte es nicht so sehr um die Frage gehen, welche Person recht hat, sondern was das beste Argument ist. Mit anderen Worten: Allein die *Erkenntnis* sollte im Zentrum stehen, nicht persönliche Befindlichkeiten.

---

[1] Siehe die vierteilige Serie „Legt das Gehirn alles fest?" bei MENSCHEN-BILDER, https://scilogs.spektrum.de/menschen-bilder/legt-das-gehirn-alles-fest-einleitung/.

Von Karrieren und Finanzen

Wo wir schon bei Delgado sind: Dieser brachte es vor allem mit dem uns schon bekannten Stierkampf aus den 1960er-Jahren zu allgemeiner Bekanntheit (z. B. Delgado, 1971). Der außergewöhnliche Versuch schaffte es schließlich sogar auf die Titelseite der *New York Times*. Der Hirnforscher selbst stellte ihn so dar, als könne er die Emotion des Tiers kontrollieren, als könne er aus dem für Kämpfe gezüchteten besonders aggressiven Bullen per neuronaler Fernsteuerung einen zahmen Ochsen machen.

Schon sein Zeitgenosse Elliot S. Valenstein meldete dagegen allerdings Bedenken an (Schleim, 2021b; Valenstein, 1973). Es sei nämlich – sowohl neuronal als auch mit Blick auf das Verhalten des Tiers – viel wahrscheinlicher, dass Delgados elektrische Stimulation schlicht den Bewegungsapparat des Stiers störte: Noch heute lässt sich auf YouTube sehen, wie dieser zwar seinen Angriff abbrach, doch sich dann wie verwirrt im Kreis drehte.[2]

Der biomedizinische Wissenschaftler Peter J. Snyder, dessen eigener Vater Daniel R. Snyder noch ein Mitarbeiter Delgados an der angesehen Yale University war, hat sich die Forschung des Spaniers und seinen Umgang mit den Medien genauer angeschaut. Dabei sollte man bedenken, dass dieses Beispiel aus dem Kalten Krieg stammt und sich sowohl das US-Verteidigungsministerium als auch die Geheimdienste damals für Technologien zur Gedankenkontrolle interessierten.

Romane und Filme aus der damaligen Zeit wie *The Manchurian Candidate* (1962), *Cyborg 2087* (1966) oder

---

[2] Warnung! Konfrontierende Aufnahmen: Siehe zum Beispiel https://www.youtube.com/watch?v=eK2Hopm5s_c.

The Mind Snatchers (1972) hatten also einen wahren Kern und waren nicht bloße „Verschwörungstheorien". Die Titelseite der Zeitschrift *Ebony* vom Februar 1973, die sich vor allem an Afroamerikaner richtete, vermittelt einen Einblick in die rassistische Gesellschaft jener Zeit: „Neue Gefahr für Schwarze: Gehirnchirurgie zur Verhaltenskontrolle."

Peter J. Snyder (2009) legt in seiner Arbeit dar, wie Delgado die Medien benutzte, um sein Forschungsprogramm durchzusetzen. Wahrscheinlich habe er dabei auch bewusst den Anschein erweckt, die Emotionen des Stiers steuern zu können, anstatt nur dessen Bewegungsapparat zu stören. Die wissenschaftlichen Gutachter habe er damit aber nicht überzeugen können. So sei dem spanischen Hirnforscher die finanzielle Förderung ausgegangen, und er sei schließlich aus den USA in sein Heimatland Spanien zurückgekehrt. Das Beispiel veranschaulicht sehr deutlich die finanziellen und Karriereinteressen, die Wissenschaftlerinnen und Wissenschaftler oft in einem Wettbewerb um Forschungsmittel und Stellen verfolgen.

Der berühmte Patient

Unser letztes Beispiel hier ist der wahrscheinlich berühmteste neurologische Patient, Phineas Gage (1823–1860). Als junger Mann erlebte er bei einer unkontrollierten Sprengung beim Eisenbahnschienenbau einen schweren Unfall: Mit großer Wucht wurde ihm eine Eisenstange durch den Schädel geschossen. Dabei zerstörte das Projektil Teile seines Frontalhirns.

Im Umfeld des Pechvogels erwartete man seinen baldigen Tod. Direkt nach dem Unglück blieb Gage aber bei Bewusstsein und ansprechbar. Später lag er dann aufgrund einer schweren Entzündung mit hohem Fieber im Koma. Man muss sich vor Augen halten, dass Gage in keiner modernen Klinik, sondern in seinem Hotelzimmer von einem einfachen Landarzt behandelt wurde, John M. Harlow (1819–1907). Der junge Mann musste also nicht nur die Explosion, sondern auch die damaligen hygienischen Standards überleben.

Die übliche Erzählung ist, dass Phineas Gage durch den Gehirnschaden von einem vorbildlichen Bahnarbeiter zu einer Art Psychopath wurde: impulsiv, verlogen, manipulativ, sexuell promiskuitiv. Seit den 1990er-Jahren hat insbesondere der portugiesisch-amerikanische Neurowissenschaftler Antonio Damasio dieses Bild verbreitet, beispielsweise in seinem Buch *Descartes' Irrtum* (Damasio, 1994). Dieses erhielt viele Preise und wurde in über 30 Sprachen übersetzt.

Gleich im ersten Kapitel erörterte Damasio seine Gehirntheorie anhand von Gages Fall. Der junge Mann habe sich nach dem Unfall nicht mehr moralisch verhalten können, weil der dafür verantwortliche orbitomediale präfrontale Kortex zerstört worden sei. Das bezeichnet grob den Gehirnbereich in der Mitte (von lat. *medialis,* „mitten") hinter den Augenhöhlen (lat. *orbita,* „Augenhöhle"; das ist in etwa der untere Bereich des Frontallappens in Abb. 6.2).

Allerdings konnte selbst der australische Psychologe und Wissenschaftshistoriker Malcom Macmillan (2002) für die angebliche Verhaltensänderung auch nach jahrelanger Suche keine Belege finden. Selbst wenn wir davon ausgehen können, dass allein schon der traumatische Schock Auswirkungen auf Gages „Psyche" hatte, gibt es für Persönlichkeitsveränderungen schlicht keine belastbaren Fakten.

Im Gegenteil verbrachte der junge Mann nach seiner Genesung einige Wochen an der Harvard University bei dem Chirurgen Henry J. Bigelow (1818–1890). Dieser beschrieb Gage als vollständig erholt, sowohl körperlich als auch psychisch. Natürlich wusste der Mediziner nicht, wie der Bahnarbeiter vor dem Unfall gewesen war. Eklatante psychische Abweichungen hätten ihm aber doch auffallen sollen.

Tatsächlich führt die Untersuchung von Damasios Quellen zu erheblichen Zweifeln an der populären Darstellung. So bezieht sich der Beleg für Gages angebliche Unehrlichkeit auf eine Aussage von dessen Mutter. Dabei ging es schlicht darum, wie der junge Mann seine Nichten und Neffen nach dem Unfall mit fantasievollen Heldengeschichten unterhielt (Harlow, 1868).

Davon abgesehen erwähnte Antonio Damasio überhaupt nicht die Belege dafür, dass Gage auch später noch zuverlässig blieb und stabile Beziehungen mit Menschen und Tieren unterhielt. Vor allem Pferde hatten es ihm angetan. Schon wieder ein Auslassungsfehler! In jüngerer Zeit finden sich zudem Berichte über Patienten mit ähnlichem Hirnschaden, die zwar im Alltag etwas mehr Unterstützung brauchten, deren auffälligstes psychisches Merkmal aber beispielsweise schlicht die Wiederholung immer derselben Witze war (Schleim, 2011). Das sind mit Sicherheit keine Psychopathen.

Auch für heutige Patientinnen und Patienten ist es eine wichtige Erkenntnis, dass selbst bei einem so schweren Hirnschaden unter geeigneten Umständen ein sinnvolles Leben sowie eine Besserung möglich sind. Bei Damasio und vielen anderen Hirnforschern werden Gage und ähnliche Fälle stattdessen als hoffnungslos abgeschrieben. Dies zeigt einmal mehr, dass es hier nicht nur um eine akademische Debatte geht, sondern um menschliche Schicksale. Besonders ärgerlich ist, dass frei erfundene Märchen trotz zahlreicher Gegendarstellungen von manchen Neurowissenschaftlern immer weiter verbreitet werden (Macmillan, 2002; Schleim, 2012, 2022a, 2023).

Schlimmer noch: Manche Forscher unterdrücken sogar aktiv die Richtigstellung. Das hat dazu geführt, dass die

Darstellung des Falls beispielsweise bei Wikipedia und in manchen populärwissenschaftlichen Medien zutreffender ist als die in vielen wissenschaftlichen Fachzeitschriften (Schleim, 2022a). Ein Neurowissenschaftler wollte meine Übersichtsarbeit beispielsweise mit dem Hinweis unterdrücken, seine Kolleginnen und Kollegen könnten aufgrund des begrenzten Platzes in Fachartikeln eben nur einen Teil der Geschichte wiedergeben. Mit diesem Argument würde man aber Auslassungsfehler adeln und würden wissenschaftliche Erklärungen völlig willkürlich!

Anders, als es oft heißt, kann man daher leider nicht blind darauf vertrauen, dass sich die Wissenschaft von selbst korrigiert. Laien ist oftmals nicht bewusst, dass in der Forschungswelt wichtige Entscheidungen im Geheimen getroffen werden, zudem von Gutachterinnen und Gutachtern, die nach subjektiven Kriterien ausgewählt werden. Damit will man eigentlich eine schädliche Einflussnahme verhindern, öffnet andererseits aber Machtmissbrauch Tür und Tor. Seit Jahren setze ich mich darum für echte Transparenz solcher Entscheidungen ein, sodass Fachkollegen sowie die Öffentlichkeit, die oft genug mit ihren Steuergeldern dafür zahlt, die Vorgänge nachvollziehen können.

Neurophorie und Neuromythen

Die Beispiele in diesem Kapitel zeichnen wahrscheinlich ein anderes Bild der Neurowissenschaften, als viele es aus den Medien kennen. Wie bereits in Kap. 7 beschrieben, sind die meisten Medienberichte über Hirnforschung nachweislich oberflächlich und optimistisch (z. B. Racine et al., 2010). In diesem Kapitel geht es darum, wenigstens *einmal* einer anderen Sichtweise Raum zu geben. Wie vorher erwähnt, habe ich dafür nicht einmal systematisch nach Fehlern gesucht, sondern sie sind mir mehr oder weniger zufällig aufgefallen. Einige andere Bücher haben sich ausführlicher mit „Neuromythen" beschäftigt (z. B. Hasler, 2012; Satel & Lilienfeld, 2013).

Wenn Forscherinnen und Forscher schon im Namen der Wissenschaft sprechen, dann sollten sie sich auch an wissenschaftliche Prinzipien halten. Fairerweise muss hier aber erwähnt werden, dass 99 % der Hirnforschung nicht so in den Medien rezipiert und verzerrt dargestellt werden, wie die hier besprochenen Beispiele. Trotzdem sollte es uns zu denken geben, wenn eine einflussreiche Gruppe von Wissenschaftlern die verfügbaren Daten wesentlich im Sinne ihrer Vorurteile und Karriereinteressen interpretiert und darstellt.

Dass wir Menschen unbewusst gesteuerte Automaten seien und uns bestimmte Hirnschäden unwiderruflich zu Psychopathen machen sollen, verbreiten Vertreter eines reduktionistischen Menschenbildes. Wie wir anfangs gesehen haben, ist die Einfachheit von Erklärungen und Theorien für sich genommen aber keine Tugend. Sie müssen auch so komplex wie nötig sein. Ansonsten werden sie ihrem Forschungsgegenstand nicht gerecht.

In diesem Zusammenhang ist noch eine Beobachtung des amerikanischen Neurochirurgen Fred G. Barker interessant, der sich ebenfalls mit der Rezeption von Gages Fall beschäftigte. Er wies daraufhin, dass der behandelnde Arzt – der oben erwähnte John M. Harlow – Phrenologe war (Barker, 1995). Harlow ging also höchstwahrscheinlich davon aus, dass sein Patient nach dem Hirnschaden bestimmte Verhaltensauffälligkeiten zeigen *muss*. Schließlich postulierte die Phrenologie einen strengen Zusammenhang zwischen Gehirnregionen und psychischen Fähigkeiten.

Der Chirurg an der Harvard University, Henry J. Bigelow, habe demgegenüber die damals dominante phrenologische – und wie wir heute wissen: falsche – Sichtweise des Gehirns vehement abgelehnt. Wer hat Phineas Gage nun richtig beschrieben? Oder waren beide von ihren theoretischen Standpunkten über die Arbeitsweise des Gehirns geblendet? Wie es dem Patienten unmittelbar nach dem Unfall und Hirnschaden ging, werden wir wohl nie genau wissen. Doch die historisch gesicherten Fakten über sein späteres Leben stützen eher Bigelows als Harlows Sichtweise.

Solche Beispiele verdeutlichen einmal mehr, warum wir das Hintergrundwissen sowie die Überzeugungen und Interessen von Wissenschaftlern mitberücksichtigen müssen. Nur dann können wir ihre Äußerungen und Erklärungen richtig einordnen. Zudem birgt es ein Risiko, einfache Antworten vorschnell zu glauben, weil wir dann nicht mehr weitersuchen.

Gribbin beschrieb, dass solche Probleme auch in der Physik vorkommen. So habe auch der uns inzwischen bekannte Astrophysiker Eddington davor gewarnt, einem Experiment nur das zu entnehmen, was unseren Erwartungen entspreche (Gribbin, 2014, S. 210). Voreilige Schlussfolgerungen über die Quantenmechanik hätten zudem Lehrbücher und damit über Generationen hinweg die Vorstellungen von Wissenschaftlerinnen und Wissenschaftlern auf diesem Gebiet geprägt (ebenda, S. 206).

Geschichte wiederholt sich

Bleiben wir im Zeitalter von Gages Unfall, doch wechseln wir nach Europa: Nachdem La Mettrie mit seiner *Maschine Mensch* schon im 18. Jahrhundert eine materialistische Sichtweise vertreten hatte, eiferten ihm darin im 19. Jahrhundert einige Physiologen nach. Auch sie wollten Descartes' Vorstellung einer immateriellen Seele ein für alle Mal widerlegen. Es kam zum sogenannten Materialismusstreit. Hierfür ist das folgende Zitat des Physiologen Carl Vogt (1817–1895) aus seinen *Physiologischen Briefen für Gebildete aller Stände* bezeichnend:

> „Es kann nicht geläugnet werden, daß der Sitz des Bewußtseyns, des Willens, des Denkens endlich einzig und allein in dem Gehirne gesucht werden muß; allein in welcher Weise nun dort die Räder der Maschine in einander greifen, dies zu bestimmen, ist uns vor der Hand unmöglich gewesen. […] Ein jeder Naturforscher wird wohl, denke ich, bei einigermaßen folgerechtem Denken auf die Ansicht kommen, daß alle jene Fähigkeiten, die wir unter dem Namen der Seelenthätigkeiten begreifen, nur Funktionen der Gehirnsubstanz sind; oder, um mich einigermaßen grob hier auszudrücken, daß die Gedanken in demselben Verhältniß etwa zu dem Gehirne stehen, wie die Galle zu der Leber oder der Urin zu den Nieren." (Vogt, 1846, S. 205 f.)

Wer fühlt sich hier sonst noch an das „Manifest" des frühen 21. Jahrhunderts erinnert? An derselben Stelle verweist Vogt auf die Erfolge der Phrenologie, auf die wir gerade im Zusammenhang mit Phineas Gage und Antonio Damasio zu sprechen kamen. Heute wissen wir, dass es keinen so eindeutigen Zusammenhang zwischen Gehirnregion und psychischer Funktion gibt.

Manchen gilt die Phrenologie sogar als „Pseudowissenschaft". Diese Kritik ist meines Erachtens aber überzogen und verkennt den Erkenntnisfortschritt: Wir sind heute nun einmal 170 Jahre weiter als die Wissenschaftler in der Mitte des 19. Jahrhunderts. Wie werden die Menschen in

170 Jahren wohl auf unsere wissenschaftlichen Ansichten zurückschauen?

Schon der damalige Erfolg der Phrenologie wurde von einer Blüte an Ratgeberliteratur für den Alltag begleitet. Wir haben gerade erst gesehen, wie sich auch führende Hirnforscher im 20./21. Jahrhundert irren können. Dabei haben wir uns noch gar nicht mit den populärwissenschaftlichen Büchern etwa über Glückshormone, Spiegelneurone oder gehirngerechtes Lernen beschäftigt, die sich auch in unserer Zeit hervorragend verkaufen.

Carl Vogt wird heute vor allem für diesen Vergleich erinnert: Das Gehirn produziere Gedanken, so wie die Leber Galle oder die Nieren Urin. Im obigen Zitat sehen wir, dass er das ausdrücklich als Vereinfachung formulierte. An seiner Ausdrucksweise fällt aber auf, dass es sich eigentlich um Spekulation handelt: Es könne nicht geleugnet werden, dass ein jeder Naturforscher wohl auf die Ansicht kommen würde – aber nur bei „einigermaßen folgerechtem Denken", versteht sich.

So spricht jemand, der Glaubenssätze formuliert. Das beißt sich mit Vogts Bekenntnis zum Unwissen an derselben Stelle, wo er schrieb, „es ist besser, hier unsere Unwissenheit zu gestehen und nicht weiter zu gehen, als die Erfahrung und der Versuch uns geführt haben" (ebenda, S. 205). Auch in diesem Sinne ähnelt sein in sich widersprüchliches argumentatives Vorgehen dem „Manifest".

Als ausdrückliches Beispiel für das Unerklärte nannte der Carl Vogt dort übrigens das Thema unseres Buchs: Willensakte. Seine Aufforderung, sich als Naturwissenschaftler an Erfahrung und Experiment zu halten, erinnert zudem an Huxleys rund 30 Jahre später formuliertes Vernunftprinzip. Doch welche Erfahrung oder welcher Versuch könnte zeigen, dass Menschen nichts als ein Haufen Materie sind? Wie auch beim „Manifest" von

2004 wurden hier Philosophie und Wissenschaft auf problematische Weise miteinander vermischt. Dies könnte man übrigens auch als eine Diskrepanz von *Schein* und *Sein* verstehen, doch diesmal im Bereich der Wissenschaftskommunikation, nicht der Erkenntnistheorie und Ontologie wie in Kap. 4.

Natürlich erklärt auch die Annahme einer Seele erst einmal nichts und wirft diese im Gegenteil ganz neue Probleme auf. Mein Standpunkt ist auf der Seinsebene agnostisch: Wir wissen es nicht genau. Doch selbst wenn der Materialist recht hätte, bräuchten wir auf der Erkenntnisebene Psychologie, Sozial- und Geisteswissenschaften, um den Menschen zu verstehen.

Werden wir es niemals wissen?

Wo wir beim *Nichtwissen* sind, gehört ein Verweis auf den Physiologen Emil du Bois-Reymond (1818–1896) zur Pflicht. Dieser ist über die Universität Berlin sowie die Preußische Akademie ebenfalls mit Max Planck verbunden, war allerdings 40 Jahre älter als der Physiker. In seinem Vortrag „Über die Grenzen des Naturerkennens" im Jahr 1872 kam er zu dem berühmten Schluss, *ignoramus et ignorabimus,* wir wüssten nicht, wie aus Materie das Denken entsteht – und würden es auch *niemals* wissen können (du Bois-Reymond, 1872).

An der Akademie, deren Sekretär Planck später werden würde, hielt er 1880 den weiter ausgearbeiteten Vortrag „Die sieben Welträthsel". Allerdings ist es schwierig, für seinen Standpunkt ein prinzipielles Argument zu finden. Der Physiologe zielte vielmehr auf unsere Intuitionen ab: Es sei schlicht unvorstellbar, wie man unser Wahrnehmen, Denken und Bewusstsein mechanistisch erklären könnte, also beispielsweise über die Atome und ihre Aktivitäten (Schleim, 2022b).

Ähnlich scharf wie du Bois-Reymond reagierte der österreichische Anatom Josef Hyrtl (1810–1894) auf seine materialistischen Zeitgenossen. Als bekanntester Professor und Rektor der Universität Wien hielt er zu deren 500. Jubiläum im Jahr 1864 seine Antrittsrede „Die Materialistische Weltanschauung unserer Zeit". Die Kritik an seinen Fachkollegen erzeugte einiges Aufsehen, und der Text wurde darum erst Jahre nach seinem Tod veröffentlicht. Seine Schlussfolgerung kann uns aber noch heute zu denken geben:

> „Fasse ich, zum Schlusse eilend, das Gesagte zusammen, so kann ich mir nicht erklären, welche wissenschaftlichen Gründe das Wiederaufleben der alten, materialistischen Weltanschauung des Epikur und Lucrez in Schutz nehmen oder rechtfertigen und ihr eine allgemeine und bleibende Herrschaft zusichern sollen. Beobachtung und Erfahrung sprechen heute nicht mehr als damals zu ihren Gunsten, und die mit Recht so gepriesene, exacte Methode der Naturwissenschaften hat nichts gebracht, ihre Haltbarkeit zu vermehren. [...] Ihre Erfolge beruhen nicht auf der Klarheit und Unangreifbarkeit ihrer Argumente, sondern auf der Kühnheit ihres Auftretens und in dem herrschenden Geiste der Zeit, welcher Lehren dieser Art um so lieber popularisiert, je gefährlicher sie der bestehenden Ordnung der Dinge zu werden versprechen." (Hyrtl, 1897, S. 36 f.)

Einerseits unterstrich der Anatom hier, dass der Materialismus eine philosophische und keine naturwissenschaftliche Position ist. Andererseits charakterisierte er die Medienlandschaft auf eine Weise, die uns auch heute noch allzu gut bekannt ist: Wer dreist und provozierend auftritt, wird dafür mit Aufmerksamkeit belohnt.

Auf die im 19. Jahrhundert bereits ausgerufene Herausforderung für das Strafrecht reagierten aber schon damals Rechtsgelehrte wie Franz von Liszt (1851–1919) eher gelassen. Die Determiniertheit unserer Entscheidungen und Handlungen sei kein Problem, sondern würde im Gegenteil unsere Zurechnungsfähigkeit begründen: dann nämlich, wenn sie durch unsere Motive bestimmt sind (von Liszt, 1906). Das klingt doch sehr kompatibilistisch! Und vernünftig.

Menschliches, Allzumenschliches

Was können wir aus diesem fast 200-jährigen Einblick in unsere Ideengeschichte lernen? In Diskussionen um die Willensfreiheit und das Menschenbild drohen einerseits Vermischungen von Philosophie und Wissenschaft sowie andererseits Übertreibungen und Fehldarstellungen. Die Schlussfolgerung Hyrtls lenkte unsere Aufmerksamkeit zudem auf die Arbeitsweise der Medien. Tatsächlich bestätigten auch neuere Untersuchungen den Druck auf Wissenschaftler, ihre Ergebnisse in der Öffentlichkeit zu „verkaufen" (z. B. Caulfield & Condit, 2012).

Auch wenn die meisten Physiologen und Neurowissenschaftler schlicht ihrer Arbeit nachgehen, kommt es in ihren Disziplinen immer wieder zu „Hypes". Provozierende Aussagen zum Menschenbild, zur Willensfreiheit, über Kriminalität und das Strafrecht garantieren dann Aufmerksamkeit. Dafür ist es äußerst nützlich, einen Teil der Geschichte zu übersehen oder überhaupt gar nicht zu kennen, beispielsweise das Veto oder den Materialismusstreit im 19. Jahrhundert.

Das neue Buch von John-Dylan Haynes und Matthias Eckoldt verknüpft all diese Aspekte und spielt zudem permanent mit der Idee, durch „Gedankenlesen" beim

10 Allzumenschliche Neurofehlschlüsse

Sicherheitscheck am Flughafen hätte man vielleicht Terroranschläge wie den auf das World Trade Center vom 11. September 2001 verhindern können (Haynes & Eckoldt, 2021). In der Zukunftsvision Adrian Raines haben wir in Kap. 8 gesehen, wie ein „Neuro-Menschenbild" zur Abschaffung von Freiheitsrechten führen kann, wenn nämlich Personen mit angeblich „gefährlichen Gehirnen" präventiv weggeschlossen werden.

Mir geht es hier weniger darum, individuelles Verhalten anzuprangern, als die Aufmerksamkeit auf die Systemsicht zu lenken: Will man, wie Planck, Ethikerinnen und Ethiker, die im Einklang mit ihren Prinzipien leben? Dann muss man dieses Verhalten auch gesellschaftlich belohnen. Eine Ethikprofessur erhält man aber wohl weniger für einen moralischen Lebenswandel als für das Publizieren in bestimmten Fachzeitschriften, für das Einwerben von Drittmitteln und überhaupt für das Erfüllen der Erwartungen von Kolleginnen und Kollegen in wichtigen Entscheidungspositionen. Will man keine Übertreibungen wissenschaftlicher Ergebnisse? Dann darf man Wissenschaft nicht nach Wettbewerbsregeln einrichten, bei denen derjenige mit dem kühnsten Auftreten und den größten Versprechungen gewinnt.

Es gibt viele historische Beispiele dafür, dass auch Philosophen und Wissenschaftler opportunistisch handeln. Das ist menschlich, allzumenschlich. Als Ausnahme sei hier an die Göttinger Sieben erinnert, zu denen auch die Gebrüder Grimm gehörten (Grass, 2010). Die Mehrheit der Universitätsprofessoren fiel den sieben Kollegen 1837 aber in den Rücken, als diese beim Antritt des neuen Monarchen im Königreich Hannover die bürgerlich-liberalen Werte der alten Verfassung verteidigten.

Die aufsässigen Gelehrten wurden schließlich aus dem Dienst entlassen und mussten sogar das Königreich verlassen. Die Grimms fanden später allerdings auf Geheiß von König Friedrich Wilhelm IV. in Berlin Zuflucht und wurden ebenfalls Mitglieder der Preußischen Akademie. Sie spielten auch bei der bürgerlichen Revolution von 1848 eine wichtige Rolle. Ihre Entscheidungen inspirieren bis heute – und der Rest ist Geschichte.

Wir haben in diesem Kapitel einen Versuch gewagt, das Verhalten bestimmter Akteure in der Willensfreiheitsdebatte psychosozial zu erklären. Damit haben wir gewissermaßen den Spieß umgedreht: Eingangs beanspruchte Roger Sperry die letzte Autorität für die Hirnforschung. In den Abschnitten danach haben wir gesehen, wie deren Ergebnisse psychologisch, gesellschaftlich sowie philosophisch eingeordnet und erklärt werden können – oder vielleicht sogar *müssen*.

Auf der Argumentationsebene bleiben Determinismus, Materialismus und Naturalismus spekulative philosophische Positionen. Zwischen dem unbewussten und bewussten Willen besteht mindestens eine Pattsituation, gibt es im Einklang mit unserer eigenen Erfahrungen aber sogar positive Hinweise auf eine entscheidende Rolle unseres Bewusstseins. Letztlich kranken allerdings alle Positionen an einer unvollständigen philosophisch-wissenschaftlichen Integration bewusster Vorgänge in das Weltgeschehen. Was sich unter diesen Bedingungen positiv über praktische Freiheit aussagen lässt, will das nun folgende letzte Kapitel aufzeigen.

Literatur

Barker, F. G. (1995). Phineas among the phrenologists: The american crowbar case and nineteenth-century theproes of cerebral localization. *Journal of Neurosurgery, 82,* 672–682.

Caulfield, T., & Condit, C. (2012). Science and the sources of hype. *Public Health Genomics, 15,* 209–217.

Damasio, A. (1994). *Descartes' error: Emotion, reason, and the human brain*. Putnam.
Delgado, J. M. R. (1971). *Physical control of the mind: Toward a psychocivilized society*. Harper & Row.
Dennett, D. C. (1991). *Consciousness explained*. Little, Brown and Co.
du Bois-Reymond, E. (1872). *Über die Grenzen des Naturerkennens*. von Veit & Co.
Grass, G. (2010). *Grimms Wörter: Eine Liebeserklärung*. Steidl.
Gribbin, J. (2014). *Auf der Suche nach Schrödingers Katze: Quantenphysik und Wirklichkeit* (8. Aufl., E-Book). Piper.
Harlow, J. M. (1868). Recovery after Severe Injury to the Head. Bulletin of the Massachusetts Medical Society, *2*, 327–347.
Hartmann, D. (2000). Willensfreiheit und die Autonomie der Kulturwissenschaften. *Handlung, Kultur, Interpretation, 1*, 66–103.
Hasler, F. (2012). *Neuromythologie: Eine Streitschrift gegen die Deutungsmacht der Hirnforschung*. Transcript.
Haynes, J.-D., & Eckoldt, M. (2021). *Fenster ins Gehirn: Wie unsere Gedanken entstehen und wie man sie lesen kann*. Ullstein Verlag.
Hyrtl, J. (1897). *Die Materialistische Weltanschauung unserer Zeit*. Braumüller.
Kirschfeld, K. (2008). Die Hierarchie von Gehirn und Geist. In U. Baumann (Hrsg.), *Was bedeutet Leben? Beiträge aus den Geisteswissenschaften* (S. 243–268). Lembeck.
Libet, B. (2004). *Mind time: The temporal factor in consciousness*. Harvard University Press.
von Liszt, F. (1906). Die Behandlung der vermindert Zurechnungsfähigen. *10. Internationale Versammlung der IKV zu Hamburg 1905, Mitteilungen, 13*, 471–489.
Macmillan, M. (2002). *An odd kind of fame: Stories of phineas gage*. MIT Press.
Racine, E., Waldman, S., Rosenberg, J., & Illes, J. (2010). Contemporary neuroscience in the media. *Social Science & Medicine, 71*, 725–733.

Roth, G. (1997). *Das Gehirn und seine Wirklichkeit: Kognitive Neurobiologie und ihre philosophischen Konsequenzen.* Suhrkamp.

Roth, G. (2004). Worüber dürfen Hirnforscher reden – und in welcher Weise? In C. Geyer (Hrsg.), *Hirnforschung und Willensfreiheit. Zur Deutung der neuesten Experimente* (S. 66–85). Suhrkamp.

Roth, G. (2006). Willensfreiheit und Schuldfähigkeit aus Sicht der Hirnforschung. In G. Roth & K.-J. Grün (Hrsg.), *Das Gehirn und seine Freiheit: Beiträge zur neurowissenschaftlichen Grundlegung der Philosophie* (S. 9–28). Vandenhoeck & Ruprecht.

Satel, S. L., & Lilienfeld, S. O. (2013). *Brainwashed: The seductive appeal of mindless neuroscience.* Basic Books.

Schleim, S. (2011). *Die Neurogesellschaft: Wie die Hirnforschung Recht und Moral herausfordert.* Heise.

Schleim, S. (2012). Brains in context in the neurolaw debate: The examples of free will and „dangerous" brains. *International Journal of Law and Psychiatry, 35,* 104–111.

Schleim, S. (2021a). Was zeigt der Blick ins Gehirn? John-Dylan Haynes und Matthias Eckolt über die Erforschung von Denk- und Entscheidungsvorgängen mit bildgebenden Verfahren. *Frankfurter Allgemeine Zeitung,* 3. Juli 2021, 10.

Schleim, S. (2021b). Neurorights in history: A contemporary review of José M. R. Delgado's „Physical control of the mind" (1969) and Elliot S. Valenstein's „Brain Control" (1973). *Frontiers in Human Neuroscience, 15,* 703308.

Schleim, S. (2022a). Neuroscience education begins with good science: Communication about phineas gage (1823–1860), one of neurology's most-famous patients. *Frontiers in Human Neuroscience, 16,* 734174.

Schleim, S. (2022b). Stable consciousness? The „Hard Problem" historically reconstructed and in perspective of neurophenomenological research on meditation. *Frontiers in Psychology, 13,* 914322.

Schleim, S. (2023). Der Fall Phineas Gage: ein Neuromythos. Psychologie Heute, 2/2023, 24-29.

Seth, A. K. (2018). Consciousness: The last 50 years (and the next). *Brain and Neuroscience Advances, 2,* 2398212818816019.

Snyder, P. J. (2009). Delgado's brave bulls: The marketing of a seductive idea and a lesson for contemporary biomedical research. In P. J. Snyder, L. C. Mayes, & D. D. Spencer (Hrsg.), *Science and the media: Delgado's brave bull and the ethics of scientific disclosure* (S. 25–40). Academic.

Sperry, R. W. (1981). Changing priorities. *Annual Review of Neuroscience, 4,* 1–16.

Valenstein, E. S. (1973). *Brain control: A critical examination of brain stimulation and psychosurgery.* Wiley.

Vogt, A. C. C. (1846). *Physiologische Briefe für Gebildete aller Stände (Zweite Abtheilung).* Cotta.

Wegner, D. M. (2002). *The illusion of conscious will.* MIT Press.

11

Psychologie: Was wir positiv über Freiheit aussagen können

Zusammenfassung In diesem Kapitel lassen wir die theoretischen Probleme hinter uns. Stattdessen schauen wir uns einige Umgebungen aus dem Lebensalltag an, in denen wir Menschen wirkliche Entscheidungen treffen. Über die Funktionsweise eines Supermarkts, Casinos oder von Werbung lernen wir mehr über Einflussfaktoren, die unsere Freiheit tagtäglich einschränken. Damit sprechen wir nicht mehr über absolute Freiheit, sondern ein Mehr oder Weniger davon. Am Ende folgt eine Diskussion darüber, wie Methoden aus der Psychotherapie oder Meditation tiefere Einsichten in die Funktionsweise unseres Bewusstseins geben und so unsere Freiheit vergrößern können.

„Unser subjektives Innenleben ist das, worauf es für uns als Menschen wirklich ankommt. Dennoch wissen und verstehen wir relativ wenig darüber, wie es entsteht und bei unserem bewussten Willen zu Handeln funktioniert." (Der Neurowissenschaftler Benjamin Libet, 2004, S. 221)

Wir sind nun beim letzten Kapitel angelangt und nähern uns damit dem Ende der Reise. Diese führte vom Streit der Perspektiven auf den Menschen über Definitionen von „Willensfreiheit" und theoretische Begriffe zu neueren Ansätzen in der Physik und den Neurowissenschaften. In Kap. 8 bis 10 betrachteten wir erst die moralisch-rechtliche Seite des Problems und anschließend einige Forscherpersönlichkeiten aus einem menschlichen, psychosozialen Blickwinkel. Was bleibt jetzt noch zu sagen?

Der Perspektivenstreit hält nachweislich seit Jahrtausenden an und die Diskussion über Determinismus sowie Willensfreiheit seit Jahrhunderten. Das sind Hinweise auf die Abwesenheit einer einfachen Lösung. Der Mensch ist ein Natur- *und* Kulturwesen. Bestimmte Aspekte unserer Körper lassen sich erfolgreich biomedizinisch verstehen und behandeln: Denken wir an Knochenbrüche, Herztransplantationen oder neurologische Verfahren nach einem Schlaganfall. Für Probleme in unseren Beziehungen oder unserem Umfeld können wir uns besser an Freunde, Psychologen oder soziale Dienste wenden. Diese Perspektiven ergänzen einander, anstatt sich zu widersprechen.

Der Kontext entscheidet

Auch in einem Strafverfahren werden forensische Gutachten vom Gericht in einen größeren Kontext eingeordnet, wenn es beispielsweise um die Frage der Schuldfähigkeit geht. Selbst wenn dabei in Einzelfällen Gentests oder bildgebende Verfahren der Hirnforschung zum Einsatz kommen, kann man die Verantwortlichkeit einer Person nicht einfach an Ergebnissen eines Gen- oder

Gehirntests ablesen (Schleim, 2011, 2020a). Die psychosozial etablierte normative Praxis des Rechtssystems bestimmt die Verwendung forensischer Berichte – nicht umgekehrt.

Wie wir gesehen haben, ändert sich diese Praxis im Laufe der Zeit, momentan etwa bei der Anwendung der Sicherungsverwahrung. Eine „Neurorevolution" ist darum aber nicht in Sicht und müsste erst einmal eine praktische Alternative formulieren. Menschen mit angeblichen „gefährlichen Gehirnen" präventiv wegzuschließen, wäre mit unserem liberalen Rechtsstaat nicht vereinbar.

Insbesondere ist aber – den provozierenden Äußerungen mancher Neurowissenschaftler zum Trotz – die Möglichkeit des bewussten Willens *nicht* widerlegt. Solche Berichte basierten oft auf einer nur selektiven oder schlicht falschen Darstellung von Forschungsergebnissen. Manche Resultate stützen im Gegenteil sogar unsere Selbstwahrnehmung als bewusst handelnde Akteure. Trotzdem sollten wir kritisch bleiben, da wir uns in Einzelfällen immer auch irren können.

An diesem Punkt knüpft nun dieses letzte Kapitel an: Es geht dann nicht mehr um das Anderskönnen im philosophischen Sinne oder eine absolute Freiheit, losgelöst vom Naturgeschehen. Vielmehr stellt sich die Frage, wie wir unter den gegebenen Umständen und mit den vorhandenen Mitteln möglichst frei sein können. Das nenne ich *praktische* Freiheit.

Diese Freiheit ist kein Alles-oder-Nichts, sondern ein Mehr-oder-Weniger. Für deren Erforschung und Entwicklung brauchen wir keinen weltfremden Laborversuch mit bedeutungslosen Knopfdrücken, sondern wir bleiben mitten in der uns bekannten Lebenswelt. Auch das ohnehin problematische Konstrukt eines verdinglichten Willens ist dafür nicht nötig, im Gegenteil sogar hinderlich.

Willkommen im Supermarkt

Die niederländische Sozialpsychologin Roos Vonk begann vor ein paar Jahren einen Artikel über Willensfreiheit mit einem Alltagsbeispiel: Eines Tages habe sie im Supermarkt an einem Kühlregal gestanden. Die Reklame habe ihr drei Schalen Oliven für nur fünf Euro angepriesen. Doch nach der Auswahl von drei verschiedenen Sorten sei ihr der Gedanke gekommen, dass sie die nächsten Tage kaum zu Hause sein würde. Was sollte sie also mit so vielen Oliven anfangen? Daraufhin habe sie zwei Schalen wieder zurückgebracht (Vonk, 2017).

Es ist schon merkwürdig, dass wir jahrzehntelang so vehement über angeblich unbewusst determinierte Handbewegungen oder Knopfdrücke diskutierten, doch unser tatsächliches Alltagsleben außen vor ließen. Dabei haben wir es schon bei so einem einfachen Beispiel mit einem Wahrnehmungs- und Entscheidungsprozess in einem komplexen sozialen Kontext zu tun.

Beim Bezahlen an der Kasse wird juristisch gesehen sogar ein Kaufvertrag nach Bürgerlichem Recht geschlossen. Das dürfte vielen spätestens dann auffallen, wenn sie die Ware reklamieren wollen und es zu einem Zwist mit dem Verkäufer kommt. Auch wenn die wenigsten – aus gutem Grund! – wegen ein paar Oliven vor Gericht ziehen würden, hätte dieses das letzte Wort über die Verbindlichkeit des Kaufs.

Ob die Auswahl der drei Olivensorten bereits ein „Willensakt" war, wie wir ihn in Kap. 2 definiert haben, mag Ansichtssache sein. Entscheidend ist, inwiefern Bewusstsein, Ziele und Abwägungsprozesse dabei eine Rolle spielten. Vielleicht war die Auswahl *einer* Schale ein Willensakt, wenn die Sozialpsychologin die Absicht hatte, Oliven zu kaufen. Der Griff zu *dreien* könnte aber ein durch geschickte Werbung ausgelöster Automatismus gewesen sein.

Wie dem auch sei: Das Zurücklegen der beiden überschüssigen Schalen können wir gesichert als Willensakt im Sinne der Definition ansehen, weil hier alle Bedingungen erfüllt sind. Insbesondere fand hier eine Abwägung mit anderen Interessen und Zielen statt. Und das reicht erst einmal für unsere Zwecke.

Ein Skeptiker des bewussten Willens müsste hier plausibel machen, dass Bewusstseinsvorgänge wie die Erinnerung an die Pläne für die nächsten Tage und das Abwägen zwischen dem Angebotspreis für mehr und dem Standardpreis für weniger Ware nur Begleiterscheinungen (Epiphänomene) sind. Aber nicht nur im Einzelfall, sondern im Weltverlauf insgesamt hätte Bewusstsein dann nie eine Rolle spielen dürfen.

Auch wenn es natürlich unbewusste Einflussfaktoren gibt, die wir in diesem Kapitel noch ausführlicher besprechen werden, hat der Epiphänomenalist doch einen recht schweren Stand: Warum sonst sollte in der Natur so ein komplexes Phänomen wie Bewusstsein entstehen, das zur Aufrechterhaltung bestimmte Nervenstrukturen und damit auch Energie benötigt? Das Gehirn ist nicht nur irgendein, sondern das energieaufwendigste Organ unseres ganzen Körpers! Die Existenz von Bewusstsein bliebe ein reines Mysterium. Das sind alles vernünftige Gründe dafür, warum wir uns nicht voreilig vom traditionellen Menschenbild verabschieden sollten.

Kaufumgebung

Doch natürlich hatten Sigmund Freud sowie viele Denkerinnen und Denker vor und nach ihm damit recht, dass unsere bewusste Kontrolle begrenzt ist. Unser

Bewusstsein „sieht" nicht alles von dem, was in uns vorgeht – vielleicht sogar nur den kleinsten Teil! Das machen sich Werbeleute und Marketingexperten gerade zunutze, wenn sie uns zum Kauf bestimmter Produkte motivieren wollen. Mit geschickten Kampagnen erzeugen sie Bedürfnisse in uns, die wir dann als unsere eigenen ansehen.

Ein sehr anschauliches Beispiel für solche Tricks ist ein Supermarkt. Man kann sich schon einmal im Voraus die Frage stellen, ob die Betreiber einer solchen Einrichtung ihre Kunden zu abgewogenem, überlegtem Handeln anregen wollen oder schlicht zum Kauf von so vielen Produkten wie möglich. Übrigens ist der amerikanische Einzelhandelskonzern Walmart mit über 500 Mrd. US$ weltweit das Unternehmen mit dem größten Umsatz. Diese Liste führt es bereits seit 2014 an. Etwas abgeschlagen folgt der Konkurrent aus der Online-Welt, Amazon, mit zurzeit knapp 400 Mrd. Was garantiert diesen Erfolg?

Ein idealer Supermarkt beginnt erst einmal mit einer „Bremszone" (nach Pontes, 2015). Das ist beispielsweise ein Eingangsbereich mit einem Bäcker oder Café, der einen angenehmen Duft verbreitet und die Stimmung hebt. Danach folgt oft ein Bereich mit Obst und Gemüse, der eine marktähnliche Sphäre verbreitet. Damit hebt man sich nicht nur vom billigen Discounter ab, denn wer schon ein paar gesunde Produkte im Einkaufswagen hat, gönnt sich später eher einige „Sünden".

Übrigens kaufen wir mehr, wenn wir uns gegen den Uhrzeigersinn durch den Supermarkt bewegen. Eine wissenschaftliche Erklärung dafür gibt es nicht. Prüfen Sie einmal selbst, ob Sie den Einzelhandel ihrer Wahl rechts betreten und dann links über die Kassen verlassen. Wenn ja, dann laufen Sie aus Marketingsicht in die richtige Richtung, ohne dass Sie es vorher wussten.

In den Regalen werden die – für den Verkäufer – attraktivsten Produkte in Reichweite der Hände platziert. Das ist oft teurere Markenware. Wer mit einer billigeren Hausmarke Geld sparen will, muss sich dafür meist bücken. Und haben Sie sich schon einmal gefragt, warum im Wartebereich an der Kasse oft in Augenhöhe und Reichweite von Kindern Süßigkeiten platziert werden?

Doch auch Erwachsene warten nicht gerne und greifen dann vielleicht spontan zu etwas Süßem – oder praktischen Dingen für den Alltag wie Batterien und Speichermedien. Perfide wird es, wenn dort potenzielle Suchtmittel wie Alkohol oder Zigaretten feilgeboten werden. Das macht es gerade für Abhängige schwierig, ohne den Griff zu diesen Dingen durch den Supermarkt zu kommen.[1]

Musik im Tempo von 72 Schlägen pro Minute – zufällig im Bereich des Ruhepulses vieler Menschen? – beruhigt und führt zu einem längeren Aufenthalt im Supermarkt. Und je länger man dort ist, desto mehr Produkte kann man sehen und kaufen. Am Weinregal hat sich Klassik am besten bewährt, denn dann greifen die Kundinnen und Kunden zum teuersten Tropfen. Preise sind überhaupt ein bewährtes Mittel zur Manipulation von Kaufentscheidungen. Eingangs haben wir gesehen, wie Mengenrabatte funktionieren. Zeitlich befristete Aktionen erfüllen auch ihren Zweck, weil sie Dringlichkeit suggerieren.

Bisweilen werden sogar bewusst teure Produkte im Regal platziert, um den Verkauf von Waren aus dem

---

[1] In der ZDF-Sendung *13 Fragen* vom 27. Juli 2022 ging es um die Frage der Alkoholregulierung. Ich war einer der eingeladenen Experten. Sowohl im Pro- als auch im Kontra-Team gab es große Zustimmung für das Verbot potenzieller Suchtmittel im Kassenbereich, den man nicht umgehen kann und wo man im Zweifel eine Zeit lang warten muss. Die Geschäfte wollen die Kunden damit natürlich zu Gelegenheits- und Impulskäufen verleiten. Die Sendung ist online zu sehen: https://www.youtube.com/watch?v=lByr3B2G8TI.

mittleren Preissegment zu fördern. Beispiel: Wahrscheinlich täte es auch der Kugelschreiber für 95 Cent. Wenn daneben aber eine Alternative für 9,90 € liegt, greifen mehr Kunden zu dem Schreibgerät für 2,90 €. Überhaupt werden Preise so gewählt, dass sie gerade unter einer psychologisch wichtigen Schwelle bleiben. Wenn die Erzeugerpreise steigen, verkleinert man darum lieber die Verpackungen oder befüllt sie mit weniger Inhalt, als etwa einen Preis von 2,90 auf 3,10 € anzuheben.

Weit weg vom Eingang werden oft Waren des täglichen Bedarfs platziert, die fast jeder einmal kauft, wie zum Beispiel Milch. Durch den längeren Laufabstand verbringt man mehr Zeit im Supermarkt und sieht wiederum mehr Angebote. Zu einem ähnlichen Zweck werden Produkte hin und wieder absichtlich umplatziert. Auf der Suche stoßen Sie vielleicht auf andere Waren, die Sie sonst nicht gekauft hätten. Dass auf dem Milchkarton nur Bilder von „glücklichen" Kühen zu sehen sind, versteht sich von selbst, auch wenn die Tiere tatsächlich in einer Fabrik dahinvegetieren.

Rabattmarken und andere Treue-Aktionen haben sich ebenfalls bewährt. Mithilfe neuer Technologien lassen sich diese dank der App auf dem Smartphone sogar für Individuen maßschneidern. Personalisierte Angebote wirken besser – ähnlich wie personalisierte Werbung, mit der Konzerne wie Meta (Facebook) oder Alphabet (Google) Milliarden verdienen.

Zudem können die Verkäufer ihre Strategien dann nicht nur in der abstrakten Masse, sondern in Echtzeit für einzelne Kunden testen und verfeinern. Während die Konsumentinnen und Konsumenten denken, mit Aktionspreisen Geld zu sparen, geben sie tatsächlich immer mehr aus. Umsatz und Gewinn der Händler müssen schließlich kontinuierlich steigen, vor allem bei börsennotierten Unternehmen: Das Wachstum dieses

Jahres wird zur Vorgabe fürs nächste Jahr, die dann wieder übertroffen werden muss. Und immer so weiter.

Gegenmaßnahmen

Dass eine Umgebung so eingerichtet ist, bedeutet natürlich nicht, dass solche Tricks immer und bei allen funktionieren. Das müssen sie aber auch gar nicht. Den Firmen reicht es schon, wenn sie die Käufe im Mittel steigern. Der Erfolg solcher Manipulationen widerlegt dann auch nicht die Möglichkeit des bewussten Willens, sondern vermittelt uns vielmehr dessen Grenzen.

Die Sozialpsychologin Vonk (2017) geht davon aus, mit Wissen über die genannten Mechanismen freiere Entscheidungen treffen zu können, doch das koste Zeit und Mühe. Zudem seien wir Menschen Herdentiere und würden oft mit dem Strom schwimmen, darauf bedacht, vor anderen nicht als „Spielverderber" zu gelten. „Ja, wirklich frei sein ist Schwerstarbeit" (ebenda), resümiert sie.

Verbraucherschützer empfehlen übrigens eine altbewährte „Technologie" als Gegenmittel: den Einkaufszettel. Wenn man sich an eine vorgefertigte Liste hält und den Blick im Supermarkt nicht zu viel umherschweifen lässt, nimmt man die verführerischen Angebote erst gar nicht wahr. Aus psychologischer Sicht basiert ein Einkaufszettel übrigens auf Abwägungs- und Planungsprozessen: Was brauche ich, und wo kriege ich es? Das sind also gerade Vorgänge, welche die Neurowissenschaftler in Kap. 6 ihren Versuchspersonen verboten hatten. Das verdeutlicht noch einmal, dass in diesen Experimenten gar keine Willensakte untersucht wurden und das unfreie Subjekt ein Konstrukt des Hirnforschers ist.

Laut der amerikanischen Anthropologin Natasha Dow Schüll sind die bewährten Tricks in Supermärkten noch relativ harmlos, wenn man sie mit Casinos vergleicht. In ihrem Buch *Sucht per Design* erklärt sie, wie Architektur, Räume und Geräte dieser Etablissements darauf ausgerichtet seien, Menschen sich selbst vergessen und möglichst lange in der Umgebung bleiben zu lassen – natürlich mit dem Ziel, dass sie dann möglichst viel Geld verlieren (Schüll, 2014). In den Gebäuden vermeide man sogar harte Ecken und Winkel, um keine Links-rechts-Entscheidung zu provozieren. Diese erhöhten nämlich das Risiko, dass die begehrten Kunden nach Hause gehen.

Auf einer Tagung an meiner Universität berichtete die Forscherin vor Kurzem, um wie viel ausgefeilter die Methoden der Casinobetreiber im digitalen Zeitalter geworden seien. Da das Suchtpotenzial bestimmter Tricks zu hoch sei, habe der Gesetzgeber wiederholt eingegriffen und bestimmte „Optimierungen" verboten. Beispielsweise dürften die Gewinnwahrscheinlichkeiten nicht mehr während des Spiels angepasst werden, denn mit solchen Tricks könne man hierfür anfällige Spielerinnen und Spieler derart abhängig machen, dass sie kaum noch eine Chance zum Aufhören hätten.

Natürlich entsteht mit solchen Gesetzen, so wünschenswert sie aus sozialer Sicht sein mögen, ein Katz-und-Maus-Spiel zwischen Betreibern und Behörden. Erinnern wir uns daran, dass die Kompatibilisten Sucht als typisches Gegenbeispiel zur Freiheit diskutierten. Aus diesem Blickwinkel ist es also folgerichtig, in diesem Kapitel „süchtig" machende Umgebungen ins Auge zu fassen. Doch betrachten wir nach diesen Beispielen aus dem Alltag nun eine wissenschaftlichere Systematisierung des Problems.

Beeinflussungsfaktoren

Während dieses Buch entstand, veröffentlichte eine Reihe von Forscherinnen und Forschern aus Frankreich, Israel und den USA unter Beteiligung der uns bereits bekannten

Neurophilosophin Adina Roskies einen systematischen Überblick über unbewusste Einflussfaktoren auf unsere Entscheidungen (Mudrik et al., 2022). Nach deren Auflistung diskutieren sie schließlich die Frage, ob diese Befunde die Willensfreiheit widerlegen.

Bei den ersten vier Einflussfaktoren wird der Kontext manipuliert, in dem eine Entscheidung stattfindet (Abb. 11.1). Das ist erstens das *Nudging* („Anstupsen"). Dabei wird beispielsweise ein Knopf auf einer Website farblich hervorgehoben. Wir kennen das nur zu gut von den Cookie-Bannern. Die Unternehmen wollen unsere Daten und stellen die Entscheidung für die volle Zustimmung darum als Standard dar. Dann wird diese Option häufiger gewählt. Das zweite Beispiel sind

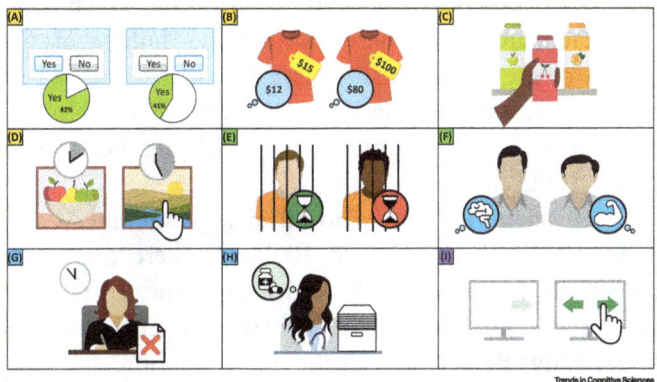

Abb. 11.1 Grafische Darstellung der im Text beschriebenen Einflussfaktoren: Nudging (A), Ankereffekte (B), Platzierung (C) und Kontaktzeit (D). Bei diesen vier Faktoren wird der Kontext manipuliert (gelb). Stereotypen (E), insbesondere rassistischer Art, und die Erscheinung (F) sind weitere Faktoren. Auch physiologische Faktoren wie Hunger (G) oder Müdigkeit (H) können unsere Entscheidungen beeinflussen. Schließlich spielen auch unterschwellige Reize (I) eine Rolle. (Mudrik et al., 2022; mit freundlicher Genehmigung von *Trends in Cognitive Sciences*)

sogenannte Ankereffekte. Bei diesen wird mit einer Zahl manipuliert, wie viel wir für ein Produkt bezahlen.

Der Schlussverkauf funktioniert nach diesem Prinzip: Wir sind eher geneigt, ein Produkt für 100 € zu kaufen, das kürzlich noch für 200 € angeboten wurde, als wenn sich der Preis von 50 auf 100 € verdoppelt hat – selbst wenn es ein und derselbe Gegenstand ist. Der alte und höhere Preis (200 €) ist dann der „Anker", mit dem wir den Angebotspreis vergleichen. Gegenüber 200 € sind 100 € ein Schnäppchen, verglichen mit 50 € aber Wucher.

Der dritte und vierte Einflussfaktor ist sehr einfach: Wir wählen eher ein Produkt in der Mitte sowie eines, das uns vertrauter erscheint. Diese Faktoren basieren auf der Platzierung sowie der Kontaktzeit, auch über Werbung.

Die nächsten zwei Einflussfaktoren haben mit Stereotypen und der Erscheinung zu tun. So bekommen in den USA beispielsweise Verbrecher afroamerikanischer oder lateinamerikanischer Abstammung höhere Strafen als „Weiße". Allgemein gelten Menschen mit einem schmaleren, längeren Gesicht als intelligenter, diejenigen mit einem breiteren Antlitz als geschickter bei körperlichen Tätigkeiten.

Zwei weitere Faktoren sind physiologische und Müdigkeitseinflüsse. So verhängen Richter höhere Strafen, je länger die letzte Mahlzeit zurückliegt, und entscheiden sich Ärzte am Ende ihres Arbeitstages eher für eine konservative Behandlung als für eine Operation.

Der letzte von den Wissenschaftlern beschriebene Einflussfaktor basiert auf unbewussten Manipulationen, beispielsweise Maskierungseffekten. So kann man einer Versuchsperson im Experiment für sehr kurze Zeit einen Pfeil zeigen, der dann mit einem anderen Bild überdeckt wird, der „Maske". Unter geeigneten Umständen wird der Pfeil zwar nicht bewusst wahrgenommen, beeinflusst aber eine spätere Entscheidung, beispielsweise links oder rechts zu drücken.

Man spricht hier auch von „unterschwelligen" Reizen, da sie unter der Bewusstseinsschwelle bleiben.

Kritisch hinterfragt

Die Autorinnen und Autoren der Übersichtsarbeit verweisen darauf, dass Studien, auf denen einige dieser Faktoren beruhen, in letzter Zeit in die Kritik gerieten (Mudrik et al., 2022). So habe ich selbst häufig über meine frühere Zusammenarbeit mit der unerwartet verstorbenen Sozialpsychologin Birte Englich (1968–2019) Ankereffekte und das genannte Richtbeispiel zitiert. Sie interessierte sich wie kaum eine andere für angewandte Forschung zur Entscheidungsfindung, insbesondere bei Richterinnen und Richtern. Wir waren auch beide wiederholt von der Deutschen Richterakademie in Trier dazu eingeladen, die Amtsträger über neue Erkenntnisse auf dem Gebiet der Psychologie oder den Neurowissenschaften zu unterrichten.

Laut einer fraglichen Studie würden Richterinnen und Richter kurz nach Pausen und Mahlzeiten eher Bewährungsstrafen verhängen, im hungrigen Zustand jedoch vermehrt Gefängnisstrafen (Danziger et al., 2011). Diese Studie wurde über tausendmal zitiert und wahrscheinlich noch sehr viel häufiger erzählt. Eine kritische Betrachtung der Ergebnisse legte aber einen anderen Schluss nahe: So werden an den israelischen Gerichten, an denen die Daten erhoben wurden, am Anfang eines Sitzungsblocks erst die Angeklagten mit anwaltlicher Vertretung behandelt. Die unterschiedlichen Urteile könnten demnach weniger damit zu tun haben, wie satt oder hungrig die Amtsträger waren, sondern wie gut die Verteidigung war. Das zeigt uns einmal mehr, wie schwierig es beim Experimentieren und Beobachten von Verhalten ist, *alle* möglichen Einflussfaktoren zu kontrollieren.

Meiner Meinung nach äußert sich hier wiederum unsere Aufmerksamkeitsökonomie: Dass Gerichtsurteile von Mahlzeiten abhängen, ist so neu wie kontraintuitiv. Mit dem Prädikat „wissenschaftlich" versehen ist garantiert, dass der Befund in der Fachwelt und den Medien Interesse wecken wird. Ein großer Teil der sozialpsychologischen Forschung der letzten Jahrzehnte basiert darauf, dass Psychologinnen und Psychologen uns erklärten, wir Menschen seien in Wirklichkeit ganz anders. Die Forschung zum unbewussten Willen ist hierfür ein hervorragendes Beispiel. Der amerikanische Psychologe John F. Kihlstrom (2004) kritisierte diese Strömung einmal als „Menschen-sind-doof-Schule" der Sozialpsychologie.

Er bezog sich darauf, dass Vertreter dieses Fachs häufig Kapital daraus schlugen, uns Menschen als dumm darzustellen. Schließlich ließen wir uns ständig durch unbewusste oder irrationale Faktoren beeinflussen – wie Anker oder eben der Hunger bei Gerichtsurteilen. Nur wenige Jahre später geriet aber die ganze Sozialpsychologie in die Kritik, da sich viele ihrer Funde nicht unabhängig bestätigen ließen.

Das sollte uns einmal mehr eine Lehre sein, das Menschenbild und etablierte normative Praktiken nicht übereilt fallen zu lassen. Manche mögen dem Rechtssystem vorwerfen, träge und konservativ zu sein. Vielleicht ist es das aber aus gutem Grund?

Diese Diskussion verdeutlicht ebenfalls, welche Chance die Anwendung psychologischer Forschung bietet: Wenn es nicht nur darum geht, viele Zitationen oder tolle Medienberichte zu erzeugen, trennt sich die Spreu vom Weizen. Supermärkte oder Casinos können es sich nicht leisten, permanent ihre Innenarchitektur oder ihr Produktmarketing anzupassen, wenn das nicht zu mehr Verkäufen führt. Das lässt natürlich sofort auch die ethische Frage aufkommen, ob wir nicht schon genug konsumieren. Ich komme hierauf zurück.

Keine Gefahr für Willensfreiheit

Bleiben wir beim Willensfreiheitsproblem. Das genannte Autorenteam diskutiert die beschriebenen Einflussfaktoren dahingehend, dass unsere Entscheidungen nicht immer vollständig bewusst und rational ablaufen würden. Das sei aber nicht genug, um gleich die ganze Vorstellung vom bewussten Willen zu widerlegen: „Um den freien Willen […] ganz allgemein zu widerlegen, müsste man zeigen, dass Akteure *niemals* auf Gründe reagieren können oder dass sie keine Kontrolle über ihr Verhalten haben" (Mudrik et al., 2022, S. 562; meine Hervorhebung).

Die größte Gefahr für die Willensfreiheit stellten die Experimente mit den unterschwelligen Reizen dar. Diese würden aber am besten bei bedeutungslosen Entscheidungen funktionieren – wer erinnert sich noch an die sinnlosen Knopfdrücke? „Die vorhandenen Studien liefern außerdem keine Hinweise darauf, dass man mit unterschwelligen Reizen Meinungen überwinden könnte, von denen die Versuchspersonen fest überzeugt sind" (ebenda).

Um es einfacher zu veranschaulichen: Laut einer Legende haben Werbetreibende beim Aufkommen der Kinos mit unterschwelligen Reizen experimentiert. Beispielsweise habe man unbewusst Bilder von Popcorn oder einer Cola-Marke gezeigt, woraufhin die Kunden diese Produkte in der Pause vermehrt gekauft hätten. Den wissenschaftlichen Befunden zufolge kann man so aber niemanden umstimmen, der gar kein Popcorn mag, oder einen überzeugten Liebhaber von Pepsi-Cola zum Kauf von Coca-Cola bringen.

Gesellschaftlich relevant wird diese Forschung allerdings bei politischen Wahlen mit knappem Ausgang, wie den US-Präsidentschaftswahlen der letzten Jahre. Tatsächlich versuchen die Parteien mit stets neuen Tricks, darunter auch der personalisierten Werbung, die hart umkämpfte Gruppe der unentschiedenen Wählerinnen und Wähler auf ihre Seite zu bringen. Je knapper das Ergebnis ist, desto weniger Personen muss man „erfolgreich" manipulieren, um die Wahl zu gewinnen.

Kann man etwas gegen solche Einflussfaktoren tun? Das Autorenteam äußert die Hoffnung, dass wir Menschen dafür weniger anfällig seien, je mehr wir darüber wüssten. Dann wäre Bildung also die Antwort. Hier äußert sich aber eine gewisse Asymmetrie, wenn nicht gar Unehrlichkeit der neurowissenschaftlichen und psychologischen Forschung: Für die meisten Fachleute ist die Arbeit damit getan, das nächste schillernde Beispiel dafür zu finden, wie wir (angeblich) unbewusst und irrational beeinflusst werden können – oder, um es mit Kihlstrom zu sagen, wie „doof" wir angeblich sind. Das lässt sich dann gut publizieren und garantiert Medienaufmerksamkeit.

Aus gesellschaftlicher Sicht müsste man sehr viel mehr darüber erfahren, was sich gegen solche Formen der Beeinflussung tun lässt. Das forderte der amerikanische Sozialpsychologe Kenneth J. Gergen (1973) sogar schon in den 1970er-Jahren. Trotzdem wurde hierzu kaum geforscht, obwohl die Wissenschaft zum Großteil überhaupt erst durch Steuergelder ermöglicht wird.

Weiter oben haben wir gesehen, dass schon ein altbewährtes Mittel wie ein Einkaufszettel helfen kann. Wer den Verlockungen eines Casinos nicht widerstehen kann, geht besser erst gar nicht dorthin. Bei politischen Wahlen wäre ein Vergleich der Wahlprogramme hilfreich – und die Kontrolle, wie gut sich die jeweiligen Parteien in der Vergangenheit daran hielten.

All diese Maßnahmen erfordern Abwägung und Planung – also bewusste Aufmerksamkeit und Zeit. Wir erinnern uns daran, dass Roos Vonk Freiheit für anstrengend hält. Bieten Psychotherapie- und Meditationsforschung vielleicht mehr Hinweise darauf, wie wir freier leben können?

Psychotherapie

Psychotherapieverfahren wurden und werden dazu entwickelt, Menschen mit psychischen Problemen wie Angst oder depressiver Verstimmung zu helfen. Allerdings sind nicht alle dafür offen und verweigern noch heute manche Menschen einen Gang zum Psychologen mit der entrüsteten Erwiderung: „Ich bin doch nicht verrückt!" Ich will hier den Spieß einmal umdrehen, die Methoden nicht nur Menschen mit schweren Problemen zugänglich zu machen, sondern der allgemeinen Bevölkerung. Die Verfahren dienen in vielen Fällen nämlich dazu, uns einen bewussteren Umgang mit uns selbst, unserer Umwelt und den Mitmenschen zu ermöglichen.

Ein klassischer Ansatz ist Freuds Psychoanalyse. Dieser wurde später zur tiefenpsychologisch fundierten Psychotherapie weiterentwickelt. Allgemeiner spricht man auch von psychodynamischer Psychotherapie. Damit verweist man auf das komplexe Wechselspiel bewusster und unbewusster Vorgänge, von Motiven, Verlangen, Impulsen, Fantasien, Träumen und Idealen, aber auch Konflikten, gesellschaftlichen Normen und Werten.

Klassischerweise würde man in Hunderten Therapiestunden über seine psychischen Vorgänge erzählen. Sigmund Freud war offenbar aufgefallen, dass Menschen sich in einer liegenden Haltung manchmal besser dafür öffnen können. Daher kommt also das berühmte Sofa des Psychoanalytikers, das heutzutage aber mitunter durch einen Sessel oder Stuhl ersetzt worden ist. Durch dieses freie Wahrnehmen und Erzählen könne man Einsicht in innere Konflikte erhalten, die vorher unbewusst gewesen seien. Der niederländische Psychoanalytiker Jan J. L. Derksen sieht hierin ausdrücklich ein emanzipierendes und befreiendes Potenzial:

> „Das Kennzeichen der dynamischen psychischen Muster ist es nun, dass sie [...] bewusst werden können und damit eventuell (vorübergehend) die Chance besteht, sie unter bewusste Kontrolle zu bekommen. In dieser Hinsicht kennt die psychoanalytische Behandlung einen emanzipierenden Aspekt. Menschen erwerben im Behandlungsprozess eine emotional durchlebte Einsicht in vorher vorbewusste oder unbewusste Muster (Freund nannte es: ‚Wo Es war, soll Ich werden') und erweitern so ihre Möglichkeiten, sich in wesentlichen Momenten anders zu entscheiden, als sie es vorher unbewusst geneigt waren." (Jan Derksen)[2]

Verbreiteter ist heute die Kognitive Verhaltenstherapie, die eine Vielzahl von Methoden umfasst. Sie zielt direkter auf die Behandlung problematischer Gedanken oder Verhaltensweisen, aber auch von Gefühlen, die gedanklich bewertet werden. Am bekanntesten dürften die Konfrontationsverfahren sein, bei denen man jemanden mit einer Angstproblematik lernen lässt, mit dem angstauslösenden Reiz oder der gefürchteten Situation umzugehen.

Außerhalb einer therapeutischen Beziehung könnte jemand mit Methoden der Kognitiven Verhaltenstherapie besser verstehen, wie automatische Denk- oder Verhaltensmuster in einem selbst funktionieren, wie sie in bestimmten

---

[2] Aus dem Niederländischen übersetzt aus dem *Psychoanalytischem Wörterbuch*; https://www.psychoanalytischwoordenboek.nl/artikelen/vrije-wil-2/.

Situationen entstehen und auch die Interaktion mit anderen prägen. Denkt jemand vielleicht automatisch, etwas Falsches oder Peinliches getan zu haben, wenn Menschen in der Umgebung überraschend lachen? Werden alltägliche Missverständnisse oder Konflikte gleich als lebensbedrohlich erfahren? Traut sich jemand nichts zu oder nimmt sich im Gegenteil immer viel zu viel vor?

In psychologischer Reflexion lässt sich der Wahrheitsgehalt bestimmter Gedanken prüfen und so idealerweise eine Ursache-Wirkungs-Beziehung aufdecken, sodass ein anderes Denken und Verhalten eingeübt werden können. Das ist oft übrigens leichter gesagt als getan. An dieser Stelle sollten wir uns auch an Max Planck erinnern, der davon ausging, das alles in der Rückschau selbst herausfinden zu können. Für den Durchschnittsmenschen gilt das wohl eher nicht.

Die Schematherapie verbindet die genannten Ansätze und trägt der Tatsache Rechnung, dass viele unserer Denk- und Verhaltensmuster auf früher Prägung beruhen. Schemata sind komplexe Zusammenhänge von Erinnerungen, Gedanken und Gefühlen, derer wir uns oft nicht mehr bewusst sind (z. B. Jacob et al., 2013).

Beispielsweise könnte jemand, der in der Vergangenheit viele Enttäuschungen erfahren hat, Menschen gegenüber prinzipiell misstrauisch eingestellt sein. Das hat sich früher vielleicht bewährt, um weitere Verletzungen zu verhindern. Schließlich ließ man dann gar niemanden mehr an sich heran. Im späteren Leben verpasst man mit diesem Schema aber wahrscheinlich tiefere, bedeutungsvollere Beziehungen mit anderen Menschen.

Das Wort „Therapie" (von gr. *therapeia,* „das Dienen") in „Psychotherapie" drückt aus, dass es hier um eine Heilbehandlung geht. Bei psychischen Störungen wird allgemein subjektives Leiden oder eine Einschränkung im gesellschaftlichen Leben vorausgesetzt (Schleim, 2018).

Die Dienste einer Psychotherapeutin oder eines Psychotherapeuten kann man aber auch ohne die Diagnose einer Störung in Anspruch nehmen. Dann würde es sich eher um ein Coaching handeln und man müsste es privat bezahlen.

Ich halte es aber für eine verpasste Chance, Methoden wie die hier kurz umrissenen – im Sinne der Selbsterkenntnis und Persönlichkeitsentwicklung – keinem größeren Personenkreis zugänglich zu machen. Außerdem ist es eine Eigenschaft unseres Gesundheitssystems, dass es eigentlich ein *Krankheitssystem* ist: Hilfe wird nämlich in der Regel erst dann angeboten, wenn es bereits ein ernsthaftes Problem beziehungsweise eine Krankheit gibt. Dann ist es eigentlich schon zu spät. Man vergleich das einmal damit, dass man die Sicherheit eines Autos oder Motorrads regelmäßig prüfen lassen muss, um Unfällen vorzubeugen. Es scheint fast so, als sei uns das Funktionieren unserer Fahrzeuge mehr wert als wir selbst.

Währenddessen boomt der weitgehend unregulierte Coachingmarkt, wo jeder anbieten kann, was er nur will. Auch Meditations- und Yogakurse erfreuen sich großer Beliebtheit (Schleim, 2020b). Beschäftigen wir uns abschließend noch kurz mit diesem Bereich.

Meditation und Achtsamkeit

Schon Jahrtausende vor dem Entstehen der Psychotherapie um das Jahr 1900 gab es nachweislich die Tradition der Meditation in der asiatischen, vor allem indischen Philosophie. In mehreren Wellen beeinflussten „östliche Weisheiten" europäische und nordamerikanische Denkerinnen und Denker. Besonders beliebt sind bei uns heute aus dem Buddhismus übernommene Achtsamkeitsübungen. In der Medizin ist inzwischen beispielsweise die Achtsamkeitsbasierte Stressreduktion nach Jon Kabat-Zinn etabliert, in der Psychologie die Achtsamkeitsbasierte Kognitive Therapie (Federman, 2021; Schmalzl et al., 2021).

Wesentliches Merkmal ist hierfür das neutrale, urteilslose Wahrnehmen von Bewusstseinsprozessen: Körpereindrücken und Gefühlen ebenso wie Gedanken. Dahinter steckt die Sichtweise, dass solche Vorgänge kommen und vorüberziehen wie die Wolken am Himmel – um einen häufig gezogenen Vergleich zu bemühen. Bewusstseinsprozesse werden demnach erst zu unseren, indem wir uns damit identifizieren.

Unsere Gesellschaftsform basiert sehr stark auf der Annahme, dass wir individuelle Wünsche und Überzeugungen haben, aufgrund derer wir handeln. Und wie wir in Kap. 8 diskutiert haben, macht uns unser normatives System hierfür rechtlich-moralisch verantwortlich. Die hier erwähnten achtsamkeitsbasierten Techniken sind allerdings primär als Hilfe gedacht, wenn Menschen zu sehr unter Stress oder bestimmten Gedanken und Gefühlen leiden.

Meditation im ursprünglichen Sinne dient aber dazu, die Funktionsweise „der Psyche" besser zu verstehen. Grundlage ist dafür erst einmal die Aufmerksamkeitsmeditation, mit der man lernt, die Aufmerksamkeit über einen längeren Zeitraum auf etwas gerichtet zu halten (Lutz et al., 2015; Schleim, 2022). Das kann ein bestimmter Gegenstand oder eine bestimmte Vorstellung sein – aber auch offene Aufmerksamkeit für das, was im Bewusstsein entsteht. Durch dieses Training schweifen bei vielen Meditierenden die Gedanken seltener ab und wird auch das Grübeln seltener, also die Wiederholung von stets denselben Gedankenprozessen.

In einem weiteren Schritt kann aus der Aufmerksamkeits- eine Einsichtsmeditation werden. In dieser lässt sich erfahren, dass man selbst tatsächlich nicht mit diesen

Bewusstseinsvorgängen identisch ist, sondern diese schlicht wahrnimmt. Man nennt dies auch „dekonstruktive Meditation", „Dereifikation" oder „kognitive Defusion". Darin drückt sich die Sichtweise aus, Wahrnehmungen und Gedanken keine Substanz zu verleihen, indem man sie verdinglicht. Dazu passt das Sprichwort „Was man Aufmerksamkeit gibt, das wächst".

Was hat das nun alles mit Freiheit zu tun? Ähnlich der im Abschnitt über Psychotherapie genannten Schemata soll man so Einsicht in *Sanskaras* (Sanskrit für „Eindrücke") bekommen können, die unsere Wahrnehmungen, Gedanken und so schließlich auch Handlungen unterschwellig beeinflussen.

Wem das zu abstrakt ist, der kann sich die Tatsache vor Augen führen, dass wir Menschen ganz unterschiedlich auf dieselben Situationen reagieren: etwa eine lange Warteschlange im Supermarkt, einen Stau, einen überfüllten Zug, eine Beleidigung, die Anschaffung eines teuren Autos des Nachbarn, einen Unfall, den Verlust der Arbeit oder eines geliebten Menschen, um nur einige Beispiele zu nennen. Durch den meditativ gelernten Abstand von solchen Bewusstseinsvorgängen und den durch frühere Erfahrungen bedingten Prägungen gewinnen wir Freiheitsgrade. Wir können uns dann bewusster für eine bestimmte Alternative entscheiden.

Dieses große Thema kann ich hier nur kurz zur Anregung anschneiden. Das 20. Jahrhundert hat zudem gezeigt, wie auch Achtsamkeit, Meditation und Yoga wieder in die vorherrschenden Gesellschaftsstrukturen assimiliert werden: zum Beispiel als Stressbewältigungsprogramme, um auf dem gleichen oder sogar noch höheren Produktionsniveau zu funktionieren (siehe „Business-Yoga"); als unterschiedliche Schulen, die sich im Kampf um Marktanteile darüber streiten, wer die „wahre Lehre" vertritt; oder schlicht als Konsumgut der globalisierten Lifestyle-, Mode- und Wellness-Industrie (z. B. Jain, 2020).

Schon in den 1950er-Jahren hat zudem der Psychoanalytiker Erich Fromm (1900–1980) auf das Risiko hingewiesen, gesellschaftliche Probleme durch Meditation weiter zu individualisieren (Fromm et al., 1960). Aber auch die Psychotherapie behandelt Probleme vor allem im Individuum, selbst wenn sie Ausdruck gesellschaftlicher Missstände sind. Die von einigen Psychoanalytikern vertretene gesellschaftskritische Perspektive hat in der heutigen Wissenschaft einen schweren Stand, auch wenn sie auf dem Buchmarkt und damit der breiten Gesellschaft sehr erfolgreich ist (z. B. Ehrenberg, 2008; Verhaeghe, 2016). So ist auch bezeichnend, dass die Systemische Psychotherapie, die den Menschen in seinen sozialen Beziehungen ins Auge fasst, in Deutschland erst Ende 2018 (!) in den Leistungskatalog der Krankenkassen aufgenommen wurde.

Mit diesem Abschnitt will ich nicht suggerieren, dass nur Mönche und Nonnen frei sein können und wir alle in Klöstern leben sollten. Im Gegenteil wissen wir, dass auch in solchen Gemeinschaften wieder autoritär geprägte Hierarchien und Missbrauch entstehen können. Es geht mir auch nicht darum, gesellschaftliche Strukturen für sich genommen aufzubrechen.

Mir scheint es aber offensichtlich, dass viele, zu viele Menschen in ihrem Alltag von Normen und Werten geprägt sind, die für das menschliche Leben und auch das Leben auf dem Planeten Erde schlechthin nicht förderlich sind. Dabei geht es nicht darum, prinzipiell anderer Meinung zu sein als die Nachbarn. Es geht vielmehr darum, seiner tiefen inneren Überzeugung selbst in Freiheit Ausdruck zu verleihen – ganz gleich, was andere darüber denken. Oder um Fromm noch einmal zu bemühen: Es geht um den Unterschied zwischen Haben und Sein (Fromm, 1976).

Schluss

Wie wir gesehen haben, lässt sich das Willensfreiheitsproblem nicht über die Determinismusfrage lösen: Diese ist auf der einen Seite wissenschaftlich wahrscheinlich gar nicht endgültig zu beantworten, und andererseits sprechen empirische Befunde durchaus für den Indeterminismus.

„Das erklärt aber nicht den freien Willen!", erwidern harte Deterministen an dieser Stelle reflexartig. Das stimmt. Aber aus keinem der drei Lager – harter Determinismus, Libertarianismus oder Kompatibilismus – gibt es bisher eine vollständige, psychologisch-neurowissenschaftliche Erklärung von Willensakten. Darum bleibt die prinzipielle Frage nach deren Freiheit bis auf Weiteres spekulativ.

In dieser Pattsituation haben wir gesehen, dass ein Großteil unserer normativen Praxis sowie der Einflussfaktoren auf unsere Entscheidungen zum Kompatibilismus passt. Auch das ist ein Hinweis darauf, dass die Determinismusfrage in der Praxis weniger relevant ist, als oft behauptet wird. Die psychologischen Befunde in diesem Kapitel verdeutlichen demgegenüber, dass Freiheit keine Alles-oder-Nichts-Kategorie sein muss, sondern ein Mehr-oder-Weniger-Spektrum sein kann.

Wie schon bei der Diskussion der neurowissenschaftlichen Funde zuvor haben wir aber auch hier gesehen, dass Psychologinnen und Psychologen ihre Forschungsfragen und Interpretationen mitunter ebenfalls an der Aufmerksamkeitsökonomie orientieren. Das ist wenig überraschend, wo Aufmerksamkeit – beispielsweise in Form von Zitationen und Medienauftritten – heute zu einem Qualitätskriterium für wissenschaftliche Forschung erhoben wurde. Pointiert formuliert: Wissenschaft ist Teil der Popkultur geworden. Das führt uns wieder das

Problem von Freiheit in der Wissenschaft vor Augen, wenn die Systemeigenschaften nicht gerade wahrheitsfördernd sind.

Planck, aber auch Josef Hyrtl, der Anatom aus dem 19. Jahrhundert, hielten wie wahrscheinlich viele andere Fachleute in diesem Buch wissenschaftliche Standards und Methoden hoch. Dem schließe ich mich uneingeschränkt an. Wissenschaftliches Wissen hat einen besonderen Status, *wenn* die Bedingungen seiner Erzeugung stimmen. Es wäre ein wichtiges Zeichen für die Gesellschaft, in erster Linie aber für unsere Studierenden sowie jüngeren Kolleginnen und Kollegen, diese Bedingungen so zu verbessern, dass die Veröffentlichungen uneingeschränkt das Prädikat „wissenschaftlich" verdienen.

In diesem zweiten Teil des Buchs haben wir wiederholt gesehen, dass Freiheit kein rein philosophisch-theoretisches Problem ist. Vielmehr gibt es nicht nur eine lebendige normative, rechtlich-moralische Freiheitspraxis, die Grenzüberschreitungen reguliert und damit eine bestimmte gesellschaftliche Normalität aufrechterhält. In unserem Alltag befinden wir uns außerdem regelmäßig in Umwelten, deren Eigenschaften unsere Freiheit reduzieren sollen.

Demgegenüber stehen Versuche, uns unsere Freiheit in solchen Kontexten – wie Supermärkten oder anderen Geschäften – zurückzugeben. Allerdings muss man der akademischen Psychologie vorwerfen, hier bisher weitgehend einen „blinden Fleck" zu haben. Die fehlenden Antworten werden eher der Ratgeberliteratur überlassen, die sich wiederum nicht an wissenschaftliche Kriterien halten muss (z. B. Brafman & Brafman, 2009).

Die Schlussfolgerungen scheinen mir bis hierhin wissenschaftlicher Konsens zu sein, der auch von einem größeren, international tätigen Forschungsteam getragen wird (Mudrik et al., 2022; Sinnott-Armstrong

& Maoz, 2022). Die Abschnitte über Psychotherapie und Meditation sind zugegebenermaßen vorläufig, doch im Wesentlichen als Anregung für das Selbststudium gedacht: in einer Ich-Du-Beziehung mit einer Therapeutin oder einem Therapeuten oder durch die tiefgehende Erforschung der eigenen Bewusstseinsvorgänge.

Die Antworten, die hier zu finden sind, werden auch einen Teil des „Rätsels Bewusstsein" ausmachen müssen. In diesem Sinne ist Freiheit ein fortschreitendes Projekt, an dem wir uns alle beteiligen können – und wahrscheinlich sogar müssen. Das kostet Mühe, macht das Leben aber reicher. Und da es auch im 21. Jahrhundert nicht an Krisen mangelt, bleibt uns vielleicht gar keine andere Wahl.

Freiheit ist auf jeden Fall kein Produkt, das man in Form eines Buchs, Kurses oder einer Coachingsitzung für ein paar Euro kaufen kann. Freiheit ist und bleibt ein *Auftrag* in unseren Menschenleben. Informationen, Feedback, Wissen und Erkenntnisse können uns einen wichtigen Anstoß geben. Letztlich müssen wir unserer Freiheit aber selbst Form geben, indem wir unsere eigenen Entscheidungen treffen – und diese in der Welt umsetzen. So können wir psychologische und gesellschaftliche, von uns Menschen selbst gemachte Probleme und Konflikte lösen.

Literatur

Brafman, O., & Brafman, R. (2009). *Sway: The irresistible pull of irrational behaviour*. Crown Business.

Danziger, S., Levav, J., & Avnaim-Pesso, L. (2011). Extraneous factors in judicial decisions. *Proceedings of the National Academy of Sciences, 108*, 6889–6892.

Ehrenberg, A. (2008). *Das erschöpfte Selbst: Depression und Gesellschaft in der Gegenwart*. Suhrkamp.

Federman, A. (2021). Meditation and the Cognitive Sciences. In S. Newcombe & K. O'Brien-Kop (Hrsg.), *Routledge handbook of yoga and meditation studies* (S. 460–472). Routledge.

Fromm, E. (1976). *Haben oder Sein: Die seelischen Grundlagen einer neuen Gesellschaft*. DVA.

Fromm, E., Suzuki, D. T., & De Martino, R. (Hrsg.). (1960). *Zen Buddhism and Psychoanalysis*. Harper.

Gergen, K. (1973). Social psychology as history. *Journal of Personality and Social Psychology, 26*, 309–320.

Jacob, G., van Genderen, H., & Seebauer, L. (2013). *Andere Wege gehen: Lebensmuster verstehen und verändern – ein schematherapeutisches Selbsthilfebuch*. Beltz.

Jain, A. R. (2020). *Peace love yoga: The politics of global spirituality*. Oxford University Press.

Kihlstrom, J. F. (2004). Is there a „People are Stupid" school in social psychology? *Behavioral and Brain Sciences, 27*, 348.

Libet, B. (2004). *Mind time: The temporal factor in consciousness*. Harvard University Press.

Lutz, A., Jha, A. P., Dunne, J. D., & Saron, C. D. (2015). Investigating the phenomenological matrix of mindfulness-related practices from a neurocognitive perspective. *American Psychologist, 70*, 632–658.

Mudrik, L., Arie, I. G., Amir, Y., Shir, Y., Hieronymi, P., Maoz, U., … & Roskies, A. (2022). Free will without consciousness? *Trends in Cognitive Sciences, 26*, 555–566.

Pontes, U. (2015). Kleine Psychologie der Verführung. *Gehirn & Geist, 12*, 32–33.

Schleim, S. (2011). *Die Neurogesellschaft: Wie die Hirnforschung Recht und Moral herausfordert*. Heise.

Schleim, S. (2018). *Was sind psychische Störungen? Grundlagenfragen, gesellschaftliche Herausforderungen, Alternativen zur Biologie*. Heise.

Schleim, S. (2020a). Real neurolaw in the Netherlands: The role of the developing brain in the new adolescent criminal law. *Frontiers in Psychology, 11*, 1762.

Schleim, S. (2020b). Zwischen Volkssport und Religion. *Psychologie Heute Compact, 2020,* 66–71.

Schleim, S. (2022). Stable consciousness? The „Hard Problem" historically reconstructed and in perspective of neurophenomenological research on meditation. *Frontiers in Psychology, 13,* 914322.

Schmalzl, L., Jeter, P., & Singh Khalsa, S. B. (2021). The psychophysiology of yoga: Characteristics of the main components and review of research studies. In S. Newcombe & K. O'Brien-Kop (Hrsg.), *Routledge handbook of yoga and meditation studies* (S. 440–459). Routledge.

Schüll, N. D. (2014). *Addiction by design: Machine gambling in Las Vegas.* Princeton University Press.

Sinnott-Armstrong, W., & Maoz, U. (Hrsg.). (2022). *Free will: Philosophers and neuroscientists in conversation.* Oxford University Press.

Verhaeghe, P. (2016). *Autorität und Verantwortung.* Verlag Antje Kunstmann.

Vonk, R. (2017). Hebben we een vrije wil? *Psychologie Magazine,* Mai 2017. https://www.roosvonk.nl/hebben-wij-een-vrije-wil/.

Epilog und Dank

Ich besteige einen Hügel neben dem Dorf West auf der friesischen Insel Terschelling. Meine Schritte versinken im Sand. Es bleiben Fußabdrücke zurück, die schon bald wieder vom Nordseewind verwischt werden. Nach ein paar weiteren Metern tut sich vor mir ein neues Panorama auf: Hinter den Baumkronen eines kleinen Nadelwalds erstrecken sich grüne Felder, in weiter Ferne die Dünen des Strandes und dahinter die schier unendliche Weite der See. Meer und Horizont fließen ineinander. Die Sonne geht allmählich unter, macht gerade hinter einem weißen, flockigen Wolkenstreifen Pause. Es ist eine Szenerie, der man guten Gewissens den Titel „Freiheit" geben kann.

Ich steige weiter links den Hügel hinauf, in Richtung des höchsten Punktes: Kap West. Jetzt kommen einige Betonbauten in Sicht, die wie Särge aussehen und der Landschaft ihre Unschuld rauben. Es sind Bunker der Deutschen Wehrmacht aus dem Zweiten Weltkrieg.

Vor rund 80 Jahren, also vor zwei bis drei Generationen, harrten hier deutsche Soldaten aus, etwa

1200 an der Zahl, gegenüber 3300 Inselbewohnern. Sie überwachten den Luftraum und warteten auf eine mögliche Gegenoffensive der Alliierten. Die heute so friedlich wirkende Insel würde bis zum Kriegsende viele Luft- und Seegefechte erleben, mit Toten, Verletzten und für immer Vermissten. Während Berlin am 8. Mai 1945 fiel und die Wehrmacht bedingungslos kapitulierte, ergaben sich die Soldaten hier erst am 29. Mai den Engländern.

In diesem Buch hat es, vielleicht zur Überraschung einiger Leserinnen und Leser, immer wieder Hinweise auf die Diktatur der Nationalsozialisten gegeben, auf den Kalten Krieg und zuletzt auf autoritäre Hierarchien. Das mag für ein Werk zur Willensfreiheit außergewöhnlich sein. Es ist aber gar nicht so merkwürdig, wenn man an Freiheit denkt – und ihr Gegenteil.

Während die Wehrmachtsoldaten hier auf Terschelling Dienst für ihren „Führer" schoben, beschwor man in den USA die ursprünglich von Präsident Franklin D. Roosevelt (1882–1945) formulierten „vier Freiheiten": die Redefreiheit, die Glaubensfreiheit, die Freiheit von Not und die Freiheit von Furcht. Jede dieser Freiheiten war mit dem Zusatz „überall auf der Welt" versehen.

Psyche und Gesellschaft

Ein allmählich kleiner werdender Teil Europas hat seit dem Ende des Zweiten Weltkriegs durchgängig in Frieden und Freiheit gelebt – mehr oder weniger: Vergessen wir nicht, dass beispielsweise in Griechenland bis 1974 eine Militärdiktatur herrschte, in Spanien bis 1977 der Franquismus. Der Eiserne Vorhang fiel 1989. Dass wir uns hier im Buch erst mit Freiheit als Anderskönnen, dann im Spannungsfeld von Determinismus und Indeterminismus und schließlich mit Freiheit von Entscheidungen in sozialen Kontexten beschäftigt haben, mag Ausdruck eines

Luxusproblems sein. Dennoch verweist auch und gerade die Diskussion von praktischer Freiheit auf Fragen nach der Funktionsweise unserer „Psyche", die wahrscheinlich zeitlos sind.

Bei der von uns diskutierten Forschung gibt es durchaus Bezüge zu größeren gesellschaftspolitischen Fragen: Hirnforscher Delgado hatte beispielsweise die Befürchtung, die Menschheit sei den neu entwickelten technologischen Möglichkeiten nicht gewachsen; die „Psyche" reife nicht schnell genug mit unseren Technologien. Als Lösung schlug er vor, unsere Gehirne mithilfe implantierter Elektroden zu regulieren (Delgado, 1971; Schleim, 2021). Das Verfahren würde ohnehin für klinische Anwendungen verfeinert und stehe dann für zivile Anwendungen zur Verfügung. Er sollte sich irren.

Etwa zur gleichen Zeit schlug Kenneth B. Clark (1914–2005), 1970/1971 Präsident der Amerikanischen Psychologischen Vereinigung, vor, Menschen psychopharmakologisch friedlicher zu machen.[1] Rund 30 Jahre später würden „Neuroethiker" das übrigens unter dem Titel „moralische Verbesserung" *(moral enhancement)* als brandneuen Trend verkaufen (Douglas, 2008; Schleim, 2022). Clark und Delgado kamen zwar aus unterschiedlichen Disziplinen, sahen beide jedoch eine große Notwendigkeit zur Unterdrückung menschlicher Aggressionen. In der heutigen Diskussion sollen wir Menschen vor allem empathischer gemacht werden.

Behaviorist Skinner (1971) trieb eine andere Vision um: die perfekte Gesellschaft durch *kulturelles Design*. In seinem Roman *Walden Two* hatte er seine Utopie für eine breite Öffentlichkeit ausgeschmückt. Doch andere Intellektuelle, allen voran Linguist Noam Chomsky,

---

[1] *TIME Magazine* vom 20.9.1971, S. 10.

verurteilten seine Sichtweise vehement als (angeblich) totalitär. Das war in der *Counterculture* der 1960er- und 70er-Jahre natürlich *das* Totschlagargument. Dabei schilderte der Behaviorist ein Gleichgewicht von Kontrolle und Gegenkontrolle.

Laut Skinner und den Behavioristen ist unser Verhalten eine Funktion, ein Ergebnis der Strukturen von Belohnung und Strafe in unserer Umgebung. Dann bedeutet Freiheit aus behavioristischer Sicht die Kontrolle über diese Strukturen. Die regierenden Machthaber sollten laut Skinner entweder denselben Strukturen unterliegen wie das „gewöhnliche" Volk – oder das Volk sollte die Strukturen für die Regierenden bestimmen. Ersteres, etwa als Kontrolle über Arbeitsbedingungen und Lohn, könnte man sich leicht als Forderung einer Gewerkschaft vorstellen; und Letzteres gäbe den Bürgerinnen und Bürgern wahrscheinlich mehr Macht als dem Wahlvolk unserer repräsentativen Demokratien. Was wäre daran totalitär?

Entwicklung

Wie wir wissen, überlässt man seitdem viele Entscheidungen dem „freien Markt". Es entspricht zwar dem politischen Liberalismus, dass sich Menschen individuell für das entscheiden, was sie selbst für am besten halten. Doch bis heute fehlt in der Gleichung eine überzeugende psychologische Antwort darauf, wie genau solche Entscheidungen zustande kommen und unter welchen Voraussetzungen sie wirklich frei sind.

Im Gegenteil fiel uns in diesem Buch auf, wie sich Sozialpsychologie und Neurowissenschaften darin überboten, den Menschen als unbewusst und irrational gesteuert darzustellen. Das emanzipatorische Potenzial reicht auch im Jahr 2022 bei führenden Forscherinnen und Forschern auf diesem Gebiet nicht weiter als zum frommen Wunsch, durch die Offenlegung solcher Faktoren freiere Entscheidungen zu ermöglichen. Amen!

Genau 30 Jahre vorher schrieb Neurophysiologe Kornhuber, einer der Entdecker des Bereitschaftspotenzials: „Menschliche Freiheit beruht nicht auf weniger an Determination, sondern auf höherer Bindung. Sie ist uns nicht fertig gegeben, sondern auch aufgegeben" (Kornhuber, 1992, S. 208). Einige Absätze später verwies er auf drohende Katastrophen durch Überbevölkerung, Umweltverschmutzung, Konsum und dann vor allem Drogenkonsum. Diese Liste hat (leider) nichts an Aktualität eingebüßt.

Die von ihm geforderte Freiheit als erzieherisches, emanzipatorisches Projekt hört sich wie ein guter Slogan für den Wahlkampf an. Die größten Bildungsinnovationen seitdem sind wohl die Einführung des Bachelor-Master-Systems und der PISA-Tests gewesen: Beide basieren auf dem Versprechen von Fortschritt durch Konkurrenz und Wettbewerb, also auf Marktprinzipien; bei PISA hat sogar die Organisation für wirtschaftliche Zusammenarbeit (OECD), haben also Ökonomen einfach die Kriterien diktiert.

Den größten sozialen Wandel nach dem Fall des Eisernen Vorhangs dürfte das Internet gebracht haben. 1994 hatte ich mein erstes Modem, mit dem ich mich über die Telefonleitung – damals noch ein staatlicher Dienst der Deutschen Bundespost – in die Online-Welt einwählte. Mit minimalem technischen Aufwand begegneten dort einander Menschen unterschiedlicher Altersgruppen, Ansichten und Kulturen. Neugierigkeit war eine treibende Kraft.

Digitalisierung

Das Aussehen oder der Wohlstand spielten kaum eine Rolle. Für die heutige Bild- und Videokultur fehlte schlicht die Bandbreite. Stattdessen teilte man

Erfahrungen, Meinungen und Wissen – sowie Daten, deren Digitalisierung in Nullen und Einsen eine freie Vervielfältigung erlaubte. Hinterher hatte niemand weniger, doch immer jemand mehr an Information. So geht es mir auch heute bei meiner Arbeit als Hochschullehrer.

In den Jahren danach entdeckten große Investoren die Online-Welt. Mit den finanziellen Interessen kam die gesetzliche Regulierung. Schließlich wollten die Geldgeber die Früchte ihrer Investitionen vor der Konkurrenz gesichert wissen – ebenso wie vor dem freien Tausch der potenziellen Kundinnen und Kunden.

Natürlich braucht eine Gesellschaft Regeln. Sogar Skinners *Walden Two* basiert auf der Erfüllung gemeinschaftlicher Bedürfnisse, wenn auch ohne Geld. Doch heute sehen wir, wozu sich das Internet entwickelt hat: zu einer unersättlichen Datenkrake, die über „Cookies", „Fingerabdrücke" der Browser und Apps auf dem Smartphone mehr und mehr Informationen über uns gewinnt.

Und was ist das Ziel dieser Datensammelei? Der Verkauf personalisierter Werbung, mit dem die Marktführer Alphabet (Google) und Meta (Facebook) Jahr für Jahr Milliarden verdienen. Führende Influencer haben das Potenzial von Online-Plattformen längst für sich entdeckt und verkaufen einen einzigen Beitrag an ihre Millionen von Followern im Extremfall für sechs- bis siebenstellige Summen! Das knüpft direkt an unsere Überlegungen zu Freiheit in Kaufumgebungen wie Supermärkten an.

Gleichzeitig verbreiten sich Hass und Falschmeldungen im Netz, weil die „künstliche Intelligenz" – oder vielmehr echte Dummheit? – diejenigen Nachrichten bevorzugt, die die meisten Interaktionen hervorrufen. Und warum tun sie das? Weil die Menschen dann mehr Zeit auf den Online-Plattformen verbringen, man ihnen also noch mehr Werbung anzeigen kann und sie ganz nebenbei auch mehr Daten hinterlassen. Es ist ein geschlossener Kreislauf.

Reale Folgen
Man könnte darüber schmunzeln, wie sich die menschliche „Psyche" in der virtuellen Welt auslebt. Doch leider bleiben die Folgen nicht nur virtuell: Über die Konsequenzen von Hass im Netz wird heute viel diskutiert. Aber auch ganz konkret werden beispielsweise zur Berechnung neuer Bitcoins auch in diesem Moment global vernetzte Computer mit der Verbrennung von Kohle – oder noch schädlicherem Material – betrieben.

Im Internet ergibt das sinnlose Zufallszahlen, die für Tausende Euro verkauft werden. In der Erdatmosphäre bleiben dafür Tausende Jahre lang Abgase und Giftstoffe zurück. Viele mit personalisierter Werbung verkaufte Produkte und Dienstleistungen haben eine ähnlich schlechte Ökobilanz.

In seinem 1958 in Zürich gehaltenen Vortrag „Woran glaubt der Westen?" fasste Wissenschaftsphilosoph Popper drei Grundüberzeugungen zusammen: Erstens die Überwindung von Hunger und Armut, zweitens die Chancengleichheit und drittens das Erwecken von Bedürfnissen in den Massen (Popper, 1958/1987). Letzteres sei aber schädlich für die Welt und widerspreche gerade dem griechisch-christlichen Ideal der Freiheit durch Bedürfnislosigkeit. Im Gegenteil scheint heute der Sinn des Lebens für viele Menschen darin zu bestehen, immer mehr zu besitzen – auf jeden Fall nicht wesentlich weniger als die Nachbarn. Dass wir nie mit dem zufrieden sind, was wir haben, ist die psychologische Grundvoraussetzung für ewige Konsumsteigerung.

Dabei gibt es wissenschaftliche Hinweise darauf, dass die Konsumgesellschaft diese Unzufriedenheit überhaupt erst erzeugt (Dittmar et al., 2014). Nun reisen westliche Touristen Jahr für Jahr millionenfach in sogenannte Entwicklungs- und Schwellenländer Afrikas sowie Asiens und staunen, mit wie wenig Menschen zufrieden, sogar glücklich sein können. „Wir sind gar nicht arm!", erwidern manche von ihnen selbstbewusst, wenn man sie auf ihre kargen Lebensumstände anspricht. „Wir haben alles, was wir brauchen." Wer hat hier eigentlich Entwicklungshilfe nötig?

Verpasste Chance?
Das alles wirkt auf meinem Spaziergang durch die Idylle der Terschellinger Dünen fern und abstrakt. Und doch könnten zumindest Teile dieser Landstriche schon in einigen Jahrzehnten durch den steigenden Meeresspiegel überflutet werden. Während ich durch den Sand stapfe, höre ich mir die Sprachnachricht eines früheren Studenten an, der sich große Sorgen über den „Klimakollaps" macht – wie viele in seiner Generation. Zeitgleich wechseln Meldungen über Überflutungen und Trockenheit, Hitzerekorde und -tote, Waldbrände und Stürme einander in den Nachrichten ab.

Hier im Buch ging es oft um Komplexität sowie Determinismus oder Indeterminismus. Die Wettervorhersage auf meiner Reise hat sich schon für eine kleine Insel wie Terschelling tagtäglich geändert. Auch Klimasimulationen beruhen auf Modellen und damit Annahmen von Fachleuten – denken wir an den Unterschied zwischen Schein und Sein zurück.

Doch ganz gleich, wie viel Handlungsspielraum uns Menschen noch bleibt: Die richtige Zeit für Aktivitäten ist immer *jetzt*. An der Vergangenheit können wir nichts mehr ändern, und die Zukunft ist noch nicht da. Dass das nächste angepriesene Produkt uns nicht nachhaltig glücklich machen wird, wissen wir längst.

Technologie wird oft als Lösung dargestellt. Tatsächlich ist sie aber auch ein großer Teil des Problems. Ohne den „Fortschritt" hätten wir in den letzten 100 Jahren nicht mehr natürliche Ressourcen verbrauchen können als in der gesamten Menschheitsgeschichte zuvor. Hier zitierte Denker haben mit ihrer Diagnose vielleicht recht, dass wir zu viel für die technologische, doch zu wenig für unsere psychologische Entwicklung tun.

Alles ist Psychologie
Dabei ist auch ein technologischer Durchbruch wie die Atombombe zwar ein Resultat militärisch organisierter physikalischer Forschung im Zusammenhang mit hoher Ingenieurskunst. Die Entscheidung für oder gegen ihre Verwendung ist aber ein psychosozialer Vorgang! Bei näherer Betrachtung geht es bei so gut wie allen Krisen unserer Zeit darum: menschliches Verhalten, das von psychischen Vorgängen und sozialen Strukturen geprägt ist.

Skinner wurde für seinen Vorschlag ausgegrenzt, behavioristisches Wissen über die Möglichkeiten von Belohnung und Strafe zur Verbesserung der Gesellschaft anzuwenden. Heute sehen wir, was für eine Macht schon ein Gefällt-mir- oder Teilen-Knopf in sozialen Medien entfalten kann. Diese *Verhaltenstechnologie* schlicht dem freien Markt zu überlassen, hat die Konsumkultur weiter wachsen lassen. Es ist fraglich, wie lange der Planet Erde, unser aller Lebensgrundlage, das noch aushalten kann. Haben wir hier eine Chance verpasst, psychologisches Wissen (s. z. B. Bördlein, 2022) in bessere Bahnen zu lenken?

Die gute Nachricht ist, dass die Konsumkultur kein unumstößliches Fakt ist, wie eine Schneelawine, die sich mit rasender Geschwindigkeit auf einen zu bewegt. Vielmehr ist sie von Menschenhand geschaffen. Es sind menschliche Entscheidungen, die sie aufrechterhalten.

Und ebenso kann sie von Menschenhand wieder verändert werden. Wenn die Behavioristen recht haben, dann müsste der Verzicht stärker belohnt werden als der Konsum, jedenfalls bei Gütern mit schlechter Ökobilanz.

Max Planck hielt neben der Wissenschaft zur Lebensorientierung die Bedeutung der Ethik hoch. Doch deren Leitlinien müssen praktisch, also insbesondere *psychologisch*, wirksam sein. Daneben bietet ein Menschenleben viele Belohnungserfahrungen, für die kaum Ressourcen nötig sind: Denken wir an Beispiele aus Bildung, Kultur, Spiritualität, Sport und Sensualität. Keine zwei Menschen sind in allen Facetten gleich. Doch für uns alle gibt es eine Vielzahl an Wegen, ein Leben sinnvoll zu gestalten – und zwar so, dass es sowohl dem Individuum als auch dem Ganzen Rechnung trägt (z. B. Tebartz-van Elst, 2021).

Danksagung

Mein Dank gilt zuallererst meiner langjährigen Yoga-Ausbilderin Diana Plenckers: Sie lud mich Anfang des Jahres 2022 nach Amsterdam ein, wo sie die philosophische Bibliothek ihres Vaters, Jos Plenckers, auflöste. In zwei Fuhren durfte ich Bücher von ihm übernehmen. Auf einmal hielt ich Max Plancks Aufsatz aus dem Jahr 1939 in meinen Händen. In dem Moment wusste ich, dass ich dieses Buch schreiben *musste*. Ist dies vielleicht das erste Buch über Freiheit, das aus einem Zwang heraus entstand? Und war diese Entscheidung dann überhaupt meine und frei?

Außerdem danke ich denjenigen, die mir hilfreiche Hinweise zum Manuskript gegeben haben: Das sind an erster Stelle meine frühere Studentin Malin K. Meyer und ein lieber anonym bleibender Doktor der Experimentalphysik, die fast das ganze Buch kommentiert haben. Zu den Anfangskapiteln gab mir Katharina V. Kostka wertvolle Hinweise, zu den physikalischen Kapiteln der

Epilog und Dank

theoretische Physiker Dr. Andreas Rüdinger vom Springer Verlag. Den beiden Physikern ist es zu verdanken, dass sich in diesen Kapiteln weniger Fehler finden. Dennoch bin ich mir der Tatsache bewusst, dass Fachleute auf diesem Gebiet, vor allem Philosophen der Physik, hierzu viele Fragen haben werden.

Dem Juristen Dr. Jan Christoph Bublitz von der Universität Hamburg danke ich für die wertvollen Hinweise zum Kapitel über das Rechtssystem, dem Psychologen und meinem früheren Praktikanten Dr. Fabian Hutmacher von der Universität Würzburg für hilfreiche Kommentare zu dem Kapitel über Wissenschaftler als Menschen und schließlich meinem früheren Studenten Felix L. Friedrich für seine Anmerkungen zum Schlusskapitel über die Psychologie der Freiheit.

Anhang A: Max Plancks Originalaufsatz aus dem Jahr 1939: Vom Wesen der Willensfreiheit

von Dr. Max Planck
Professor der theoretischen Physik an der Universität Berlin
dritte, mit der zweiten übereinstimmende Auflage
nach einem Vortrag in der Ortsgruppe Leipzig der Deutschen Philosophischen Gesellschaft
am 27. November 1936
1939
Johann Ambrosius Barth Verlag Leipzig

Meine sehr verehrten Damen und Herren![2]

---

[2] Die im Text in eckigen Klammern angegebenen Seitenzahlen entsprechen denen der mir vorliegenden 3. Auflage von 1939. Ich habe mir erlaubt, den Text an die heutige Rechtschreibung anzupassen. Dabei habe ich einige wenige aus der Mode gekommene Worte durch ihr heutiges Äquivalent ersetzt (z. B. „sittlich" durch „moralisch"). Die Zwischenüberschriften in eckigen Klammern habe ich ebenfalls hinzugefügt, um den Text an heutige Standards anzupassen und verständlicher zu machen.

© Der/die Herausgeber bzw. der/die Autor(en), exklusiv lizenziert an Springer-Verlag GmbH, DE, ein Teil von Springer Nature 2023
S. Schleim, *Wissenschaft und Willensfreiheit*,
https://doi.org/10.1007/978-3-662-66323-3

Nicht ohne ernste Bedenken habe ich es unternommen, der freundlichen und ehrenvollen Einladung Ihres Herrn Vorsitzenden Folge zu leisten und hier in der Ortsgruppe der Deutschen Philosophischen Gesellschaft über ein Thema zu sprechen, das ich im Laufe dieses Jahres schon zu verschiedenen Malen zu behandeln Gelegenheit hatte. Denn da sich seither an dem Stand des Problems der Willensfreiheit selbstverständlich nichts geändert hat, so werde ich nicht in der Lage sein, etwas sachlich Neues über dieses Thema vorzubringen. Und doch ist in gewisser Hinsicht inzwischen allerlei Neues hinzugekommen, das sind die verschiedenen kritischen Äußerungen teils zustimmender, teils aber auch ablehnender Art, die ich bezüglich des Inhalts und der Tragweite der von mir entwickelten Gedankengänge empfangen habe. Diese Äußerungen sind für mich selbstverständlich von großem Interesse und haben mir die Anregung zu einigen weiteren Überlegungen gegeben. Da kann ich eine Gelegenheit wie die heutige nur dankbar begrüßen, die mir die Möglichkeit gibt, diese Überlegungen vor einem größeren Kreise zu entwickeln, natürlich nicht, weil ich damit rechne, meine Herren Kritiker eines Besseren zu belehren, sondern weil ich hoffe, damit zur weiteren Klärung und genaueren [4] Abgrenzung der einander entgegenstehenden Meinungen einiges beitragen zu können. Freilich muss ich ausdrücklich um Ihre Nachsicht bitten, wenn ich schon früher Gesagtes mit denselben Worten wiederhole. Das liegt nun einmal in der Natur der Sache. Denn es handelt sich hier schließlich immer wieder um dieselbe Frage, die sich wohl jedem nachdenklich veranlagten Menschen gelegentlich aufdrängt – die Frage, wie das in uns lebende Bewusstsein der Willensfreiheit, welches aufs engste gepaart ist mit dem Gefühl der Verantwortlichkeit für unser Tun und Lassen, in Einklang gebracht werden kann mit unserer Überzeugung von der kausalen Notwendigkeit alles Geschehens, die uns doch jeder Verantwortung zu entheben scheint.

Wie schwierig es ist, eine befriedigende Antwort auf diese Frage zu gewinnen, beweist der Umstand, dass einige namhafte Physiker gegenwärtig der Meinung sind, man müsse, um die Willensfreiheit zu retten, das Kausalgesetz zum Opfer bringen und daher kein Bedenken tragen, die bekannte Unsicherheitsrelation der Quantenmechanik, als eine Durchbrechung des Kausalgesetzes, zur Erklärung der Willensfreiheit heranzuziehen. Wie sich allerdings die Annahme eines blinden Zufalls mit dem Gefühl der moralischen Verantwortung zusammenreimen soll, lassen sie dahingestellt.

Demgegenüber habe ich schon vor mehreren Jahren zu zeigen versucht, wie man vom naturwissenschaftlichen Standpunkt aus, ohne die Voraussetzung einer universellen strengen Kausalität preiszugeben, sehr wohl zu einem Verständnis für die Tatsache der Willens- [5] freiheit und des moralischen Verantwortungsgefühls gelangen kann.

Dies des Näheren auszuführen, soll der vornehmste Zweck meiner heutigen Darlegungen sein.

I
[Voraussetzungen]

Um für unsere Gedankengänge einen festen Ausgangspunkt zu gewinnen, beginnen wir mit einer wissenschaftlichen Betrachtung.

Wenn es die Aufgabe der Wissenschaft ist, bei allem Geschehen in der Natur oder im menschlichen Leben nach gesetzlichen Zusammenhängen zu suchen, so ist, wie wohl jeder zugeben muss, eine unerlässliche Voraussetzung dabei, dass ein solcher gesetzlicher Zusammenhang wirklich besteht und dass er sich in deutliche Worte fassen lässt. In diesem Sinn sprechen wir auch von der Gültigkeit eines allgemeinen Kausalgesetzes und von der Determinierung sämtlicher Vorgänge in der natürlichen und in der geistigen Welt durch dieses Gesetz.

Was heißt nun aber: Ein Vorgang, ein Ereignis, eine Handlung erfolgt mit gesetzlicher Notwendigkeit, ist kausal determiniert? Und wie stellt man die gesetzliche Notwendigkeit eines Vorganges fest? Ich wüsste nicht, wie man für die Notwendigkeit eines Vorganges einen deutlicheren und überzeugenderen Nachweis erbringen kann als dadurch, dass die Möglichkeit besteht, das Eintreten des betreffenden Vorganges vorauszusehen. Die Frage nach dem Wesen und nach dem Ur- [6] sprung der Kausalität kann dabei ganz offenbleiben. Es genügt uns hier allein die Feststellung, dass ein Vorgang, welcher mit Sicherheit vorausgesehen werden kann, irgendwie kausal determiniert ist und, umgekehrt, dass, wenn man von kausaler Gebundenheit eines Vorganges redet, dies immer zugleich auch in sich schließt, dass das Eintreten des Vorganges vorausgesehen werden kann, natürlich nicht von jedermann, wohl aber von einem Beobachter, der die nötigen Kenntnisse aller einzelnen Umstände besitzt, die zu Beginn des Vorganges vorliegen, und der außerdem mit einem hinreichend scharfen Verstande ausgerüstet ist. Selbstverständlich darf dieser Beobachter nicht irgendwie aktiv in den Verlauf des Vorganges eingreifen, sondern er muss seine Voraussage machen können allein aufgrund der ihm bekannten Tatsachen und Bedingungen, welche den Vorgang auslösen.

Auf die heikle Frage, ob es einen so scharfsinnigen und sich vollkommen passiv verhaltenden Beobachter in Wirklichkeit stets geben kann und, wenn ja, wie er sich in jedem Fall die erforderlichen Kenntnisse verschafft, will ich hier nicht eingehen. Sie würde in eine besondere Untersuchung des Sinnes und der Gültigkeit des Kausalgesetzes hineinführen, die für die Behandlung des heutigen Themas nicht wesentlich ist. Für unseren gegenwärtigen Zweck genügt es vollkommen festzustellen, dass die gedankliche Einführung eines Beobachters von der geschilderten Beschaffenheit weder auf einen logischen noch auf einen empirischen Widerspruch führt [7].

II
[Willenshandlungen]

Indem wir nun, entsprechend dem Gesagten, das Bestehen eines festen kausalen Zusammenhanges bei allen Vorgängen in der Natur und in der Geisteswelt zur Voraussetzung unserer Betrachtung machen, wollen wir uns im Folgenden speziell auf menschliche Willenshandlungen beziehen. Denn es versteht sich, dass von einer universalen Kausalität nicht die Rede sein könnte, wenn sie an irgendeiner Stelle durchbrochen würde, wenn also nicht auch die Vorgänge im bewussten und unterbewussten Seelenleben, die Gefühle, Empfindungen, Gedanken und schließlich auch der Wille, dem Kausalgesetz in dem vorhin festgelegten Sinne unterworfen wären. Wir nehmen also an, dass auch der menschliche Wille kausal determiniert ist, d. h., dass in jedem Falle, wo jemand in die Lage kommt, entweder spontan oder auch nach längerer Überlegung einen bestimmten Willen zu äußern oder eine bestimmte Entscheidung zu treffen, ein hinreichend scharfsinniger, aber sich vollkommen passiv verhaltender Beobachter imstande ist, das Verhalten des Betreffenden vorauszusehen. Wir können uns das so vorstellen, dass vor dem Auge des erkennenden Beobachters der Wille des Beobachteten zustande kommt durch das Zusammenwirken einer Anzahl von Motiven oder Trieben, die in ihm, sei es bewusst oder unbewusst, mit verschiedener Stärke nach verschiedenen Richtungen sich geltend machen und die sich zu einem bestimmten Ergebnis zusammensetzen, ähnlich wie in der Physik verschiedene Kräfte sich zu einer bestimmten resultierenden Kraft vereinigen. Freilich ist das [8] wechselseitige Spiel der sich nach allen Richtungen durchkreuzenden Willensmotive unvergleichlich viel feiner und verwickelter als das von Naturkräften, und es ist ungeheuer viel verlangt von der Intelligenz des Beobachters, wenn er imstande sein soll, alle einzelnen Motive nach ihrer kausalen Bedingtheit zu erkennen und in ihrer Bedeutung richtig zu würdigen. Ja, wir müssen zugeben, dass sich unter den tatsächlich lebenden Menschen sicherlich kein solch feiner Beobachter finden lassen wird. Aber wir haben ja schon ausdrücklich festgestellt, dass wir an diese Schwierigkeit hier nicht rühren wollen, da es vollkommen genügt, uns daran zu halten, dass von logischer Seite die Voraussetzung eines mit beliebig hohem Scharfsinn begabten Beobachters keinerlei Bedenken unterliegen kann.

In der Tat bildet, wie wohl zu beachten ist, diese Voraussetzung die Grundlage und den Ausgangspunkt einer jeden wissenschaftlichen Untersuchung, sowohl in der Geschichtswissenschaft als auch in der Psychologie, denn ebenso wie der Historiker jedes geschichtliche Ereignis, jede Willenshandlung einer historischen Persönlichkeit als gesetzlich bedingt durch deren Eigenart und durch vorliegende Umstände zu deuten sucht und die zurückbleibenden Lücken niemals einem Durchbrechen der Kausalität, d. h. dem Zufall, sondern stets einer mangelnden Einsicht in die tatsächlichen Verhältnisse zuschreibt, so stellt sich auch der Psychologe bei allen seinen Versuchen und Beobachtungen nach Möglichkeit auf den Standpunkt des alles durchschauenden

Beobachters, der aber absolut passiv bleiben muss. Denn [9] jede, auch eine unbeabsichtigte Einflussnahme auf die Gedankenrichtung des Beobachteten würde den zu erforschenden Kausalzusammenhang stören und die aus den Beobachtungen gezogenen Schlüsse fälschen. Ja, allein schon der Umstand, dass die Versuchsperson davon Kenntnis hat, dass sie beobachtet wird, kann bekanntlich zu einer verhängnisvollen Fehlerquelle werden.

Aber nicht allein in der Wissenschaft, auch im praktischen Leben machen wir fortwährend von der Voraussetzung der Gültigkeit eines streng kausalen Determinismus Gebrauch. Denn im Verkehr mit unseren Mitmenschen richten wir unsere Handlungen immer darnach ein, dass eine bestimmte Äußerung unsererseits eine bestimmte Wirkung auf ihre Willensrichtung ausüben soll. Je besser wir einen Menschen kennen, um so sicherer ist unser Urteil über sein Verhalten, und wenn er sich anders benimmt, als wir erwarten, so schieben wir das nicht auf eine Lücke im Kausalzusammenhang, sondern auf die Wirkung besonderer uns vorher nicht bekannter oder nicht genügend beachteter Umstände. Auch solche Äußerungen, die wir als Willkür oder Laune bezeichnen, führen wir nicht auf einen Zufall, sondern immer auf eine bestimmte eigentümliche Veranlagung der betreffenden Persönlichkeit zurück. In keinem Falle kommen wir vorwärts ohne die Annahme einer durchgehenden Kausalität.

III
[Beobachter und Beobachteter]

Bei unsern weiteren Überlegungen wird es für die Deutlichkeit von Vorteil sein, wenn wir ein spezielles [10] Beispiel zur Betrachtung heranziehen. Denken wir uns also etwa, ein unschuldig Verfolgter sei von einem ihm nahestehenden mutigen Freunde heimlich an einen verborgenen Platz gebracht worden, wo er sich einstweilen sicher fühlen kann, und dieser Freund werde von den Verfolgern aufgesucht und nach dem Aufenthaltsort seines Schützlings befragt. Wie wird er sich verhalten? Wenn er eine ethisch hochstehende Persönlichkeit ist, wird seine Wahrheitsliebe mit seiner Freundestreue in Konflikt geraten. Da die Erteilung einer sachgemäßen Antwort auf die gestellte Frage den Freund sicherlich ins Verderben bringen würde, so könnte er, um bei der Wahrheit zu bleiben, vielleicht auf den Gedanken kommen, eine Antwort zu verweigern und im Übrigen alles zu versuchen, um die Unschuld des Verfolgten ans Licht zu bringen. Aber der Erfolg wäre dann vielleicht nur der, dass man dann Zwangsmaßnahmen gegen ihn selber anwenden würde, um ihn zu einer Aussage zu bewegen. Viel einfacher und für die Rettung seines Schützlings aussichtsvoller wäre es, wenn er durch eine Lüge die Verfolger irreführte und statt des richtigen Verstecks eine weit davon entfernte Örtlichkeit nennen würde. Dann wäre wenigstens zunächst einmal Zeit gewonnen. Auch andere Verhaltungsmöglichkeiten bieten sich ihm dar. Er könnte z. B. antworten, dass er den Aufenthaltsort nicht kenne, oder er könnte die Antwort hinauszögern, oder er könnte auch überhaupt nicht antworten und sich taub stellen. Für jede dieser Verhaltungsmaßregeln ließe sich einiges anführen, aber jede hat auch ihre Nachteile. So treffen [11] und kreuzen sich in den Gedanken des Befragten eine große Anzahl von Überlegungen, deren jede einen Beitrag zu den für seinen Entschluss maßgebenden Motiven liefert und die er gegeneinander abwägen wird. Aber nicht diese Überlegungen allein sind es, welche schließlich die Willensentscheidung herbeiführen. Hinzu kommt noch ein zahlreiches Heer von Motiven und Trieben, die dem Überlegenden nur dunkel oder überhaupt nicht bewusst werden. Das sind gewisse, seinem Charakter oder seinem Temperament entspringende, durch die Aufregung vielleicht noch gesteigerte Gemütsstimmungen, Impulse oder auch Hemmungen, über die er sich keine klare Rechenschaft ablegt, die aber doch in dem Kampf der Motive von sehr bedeutendem Einfluss sein können.

Wie zahlreich und verwickelt dieses Spiel der Kräfte sein mag, vor dem Auge des von uns vorausgesetzten alles dieses durchschauenden Beobachters kommt durch das Zusammenwirken sämtlicher Motive – ich benütze hier, wie auch im Folgenden, das Wort „Motiv" der Bequemlichkeit halber in einem allgemeineren Sinn als üblich – ein ganz bestimmtes von ihm vorauszusehendes Ergebnis zustande, und die Willensentscheidung des Beobachteten wird sich genau nach diesem Ergebnis richten. Das ist die Forderung des allgemeinen Gesetzes der Kausalität.

Wie aber nun, wenn der Beobachter dem in seinen Überlegungen Begriffenen, unmittelbar bevor dieser zu seinem Ergebnis gelangt, das Zustandekommen desselben in allen Einzelheiten mitteilt? Wird dieser auch dann seine Entscheidung stets im Sinn der empfangenen [12] Aufklärung treffen? Das darf man gewiss nicht behaupten. Denn mit einer solchen Mitteilung tritt der Beobachter aus seiner Passivität heraus, er greift in den kausalen Verlauf des beobachteten Vorganges ein, und in der Tat wird dadurch der Beobachtete vor eine neue Situation gestellt. Vor allem erfährt er etwas Neues über die Motive, die ihn bei seinen Überlegungen geleitet haben, er wird z. B. darüber aufgeklärt, ob bei der Entscheidung, die er getroffen haben würde, wenn er die Mitteilung nicht empfangen hätte, bewusste oder unterbewusste Motive in Wirklichkeit die Hauptrolle gespielt haben, und aufgrund dieser neu gewonnenen Erkenntnis wird er seine frühere Entscheidung überprüfen und eventuell abändern können, wobei dann wieder ganz ähnliche Überlegungen wie früher einsetzen werden, nur dass jetzt teilweise andere, aus der neu gewonnenen Erkenntnis geborene Motive auftreten. Und es kann keinem Zweifel unterliegen, dass der Beobachter auch dieses Mal den kausalen Zusammenhang durchschauen wird, dass er also aufgrund seiner genauen Kenntnis der Persönlichkeit des Beobachteten und der Begleitumstände genau voraussehen kann, wie dieser auf die ihm gemachte Mitteilung reagieren wird. Aber er wird nur dann sicher in der vorausgesehenen Weise reagieren, wenn er nicht abermals vorher eine Mitteilung darüber vom Beobachter empfängt. Sonst tritt wiederum eine neue Situation für ihn ein, und es ist leicht zu sehen, dass dies Spiel ohne Ende weitergeht. Niemals wird man mit Sicherheit behaupten dürfen, dass die Willensentscheidung des Beobachteten von einer [13] neuen, ihm unmittelbar vorher zugegangenen Aufklärung unbeeinflusst bleiben wird, und stets wird sein Verhalten von dem Beobachter vorauszusehen sein. Denn einerseits ist der Beobachtete, wenn er auch von dem Beobachter restlos durchschaut wird, diesem doch nie und nimmer Gehorsam schuldig, es liegt ganz in seinem Ermessen, ob er seine Willensrichtung gemäß der ihm gemachten Mitteilung einstellt oder nicht, und auf der anderen Seite erkennt der Beobachter in jedem Falle das Verhalten des Beobachteten in seiner kausalen Bedingtheit und vermag vorauszusehen, ob dieser, vielleicht aus Laune, vielleicht aus einem gewissen Widerspruchsgeist heraus, sich in Gegensatz zu der ihm gemachten Mitteilung stellen wird oder nicht. Wesentlich dabei ist der Umstand, dass der Beobachtete durch jede neue Aufklärung vor eine neue Tatsache gestellt wird, die ihn zu einer Revision der bisher angestellten Überlegungen veranlasst, wobei dann immer wieder neue Willensmotive auftreten können. Das führt uns weiter zu dem Schluss, dass es niemandem, auch durch noch so viele Aufklärungen, möglich ist, so klug zu werden, dass er nichts Neues mehr erfahren kann – eine Folgerung, gegen die wohl gerade die tiefsten Denker am wenigsten einzuwenden haben werden.

IV
[Das Argument]

Um unserem Hauptproblem näher zu kommen, wollen wir jetzt den tatsächlichen Verhältnissen besser Rechnung tragen und den bisher angenommenen idealisierten, absolut hellsichtigen Beobachter ersetzen durch einen [14] im wirklichen Leben stehenden Menschen, indem wir uns die Frage stellen, inwieweit ein solcher Mensch imstande ist, menschliche Willenshandlungen in ihrer kausalen Bedingtheit zu verstehen. Gegenüber den bisher von uns benutzten Voraussetzungen sind dann zwei wesentliche Unterschiede zu berücksichtigen. Erstlich ist zu beachten, dass, auch bei einem Beobachter von hervorragendem Verstande, von einem restlosen Durchschauen aller Willensmotive des Beobachteten und also auch von einer genauen Voraussage seiner Willensentscheidungen nicht mehr die Rede sein kann, sondern nur noch von einer mehr oder minder begründeten Erwartung. Je überlegener in geistiger Hinsicht sich der Beobachter dem Beobachteten gegenüber fühlen darf, umso sicherer wird er seine Voraussage gestalten können, und offensichtlich gibt es hier keine bestimmt angebbare Grenze. Prinzipiell genommen steht nichts im Wege, die Intelligenz des Beobachters im Vergleich zu der des Beobachteten so hoch anzunehmen, dass seine Voraussage einen beliebigen Grad von Genauigkeit erreicht.

Hierzu tritt aber noch ein zweiter Unterschied. Es ist für einen Beobachter im wirklichen Leben häufig gar nicht möglich, die Rolle der Passivität, deren Einhaltung, wie wir sahen, für die Erkenntnis des Kausalzusammenhanges der beobachteten Vorgänge eine absolut nötige Vorbedingung ist, völlig zu wahren. Denn in vielen Fällen bedarf es, um sich zunächst einmal die nötige Einsicht in die vorliegenden Verhältnisse zu verschaffen, gewisser Sondierungen oder Stichproben, [15] welche häufig eine Störung der zu untersuchenden Verhältnisse zur Folge haben. Hier ist also von vornherein die größte Vorsicht geboten, und wir werden sehen, dass wir hier gerade in dem wichtigsten Falle nicht nur auf eine tatsächliche, sondern auf eine prinzipielle Grenze stoßen.

Dieser wichtigste Fall, zu dem wir jetzt übergehen wollen, ist die Beobachtung der eigenen Willenshandlungen. Inwieweit sind wir imstande, eine eigene Willenshandlung in ihrer kausalen Bedingtheit zu begreifen? Offenbar gibt es dafür keine andere Möglichkeit, als dass wir unser Ich in zwei Teile zu spalten suchen: das erkennende Ich und das wollende Ich, und dem ersten die Rolle des Beobachters, dem zweiten die des Beobachteten zuweisen. Dann ergibt sich auf den ersten Blick ein wesentlicher Unterschied, je nachdem die betreffende Willenshandlung der Vergangenheit oder der Zukunft angehört. Im ersten Fall, wenn die Handlung bereits vollzogen ist, trifft die Bedingung der Passivität des Beobachters ohne Weiteres zu. Denn da in diesem Falle das wollende Ich der Zeit nach vorausgeht und das erkennende Ich erst hinterdrein kommt, ist ein kausaler Eingriff des Beobachters in den Ablauf des zu untersuchenden Vorganges ausgeschlossen. In der Tat liegen unsere früheren Willenshandlungen, wie überhaupt alle vergangenen Ereignisse, fertig und abgeschlossen vor unserem inneren Auge, wir können sie als ein unveränderliches Objekt betrachten, und es ist nur eine Frage der größeren oder geringeren Ausbildung unserer Kenntnisse und [16] unseres Urteilsvermögens, inwieweit und

Anhang A: Max Plancks Originalaufsatz ...

auf welchem Wege wir hinterher zu einem Verständnis ihres kausalen Zusammenhangs, also ihrer Entstehung aus Willensmotiven, bewussten wie auch unterbewussten, vordringen können. Wenn auch zwischen unserem wirklichen Erkenntnisvermögen und dem des früher vorausgesetzten idealisierten Beobachters noch ein himmelweiter Unterschied besteht, so ist er doch nur praktischer und nicht prinzipieller Natur. Insofern darf man sagen, dass die vollständige Erkenntnis des kausalen Ablaufs eigener vergangener Willenshandlungen einschließlich ihrer dunkelsten Motive wenigstens grundsätzlich durchaus im Bereich der Möglichkeit gelegen ist.

Ganz anders wird nun aber die Sache, wenn unsere Willenshandlung in der Zukunft liegt, denn dann ist es mit der Passivität des Beobachters vorbei. Vielmehr verschmelzen dann Beobachter und Beobachteter, das erkennende Ich und das wollende Ich, miteinander in unserem Selbstbewusstsein, und es kann keine Rede davon sein, dass der Beobachter sich jeder kausalen Einwirkung auf den Beobachteten enthält. Es ist eine gefährliche Selbsttäuschung zu meinen, dass es möglich sei, seinen eigenen zukünftigen Willenshandlungen gegenüber die Rolle des unbeteiligten, gewissermaßen von hoher Warte herabschauenden Beobachters zu spielen und sich auf sogenanntes reines Schauen zu beschränken. Gewiss können wir über die Ursachen unserer eigenen früheren oder späteren Handlungen rein verstandesmäßig nachdenken, und insofern ist eine fiktive Spaltung des eigenen Ich in einen erkennenden und [17] einen wollenden und handelnden Teil bis zu einem gewissen Grade durchführbar. Aber in dem Augenblick, wo wir bewusst eine Entscheidung treffen, sind die beiden Ichs miteinander verschmolzen; daher ist gerade für diesen Augenblick ihre auch nur gedankliche Trennung eine logische Unmöglichkeit, eine

Contradictio in Adjecto.³ Was daraus für unser Problem folgt, zeigt sich am deutlichsten, wenn wir in Gedanken eine Selbstbeobachtung vornehmen, indem wir, ausgehend von der Voraussetzung der strengen Gültigkeit des Kausalgesetzes, durch schrittweises Vordringen das Zustandekommen einer zukünftigen Willenshandlung zu ergründen suchen.

Die Frage ist: Können wir, wenigstens grundsätzlich, unsere eigenen gegenwärtigen Willensmotive so genau und vollständig durchschauen, dass wir imstande sind, die aus ihrer Wechselwirkung notwendig entspringenden Willensentscheidungen mit Sicherheit vorauszusehen? Versetzen wir uns also einmal in die Lage des in unserem früheren Beispiel betrachteten Mannes, der sich überlegt, wie er sich einer ihm vorgelegten peinlichen Frage gegenüber verhalten soll. Wir werden, wie er, alle verschiedenen sich darbietenden Möglichkeiten ins Auge fassen, sie einzeln in Bezug auf ihre Vorteile und Nachteile prüfen und daraus die entsprechenden Willensmotive nach Richtung und Stärke abzuleiten suchen. Bei diesem Verfahren üben wir die Tätigkeit eines Beobachters, welcher von außen die sich im Geiste des Überlegenden abspielenden Vorgänge durchschaut und das Entstehen der einzelnen einander bekämpfen- [18] den Willensmotive kontrolliert. Aber dieser Beobachter verhält sich nun durchaus nicht passiv. Vielmehr teilt er das Ergebnis jedes einzelnen Befundes sofort dem Beobachteten mit, und es entsteht dadurch ein Zustand von ähnlicher Art wie der früher in dem entsprechenden Fall geschilderte.

---

³Wörtlich: ein Widerspruch in der Beifügung; ein Widerspruch in sich. Planck will hier schlicht sagen, dass sich für zukünftige Entscheidungen das erkennende und wollende Ich nicht trennen lassen, nicht einmal logisch. Die zuvor geschilderte Bedingung des passiven Beobachters ist darum in solchen Fällen unmöglich. Das ist ein zentrales Argument für die prinzipielle Unvorhersehbarkeit der eigenen Entscheidungen aus der Innenperspektive.

Jede neu gewonnene Erkenntnis löst, wie wir das ausführlich gesehen haben, ein neues Willensmotiv aus, und die Erkenntnis dieses Motivs schafft abermals eine neue Situation, in endloser Folge, und da der Beobachtete, das wollende Ich, dem Beobachter, dem erkennenden Ich, keinen Gehorsam schuldig ist, so wird man niemals mit Sicherheit behaupten können, dass die endgültige Willensentscheidung im Sinne der zuletzt gewonnenen Erkenntnis ausfallen wird, vielmehr werden stets auch unterbewusste Willensmotive dabei mitwirken. Die Selbsterkenntnis hat hier eine prinzipielle Grenze. Während also ein kausales Verständnis für die eigene Vergangenheit, wie wir sahen, wenigstens grundsätzlich wohl möglich ist, bleibt eine vollkommene Einsicht in die eigenen gegenwärtigen Willensmotive und mit ihr ein kausales Verständnis für die eigene Zukunft für immer unerreichbar.

Daher befinden sich alle diejenigen, welche in einer solchen Einsicht das Wesen der Willensfreiheit erblicken, nach meiner Meinung in einem grundsätzlichen Irrtum. Ja, selbst wenn man die Gewinnung dieser Einsicht als ein zwar praktisch unerreichbar fernes, aber doch prinzipiell zu erstrebendes Ziel auffassen wollte, würde man damit dem Wesen der Willensfreiheit doch nicht näher kommen. Denn die Willensfreiheit ist nicht un- [19] nahbar fern, sie ist in jedem von uns unmittelbar gegenwärtig und verbürgt durch das mit ihr aufs engste verknüpfte Bewusstsein der moralischen Verantwortung, das uns bei allem unserem Tun und Lassen täglich und stündlich bedrängt. Und sie steht mit der Einsicht in unsere Willensmotive, wie mir scheinen will, gerade in umgekehrtem Verhältnis. Denn je genauere Einsicht wir in die kausale Bedingtheit unserer Willensmotive gewinnen, desto mehr schwindet das Gefühl der Verantwortung für die Folgen einer zu treffenden Willensentscheidung. Eine vollkommene Einsicht in die eigenen Willensmotive würde daher nach meiner Meinung die Freiheit des Willens geradezu aufheben. Wer alle seine Willensmotive nach Stärke und Richtung wirklich vollständig kennte, wäre der Mühe jeder weiteren Überlegung enthoben und würde die endgültige Entscheidung als notwendig empfinden. Aber so weit wird und kann es ja niemals kommen. Denn mag der sinnende Mensch die Motive einer von ihm vorzunehmenden Handlung noch so genau und vollständig gegeneinander abwägen, im entscheidenden Augenblick hindert ihn nichts, die Kette seiner Schlussfolgerungen doch noch zu durchbrechen und plötzlich gerade das Gegenteil von dem zu tun, was er vorher nach langen Überlegungen als richtig befunden hatte. Wer von uns hat das nicht schon an sich selbst erfahren? Dieses Bewusstseinserlebnis wirft alle gegenteiligen Theorien über den Haufen.

So beruht also die Willensfreiheit im Grunde auf einer Unvollkommenheit unseres Erkenntnisvermögens? Nichts wäre verkehrter als eine derartige Ausdrucks- [20] weise. Denn es wird doch gewiss niemand die begriffliche Unmöglichkeit, die Vorgänge im eigenen Unterbewusstsein endgültig zu durchschauen, einem Mangel des Erkenntnisvermögens zuschreiben wollen, ebenso wenig wie man den Umstand, dass ein Schnellläufer trotz aller Steigerung seines Tempos sich niemals selber überholen kann, auf eine Unvollkommenheit seiner Leistung zurückführen wird.

Nein, die Freiheit des Willens beruht ebenso wenig auf einer Unvollkommenheit des Erkenntnisvermögens wie auf einer vollkommenen Einsicht in die eigenen Willensmotive. Sie beruht auch nicht, wie jetzt vielfach behauptet wird, auf einer Lücke im Kausalzusammenhang, sondern sie beruht auf dem Umstand, dass der Wille eines Menschen seinem Verstande vorgeht oder, wie man auch sagen kann, dass sein Charakter mehr wiegt als sein

Intellekt. Der Wille lässt sich vom Verstand wohl beeinflussen, aber niemals vollständig beherrschen. Wie tief auch die verstandesmäßige Einsicht in das Dunkel der eigenen Willensmotive eindringen mag, bei der Endentscheidung ist der Wille souverän und gibt den Ausschlag unabhängig vom Verstand. Für die tiefe Wahrheit dieses Satzes wüsste ich keine treffendere Illustration als jenen Ausspruch, mit dem einmal eine Dame, allerdings schon vor Jahren, eine ihr zuteilgewordene gründliche wissenschaftliche Aufklärung quittierte: „Ja, das habe ich jetzt alles sehr gut verstanden. Aber glauben tue ich's doch nicht."

Bei alledem bleibt doch unser Wille ebenso wie unser Charakter streng kausal bedingt. Wir müssen nur, [21] damit das Kausalgesetz einen Sinn hat, die Möglichkeit eines Beobachters voraussetzen, der unseren gesamten körperlichen und seelischen Zustand, den bewussten und den unterbewussten, restlos zu durchschauen vermag. Wer aber so kurzsichtig oder so überheblich ist, dass er einen solchen Beobachter für undenkbar erklärt, der beweist damit nur, dass es ihm entweder an der Einbildungskraft oder an der Ehrfurcht mangelt, welche nun einmal für die Eignung zu einer ersprießlichen Beschäftigung mit den tiefsten Fragen der Erkenntnis und der Ethik unerlässliche Voraussetzung ist.

V
[Betrachtungsweisen]

Nach dem Ergebnis unserer Untersuchung ist der Gegensatz zwischen strenger Kausalität und Willensfreiheit nur ein scheinbarer, die Schwierigkeit liegt lediglich in der sinngemäßen Formulierung des Problems. Denn die Antwort auf die Frage, ob der Wille kausal gebunden ist oder nicht, lautet verschieden, je nach dem Standort, der für die Betrachtung gewählt wird. Von außen, objektiv betrachtet, ist der Wille kausal gebunden; von innen, subjektiv betrachtet, ist der Wille frei. Oder anders gefasst: Fremder Wille ist kausal gebunden, jede Willenshandlung eines andern Menschen lässt sich, wenigstens grundsätzlich, bei hinreichend genauer Kenntnis der Vorbedingungen, als notwendige Folge aus dem Kausalgesetz verstehen und in allen Einzelheiten vorausbestimmen. Inwieweit das praktisch geschehen kann, ist lediglich eine Frage der Intelligenz des Beobachters. Der eigene Wille dagegen ist nur für [22] vergangene Handlungen kausal verständlich, für zukünftige Handlungen ist er frei, eine eigene zukünftige Willenshandlung lässt sich unmöglich, auch bei noch so hoch ausgebildeter Intelligenz, rein verstandesmäßig aus dem gegenwärtigen Zustand und den Einflüssen der Umwelt ableiten.

Gegen diese Formulierung ist ein Einwand naheliegend, den ich hier einer genaueren Betrachtung unterziehen möchte. Man hat etwa Folgendes geltend gemacht: Nachdem zu Anfang unserer Betrachtungen das Kausalgesetz als Voraussetzung jeder wissenschaftlichen Untersuchung eingeführt und für alle Willenshandlungen als streng gültig befunden worden sei, werde nachträglich doch wieder der Indeterminismus durch eine Hintertür hereingelassen und ihm ein gewisser Platz eingeräumt. Darin liege ein Widerspruch oder zum mindesten eine Unklarheit. Denn entweder sei der Wille determiniert oder er sei nicht determiniert, ein Drittes gäbe es nicht.

Um diesen Einwand, der nur auf einer unzulässigen Vermengung verschiedener Betrachtungsweisen beruht, zu entkräften, möchte ich zunächst an einen einfachen Fall aus der Physik anknüpfen. Es ist bekannt, dass eine jede quantitative Aussage über ein raumzeitliches Geschehen nur dann einen bestimmten Sinn hat, wenn das Bezugssystem angegeben ist, für das sie gelten soll. Je nach der Wahl des Bezugssystems, die von vornherein ganz beliebig erfolgen kann, lautet die Aussage verschieden. Nimmt man z. B. ein mit unserer Erde fest verbundenes Bezugssystem, so muss man sagen, dass die Sonne sich am Himmel bewegt; verlegt man dagegen das [23] Bezugssystem auf einen Fixstern, so befindet sich die Sonne in Ruhe. In dem Gegensatz dieser beiden Formulierungen liegt weder ein Widerspruch noch eine Unklarheit, es handelt sich nur um zwei verschiedene Betrachtungsweisen. Nach der physikalischen Relativitätstheorie, die gegenwärtig wohl zum gesicherten Besitzstand der Wissenschaft gerechnet werden kann, sind die beiden Bezugssysteme und die ihnen entsprechenden Betrachtungsweisen gleich korrekt und gleich berechtigt; es ist grundsätzlich unmöglich, ohne Anwendung von Willkür durch irgendwelche Messungen oder Rechnungen zwischen ihnen eine Entscheidung zu treffen. Wenn wir nun zu unserm Thema zurückkehren, so finden wir auch hier zwei verschiedene Betrachtungsweisen, die von vornherein gleichberechtigt nebeneinanderstehen und zwischen denen wir uns nach freier Wahl entscheiden müssen, ehe wir eine bestimmte Aussage über die Willensfreiheit machen können. Die objektive Betrachtungsweise, wie sie die Wissenschaft anwenden muss, entspricht dem Standpunkt des absolut passiv bleibenden Beobachters. Für ihn herrscht das Kausalgesetz in voller Allgemeinheit, der menschliche Wille ist, wie jegliches Geschehen, streng determiniert. Das gilt bis hinauf zu den feinsten Vorgängen in der Welt des Geistes. Allerdings bedarf es für das kausale Verständnis genialer schöpferischer Leistungen einer Intelligenz von unbegreiflich hoher, von göttlicher Art, aber in der Annahme einer solchen sehe ich keine grundsätzliche Schwierigkeit. Vor Gott verhalten sich auch unsere größten geistigen Helden wie primitive Wesen. Das nimmt [24] diesen einzigartigen Persönlichkeiten nichts von dem Schimmer des Geheimnisses, das sie für uns umgibt, und nichts von der erhabenen Höhe, in die wir zu ihnen hinauf blicken.

Aber der objektiv-wissenschaftliche Standpunkt, der Standpunkt der höchsten Intelligenz, ist nicht der einzig berechtigte oder gar der selbstverständliche. Er ist nicht einmal der ursprüngliche, denn er muss erst mehr oder weniger mühsam erarbeitet werden. Ganz ebenso berechtigt und sogar unmittelbar gegeben ist der subjektiv-persönliche Standpunkt, der allerdings für jeden von uns ein verschiedener ist und daher für wissenschaftliche Betrachtungen nicht ausreicht. Von ihm, das heißt, von uns selbst aus gesehen ist, wie wir ausdrücklich festgestellt haben, der eigene Wille undeterminierbar, also frei. Dieser Satz steht mit der objektiven Determiniertheit des Willens ebenso wenig in Widerspruch, wie die oben besprochene subjektive Bewegung der Sonne mit ihrer objektiven Ruhe. Bei der Selbstbeobachtung handelt es sich ja nicht darum, dass wir frei *sind*, sondern darum, dass wir uns frei *fühlen*. Mag man diese Art von Freiheit immerhin als eine Illusion bezeichnen. Dann ist aber überhaupt jedes Gefühl eine Illusion. Denn auch die Gefühle lassen sich niemals objektiv-wissenschaftlich erfassen, sie können nur persönlich erlebt werden, und wenn sie erlebt werden, sind sie einfach unmittelbar gegeben und tun ihre Wirkung, einerlei wie von andern über sie geurteilt wird.

Nach allem diesem erscheint der Streit um die Willensfreiheit im Grunde als ein Streit um die Betrachtungs- [25] weise. Ein eigentliches Problem, das einer bestimmten endgültig abschließenden Lösung fähig wäre, liegt nach meiner Meinung gar nicht vor, und daran wird sich auch wohl nichts ändern, so lange es wollende und denkende Menschen auf Erden gibt.

VI
[Bedeutung der Ethik]

Unsere Überlegungen haben uns zu der Feststellung geführt, dass die kausale Betrachtung gerade an demjenigen Punkt versagt, der uns für unsere Lebensführung der allerwichtigste ist. Keine Wissenschaft, keine Selbsterkenntnis vermag uns restlos darüber aufzuklären, wie wir selber in einer bestimmten Lebenslage handeln werden. Hierzu bedürfen wir eines anderen Führers, eines Führers, der nicht nur auf unsern Verstand, sondern auch direkt auf unseren Willen wirkt, indem er uns in gegebenen Fällen bestimmte Richtlinien für unser Verhalten aufweist. Daher tritt hier zu der Wissenschaft als notwendige Ergänzung der von ihr gelassenen Lücke die Ethik. Sie fügt zu dem kausalen „Muss" das moralische „Soll", sie setzt neben die reine Erkenntnis das Werturteil, welches der kausalen wissenschaftlichen Betrachtung an sich fremd ist.

Den Inhalt der Ethik befriedigend zu fassen, ist wohl das wichtigste und schwierigste Problem, das dem menschlichen Geist gestellt ist. Seit Anbeginn der menschlichen Kultur haben die tiefsten Denker daran gearbeitet. Ich darf mir nicht anmaßen, einen weiteren Beitrag dazu liefern zu wollen, ich bin kein Ethiker und fühle mich auch nicht berufen, einer zu werden. [26] Doch liegt mir daran, in diesem Zusammenhang noch einige Ausführungen zu machen über das, was sich vom wissenschaftlichen Standpunkt aus über die Bedeutung und den Inhalt der Ethik sagen lässt. Denn wenn die Ethik auch nicht in der Wissenschaft wurzelt, so lässt sie sich doch auch nicht vollständig von ihr loslösen und darf sich auf keinen Fall mit ihr in Widerspruch setzen. So gibt es vieles, was die Ethik mit der Wissenschaft gemeinsam hat, und auch wieder vieles, was sie voneinander trennt.

Während es nur eine einzige, allen Kulturvölkern gemeinsame Wissenschaft gibt, woran auch die Tatsache nichts ändert, dass eine jede Wissenschaft auf nationalem Boden erwächst, sind im Laufe der Jahrhunderte und Jahrtausende zahlreiche verschiedene Systeme der Ethik aufgestellt worden, die oft miteinander in scharfen Wettbewerb getreten sind. Ja, selbst innerhalb eines nach Ort und Zeit genau abgegrenzten Kulturkreises kämpfen verschiedene ethische Theorien miteinander. Ich brauche nur an den Gegensatz zwischen bürgerlicher und politischer Moral zu erinnern. Es ist eben viel leichter, zwischen „wahr" und „falsch" zu unterscheiden, als zwischen „wertvoll" und „wertlos".

Welches ist denn nun aber das entscheidende Kennzeichen für den Wert einer Ethik? – Auf diese Frage kann es nach meiner Meinung nur eine einzige Antwort geben. Diejenige Ethik ist die wertvollste, welche sich im praktischen Leben auf die Dauer am besten bewährt; ebenso wie in der Wissenschaft immer diejenige [27] Theorie den Vorzug verdient, welche der Erfahrung am besten angepasst ist. Von dieser Wahrheit durchdrungen haben die großen Ethiker aller Zeiten es als ihre wichtigste Aufgabe empfunden, ihrer Lehre zur praktischen Betätigung in der Welt zu verhelfen, wobei sie vor allem selber mit dem eigenen Beispiel vorangingen; und gerade die allergrößten unter ihnen, von Sokrates bis hinauf zu Jesus, haben nicht gezaudert, diesem höchsten Ziel ihr eigenes Leben zum Opfer zu bringen. Ja, man darf sagen, dass dieses aufrechte Eintreten für ihre Lehre ein wesentliches Merkmal ihrer Größe ausmacht.

Blicken wir auf die Gegenwart, so gewahren wir ein anderes Bild. Wie klein und armselig wirken gegenüber jenen großen Persönlichkeiten manche der modernen Ethiker, welche mit allen Künsten ihrer Logik und Dialektik stolze Gebäude errichten und sie gegen jeden

Angriff scharfsinnig zu verteidigen wissen, die aber, wie es scheint, gar nicht daran denken, ihre ethischen Forderungen auf ihre eigene Person anzuwenden, ja sogar die Aufforderung, solches zu tun, als eine ungehörige Zumutung mit überheblicher Geste ablehnen. Diese klugen Gelehrten scheinen nicht zu ahnen, dass sie mit einer solchen Stellungnahme sich gerade den einzigen Weg verbauen, der ihnen die Möglichkeit bieten könnte, ihrer Ethik allgemeinere Anerkennung zu verschaffen. Was würde man von einem Physiker oder Chemiker sagen, der eine groß angelegte, mathematisch tadellose Theorie ausarbeitet und nach allen Richtungen ausfeilt, der aber jeden Versuch, sie auf die Vor- [28] gänge in der Natur anzuwenden, als unberechtigt und überflüssig zurückweist? Man würde ein solches Elaborat gar nicht ernst nehmen und darüber zur Tagesordnung hinweggehen. Aber in der Ethik scheint man gegenwärtig keine so hohen Ansprüche zu stellen. Wenigstens trifft man hier auf Autoren von bedeutendem Ruf, denen es nicht einfällt, die Folgerungen aus ihrer Lehre, die doch allgemeine Gültigkeit in Anspruch nimmt, für ihre eigenen Handlungen zu ziehen.

Das gilt ganz besonders für diejenigen Ethiker, welche den Wert des Lebens verneinen. Gewiss kann man angesichts des vielen Leides und der vielen Ungerechtigkeiten, welche das Leben bringt, ernstlich die Frage aufwerfen, ob nicht die Summe des Üblen und Traurigen in der Welt die des Guten und Erfreulichen überwiegt. Und es muss gerade als eine der schwierigsten Aufgaben der Ethik erscheinen, inmitten der beklagenswerten Zerrissenheit der Verhältnisse in unserer gegenwärtigen Kulturwelt, der unerquicklichen hasserfüllten Kämpfe der Interessen und Meinungen, der vielfach trostlosen Zustände, die wir ringsum antreffen, durch ihre Richtlinien denjenigen festen Halt zu schaffen, der uns in unserer Lebensführung die dauernde Übereinstimmung mit dem eigenen Ich, den inneren Frieden, gewährleistet. Diese Schwierigkeit wird auf die einfachste Weise als solche aus der Welt geschafft, wenn man den Wert des Lebens verneint und damit den Kampf um seine Erhaltung und Bereicherung für sinnlos erklärt. Dann darf man aber nicht vergessen, dass es, um eine auf diese Voraussetzung gegründete Ethik [29] zu rechtfertigen, kein anderes Mittel gibt als den Nachweis, dass sich aus ihr eine brauchbare Richtschnur für das Verhalten im wirklichen Leben herleiten lässt. Das haben wohl auch die alten indischen Weisen empfunden, als sie, von der Wertlosigkeit aller irdischen Güter durchdrungen, durch strenge Zurückgezogenheit von der Außenwelt und durch tiefste Selbstversenkung sich von den Bedürfnissen ihres Lebens nach Möglichkeit unabhängig zu machen bemüht waren.

In groteskem Gegensatz dazu findet man in der neueren Zeit gerade unter denjenigen Ethikern, welche die Lebensverneinung zum Programm ihrer Weltanschauung machen, ganz besonders aktive und gewiegte Lebenskünstler. Die naheliegende Frage, von welchen ethischen Gesichtspunkten sich diese vielseitigen Leute bei ihren Handlungen denn nun eigentlich in Wirklichkeit leiten lassen, bleibt unerörtert. Wie erklärt sich dieser auffallende Widerspruch? Sollten diese Forscher im Grunde ihre eigene Lehre gar nicht ernst nehmen und sie nur als ein geistvolles, interessant anmutendes Gedankenspiel bewerten? Das wäre ungefähr der schlimmste Vorwurf, den man einem Philosophen machen kann. – Ich glaube, dass man eine näherliegende Erklärung finden kann, die wenigstens die Ehrlichkeit der Betroffenen unangetastet lässt. Sie besteht darin, dass bei ihnen die aus ihrer Ethik der Lebensverneinung stammenden Willensmotive kompensiert und überwunden werden durch kräftigere entgegengesetzt gerichtete Motive, die dem im Unterbewusstsein schlummernden natürlichen Triebe zur

Selbsterhaltung und [30] Selbstbehauptung entspringen – ein weiterer Beleg für die allgemeine Wahrheit, dass der aus dunkler Tiefe aufsteigende Wille des Menschen stärker ist als sein bewusst abwägender Verstand. Dieser Satz bildet ja, wie wir sahen, die Grundlage für die Freiheit des eigenen Willens. Nicht die auf verstandesmäßige Überlegungen sich stützende wissenschaftliche Erkenntnis, sondern der auf ethische Ziele hin gerichtete freie Wille ist es, der unseren Handlungen im Leben tatsächlich die Richtung weist.

So trägt ein jeder sein Schicksal frei in seiner Hand. Wir können unmöglich die gesetzliche Abwickelung unserer eigenen Lebenskämpfe als aufmerksame, aber neutrale Zuschauer betrachten, sondern wir stehen selber als aktive Mitstreiter im Kampf und sind daher stets gezwungen, nach freiem Ermessen Partei zu nehmen. Kein Fatalismus kann uns unserer Verantwortung dabei entheben.

Wenn wir als Fatalisten die Hände in den Schoß legen wollten und abwarten, was passiert, in der Meinung, dass es sich nicht lohne, über unsere zukünftigen Handlungen nachzudenken, da diese doch durch das Kausalgesetz genau vorherbestimmt seien, so würden wir uns einer verhängnisvollen Selbsttäuschung hingeben. Denn tatsächlich würden wir mit diesem Entschluss eine freie Willensentscheidung treffen. Gegen solche moralische Verirrungen bildet den natürlichsten und zugleich stärksten Schutz die Stimme des eigenen Gewissens. Aber auch derjenige, welchem eine einseitige Naturanlage oder eine allzu liebevolle Beschäf- [31] tigung mit unreifen sozialen Theorien die Unbefangenheit getrübt und die natürlichen Hemmungen beseitigt hat, sollte sich wenigstens verstandesmäßig klarmachen, dass das Kausalgesetz, welches, wie wir gesehen haben, in der Anwendung auf unseren eigenen gegenwärtigen Seelenzustand ohne jeden Sinn ist, unmöglich herangezogen werden kann, um uns von der vollen moralischen Verantwortung für Handlungen, die wir zu begehen im Begriff sind, zu entlasten. Auf der anderen Seite verleiht uns der Umstand, dass wir eigene zukünftige Handlungen niemals rein kausal begreifen können, das wohlbegründete Recht, unserer Phantasie freien Spielraum zu gewähren, und hält selbst dem kühnsten Optimismus für die Zukunft das Tor offen.

Erst wenn eine Handlung vollzogen ist und somit der Vergangenheit angehört, sind wir zu dem Versuch berechtigt, sie von rein kausalen Gesichtspunkten aus zu verstehen. Die Einsicht, dass wir auch in unserem moralischen Handeln bestimmten, uns selber freilich im Augenblick unmöglich erkennbaren Kausalgesetzen unterworfen sind, ist nicht nur für die wissenschaftliche Erkenntnis von Bedeutung, sondern kann uns auch im praktischen Leben wertvolle Dienste leisten, wenn wir uns bemühen, Handlungen, die wir begangen haben, hinterher, so gut es eben geht, vom kausalen Gesichtspunkt aus zu begreifen, besonders in solchen Fällen, wo uns die Handlung nachträglich leidtut, wegen übler Folgen, die sie unerwarteter- und unbeabsichtigterweise nach sich gezogen hat. Wir können dann häufig aus der Erkenntnis des kausalen Zusammenhangs die Ein- [32] sicht schöpfen, die uns nötig ist, um in später vielleicht einmal eintretenden ähnlich gearteten Fällen die gemachten Fehler zu vermeiden und keine neuen zu begehen.

Freilich wird durch nachträgliches Analysieren der Ursachen fehlerhafter Handlungen weder der entstandene Schaden ersetzt noch die Unzufriedenheit behoben, ja es ist in gewisser Hinsicht sogar gefährlich, sich allzu lange und allzu tief zu versenken in Betrachtungen von bedauerlichen Ereignissen, die nun einmal geschehen und nicht mehr zu ändern sind. Aber andererseits kann es uns doch häufig eine merkliche Erleichterung gewähren und zu einer Milderung des Verdrusses beitragen, wenn wir uns nachträglich klarmachen können, dass unter den damaligen Umständen, bei unserer damaligen Gemütsverfassung und den vorliegenden äußeren Einflüssen für uns gar keine anderen Motive entscheidend sein konnten als gerade diejenigen, die unsere Handlung herbeigeführt haben. Wird dadurch auch an den tatsächlich eingetretenen bedauerlichen Folgen nichts geändert, so stehen wir doch dem Ablauf der Dinge ruhiger gegenüber und ersparen uns namentlich das Bittere und unaufhörlich Nagende der Selbstvorwürfe, mit welchen sich manche Menschen in solchen Fällen ihr ganzes Leben hindurch quälen.

Es kommt aber hier noch ein weiteres hinzu. Wenn wir beim Zurückblicken auf ein von uns als unliebsam empfundenes Ereignis uns ehrlich bemühen, über alle Folgen desselben im Einzelnen ins Klare zu kommen, so können wir wohl einmal zu der Entdeckung geführt [33] werden, dass ein Ereignis, das wir früher als ein Unglück beklagten, durch seine Folgen in Wirklichkeit zu unserem Vorteil ausgeschlagen ist, etwa dadurch, dass es nur ein für einen höheren Gewinn gebrachtes Opfer darstellt oder dass wir vor einem noch größeren Unglück bewahrt geblieben sind; dann wird vielleicht unser Bedauern in Befriedigung und Freude über das Ereignis verkehrt werden. In dieser Hinsicht hat der volkstümliche Spruch „Wer weiß, wozu es gut ist" seine tiefe Bedeutung. Und wir können niemals wissen, ob uns nicht solche erfreulichen Folgen vielleicht erst zukünftig noch offenbar werden. Ja, grundsätzlich steht gar nichts im Wege anzunehmen, dass sie über kurz oder lang in jedem Fall eintreten, wenn wir auch nicht hellsichtig genug sind, um jedes Mal Kenntnis von ihnen zu erhalten. Wem es gelingt, sich bis zu dieser Lebensanschauung zu erheben, die durch keine Wissenschaft und keine Logik zu widerlegen ist und die uns, wie wir sahen, nur durch den

Willen, nicht durch den Verstand vermittelt werden kann, der darf sich wahrhaft glücklich preisen. Denn wie er stets empfänglich bleibt für alles Gute und Schöne, was ihm jeder Tag und jede Stunde bringen kann, so bleibt er zugleich von vornherein gefeit gegen die inneren und äußeren Gefahren, welche dem seelischen Gleichgewicht unablässig bedrohen.

Wir haben, meine Damen und Herren, das Verhältnis der Willensfreiheit zum Kausalgesetz bisher nur mit Bezug auf den einzelnen Menschen betrachtet, und das war notwendig. Denn die Willensfreiheit, ebenso wie [34] das Verantwortungsbewusstsein, hat in letzter Linie nur für die Einzelpersönlichkeit Bedeutung. Aber es unterliegt keinem Zweifel, dass es außer dem Einzelwillen auch einen Gemeinschaftswillen, einen Volkswillen gibt, der noch etwas anderes darstellt als die einfache Summe der einzelnen Willen, und es kann ebenso nicht zweifelhaft sein, dass für diese Art von Willen, der sich auf viel weitere Raum- und Zeitverhältnisse hin geltend macht, ganz ähnliche Gesetzmäßigkeiten aufzustellen sind. So lassen Sie mich zum Schluss nur noch in einem kurzen Satz zusammenfassen, was wir in dieser Hinsicht aufgrund unserer früheren Überlegungen ohne Weiteres aussprechen können. Die Geschichte eines Volkes ist dem eigenen Volke nur für die Vergangenheit kausal verständlich, seine Zukunft lässt sich nie und nimmer auf rein wissenschaftlichem Wege ergründen. Daher ist jeder Versuch, die Frage, ob Untergang oder Aufstieg, allein durch historische Forschung zu lösen, von vornherein verfehlt, wie jetzt erfreulicherweise immer mehr anerkannt wird. Aber das können wir mit Sicherheit sagen: Demjenigen Geschlecht und demjenigen Volk wird die Zukunft gehören, welches den Willen dazu aufbringt und betätigt.

Anhang B: Anregungen zum Weiterdenken und für den Unterricht

Im Folgenden habe ich – wo das sinnvoll ist, nach Fachrichtungen unterschieden – eine Reihe von Anschlussfragen zusammengestellt. Diese sind hoffentlich zum Weiterdenken oder für den (Schul-)Unterricht nützlich. Möglicherweise ist das Niveau mitunter etwas hoch. Meine Philosophie ist aber, lieber etwas zu hoch zu greifen, als es erst gar nicht zu versuchen. Der Weg (das Lernen) ist das Ziel, auch wenn es am Ende auf manche Fragen keine für alle gültige Antwort gibt. Bei Nachfragen können Sie gerne Kontakt mit mir aufnehmen.

Vorwort: Warum das Problem wichtig ist

* *Für die allgemeine Diskussion:* Wo begegnen uns Erklärungen der zwei Ebenen, psychosozial oder naturwissenschaftlich? Wie ist das bei psychischen

Störungen, zum Beispiel ADHS, Autismus oder Depressionen? Hat die Betrachtungsweise Auswirkungen darauf, wie wir Menschen für ihr Verhalten verantwortlich machen und wie wir es moralisch bewerten?
* *Sozialkunde/Geschichte:* Wie war das mit dem Sozialdarwinismus? Warum wirkte er damals so überzeugend? Welcher sozialen Klasse nutzte diese Ansicht am meisten? Was bedeutete er für die Ausgrenzung benachteiligter Gruppen? Inwiefern spielten Sozialdarwinismus und biologische Erklärungen eine wichtige Rolle für Rassismus und die Verbrechen des Nationalsozialismus?
* *Literatur/Englisch:* Zum Vorwort lässt sich Aldous Huxleys *Schöne neue Welt* lesen. Zur Diskussion von Demokratie gegenüber Totalitarismus auch Huxleys 1958 erschienene Reflexion *Brave New World Revisited*.
* *Biologie:* Was sagen Erblichkeitsschätzungen wirklich aus? Warum ist Erblichkeit nicht dasselbe wie genetische Determination? Warum lassen sich biologische und psychosoziale Faktoren so schwer trennen? (Antwortmöglichkeit: Experimenteller Forschung sind hier enge ethische Grenzen gesetzt. Insbesondere können wir keine genetisch exakten Kopien – eineiige Zwillinge? – nach Belieben in unterschiedlichen Umwelten aufwachsen lassen. Die oft zitierten Zwillings- und Adoptionsstudien wiederum beruhen auf Annahmen über geteilte/getrennte Umwelten, die in der Praxis nicht stimmen. Tierversuche schließlich sind schwer auf den Menschen übertragbar und auch zunehmend ethisch umstritten.) Ist es wichtig, den genauen Beitrag von Genen oder Umwelt zu beziffern? Oder reicht es aus, dass beide für uns Menschen eine Rolle spielen?

1. Einleitung: Der Mensch als Natur- oder Kulturwesen

* *Für die allgemeine Diskussion:* Wenn man Philosophie und Wissenschaften so trennt, gibt es dann eine starke Grenze, oder handelt es sich vielmehr um ein Spektrum? (Antwortmöglichkeit: Es wird auf beiden Seiten klare Fälle geben und ein diffuses Spektrum dazwischen, vor allem in der Wissenschaftsphilosophie, Anthropologie, Philosophie des Geistes und anderen Gebieten, die empirisch relevante Fragen und nicht nur die Logik oder Ideengeschichte behandeln.)
* *Philosophie/Religion:* Spricht etwas gegen Huxleys agnostisches Prinzip? Wie verhält es sich zum religiösen Glauben?
* *Geschichte/Philosophie:* Warum warf man Sokrates Gotteslästerung und Verführung der Jugend vor? Was sagt das über die attische Kultur aus? Möglicherweise Auszüge aus Platons *Apologie* oder dem *Phaidon* lesen. Wie war das eigentlich damals, als Huxley Darwins Evolutionslehre gegenüber Kirchenvertretern verteidigte?
* *Geschichte:* Mit welcher Begründung wurden jüdische Beamte aus dem Staatsdienst entfernt? Welche berühmten Gelehrten waren davon betroffen? (Siehe hierzu auch Kap. 9.)
* *Physik/Biologie:* Wie erklärt man alltägliche Makroeigenschaften naturwissenschaftlich, beispielsweise Farbwahrnehmung, die Glätte von Eis oder den „Teekanneneffekt"? Sind diese Erklärungen endgültig?

2. Philosophische Vorbemerkungen zur Willensfreiheit

* *Für die allgemeine Diskussion:* Wie würden Sie, würden Ihre Schülerinnen und Schüler den Willen definieren? Welche weiteren Beispiele für Verdinglichungen lassen sich finden? Woher wissen wir eigentlich, was zum Beispiel „die Liebe" ist? Und was sagt das über unsere Sprache und über uns selbst aus?
* *Religion/Philosophie:* Widerspricht die Annahme eines allgütigen, allwissenden und allmächtigen Gotts der Willensfreiheit? Wie ließe sich der Konflikt auflösen, und was bedeutet das für die Willensfreiheit?
* *Philosophie:* Warum vertritt niemand die Position in der unteren linken Ecke der Matrix? (Antwort: Wenn man ohnehin nicht an der Willensfreiheit festhält, dann ist mit der Annahme des Indeterminismus auch nichts gewonnen.) Kann man sich die Wahrheit des harten Determinismus wirklich vorstellen, dass also der eigene Wille vollständig durch Naturvorgänge festgelegt wird? Und ist der Unterschied zum Kompatibilismus dann noch wichtig oder eher sprachlicher Art? Was fehlt in der Definition im *Duden*, um sie philosophisch reichhaltiger zu machen? (Antwort: Eine Aussage darüber, *wie* der Wille zustande kommt.)
* *Projekt:* Schülerinnen und Schüler könnten die Lehrerinnen und Lehrer zu ihrem Standpunkt zur Willensfreiheit befragen. Lassen sich die Antworten in die Matrix einordnen? Gibt es hier auffällige Unterschiede zwischen den Fachrichtungen? (Siehe auch den ähnlichen Auftrag in Kap. 4.)

3. Max Plancks Argument

* *Für die allgemeine Diskussion:* Macht die theoretische Physik die Philosophie überflüssig? Wie könnte Max Planck die Frage beantworten? Inwiefern ist Plancks Gleichsetzung von Willensfreiheit und Unvorhersehbarkeit befriedigend oder unbefriedigend? Wie verhält sich die Trennung von Wille und Verstand zur neofreudianischen Herausforderung aus der Einführung?
* *Geschichte/Philosophie:* Wer waren die zentralen Vertreter des Materialismusstreits im 19. Jahrhundert, und wie argumentierten sie?
* *Physik/Philosophie:* Ist die kausale Geschlossenheit der Welt eine grundlegende Voraussetzung für die Naturwissenschaften an sich?
* *Ethik/Religion:* Was bedeutet das konkret, sein Leben an der Ethik zu orientieren? Gibt es heutzutage glaubwürdige Vertreter ethischer Positionen, die im Einklang mit ihrer Lehre leben? Warum haben gerade die Kirchen in unserer Zeit so viel ihrer moralischen Glaubwürdigkeit eingebüßt? Es gibt verschiedene Ethiken – wie soll man die richtige auswählen und sollte man diese allgemeinverbindlich für alle festlegen?

4. Determinismus und Kausalität

* *Für die allgemeine Diskussion:* Welche Rolle spielen kausale Erklärungen im Alltag? Wie „tief" kommen wir dabei in der Regel? Achten Sie dabei auf den schleichenden Wechsel ins „Reich der Gründe", das später im Buch thematisiert wird, insbesondere wenn es um menschliches Verhalten geht. Da das Kapitel schon sehr inhaltsschwer ist, würde ich mich eher auf das Verständnis der Begriffe fokussieren. Daran könnte man

eine freie Diskussion anschließen, wer das Universum für deterministisch hält und wer für indeterministisch. Ähnliches gilt für den Naturalismus: Was könnte ein Problem sein, hier philosophische und naturwissenschaftliche Standpunkte zu vermischen? (Antwortmöglichkeit: In Diskussionen werden dann regelmäßig Positionen der Gegenseite als „unwissenschaftlich" dargestellt und so mundtot gemacht, obwohl es in Wirklichkeit um unterschiedliche *philosophische* Standpunkte geht, die sich alle nicht endgültig beweisen oder widerlegen lassen. Das wird man auch in Kap. 5 bei Frau Hossenfelder sehr gut sehen.)

* *Physik:* Das magnetische bzw. Chaospendel, Doppelpendel und auch der Doppelspaltversuch lassen sich experimentell aufbauen. Beim Chaospendel könnte man ein Spiel daraus machen, wer den Ausgang am besten errät. Im Internet finden sich zudem zahlreiche grafische Simulationen der Versuche, die auch eine interaktive Anpassung der Parameter erlauben.
* *Geschichte:* Zu Laplace und seiner Begegnung zu Napoleon gibt es eine interessante Anekdote, die sich wiederum auf den Naturalismus beziehen lässt.
* *Informatik/Mathematik:* Wie unterscheidet man „echten" und Pseudozufall? Das Buch von Bettina Just über Quantencomputer bietet weitere Möglichkeiten der Vertiefung.
* *Projekt:* Schülerinnen und Schüler könnten die Lehrerinnen und Lehrer zum Determinismus/Indeterminismus, Naturalismus und auch zur Willensfreiheit interviewen. Gibt es hier auffällige Unterschiede zwischen den Fachrichtungen? (Siehe auch den ähnlichen Auftrag in Kap. 2.)

5. Heutige Physiker*innen zur Willensfreiheit

* *Für die allgemeine Diskussion:* Wie lassen sich Sabine Hossenfelders Auftreten und Art der Argumentation – unabhängig von deren Inhalt – bewerten? Sollten wissenschaftliche oder philosophische Dispute auf diese Weise ausgetragen werden? Erklärt die mitunter plakative Darstellung aber vielleicht ihren besonderen Erfolg auf YouTube? Wie viel verdient sie mit ihren Videos, angesichts dieser Klickzahlen? Wäre eine Schule, in der nur Physik unterrichtet wird, vorstellbar? Wäre sie wünschenswert?
* *Physik:* Finden sich weitere Beispiele für Physikerinnen oder Physiker, die sich zu Willensfreiheit geäußert haben? Was meinte Einstein mit dem Hinweis, „der Alte" würfele nicht?
* *Philosophie/Naturwissenschaften:* Welche historischen Beispiele für Reduktionen gibt es? Was sind hier die Probleme? Ist es realistisch, von einer „Weltformel" auszugehen? Und wäre es ein Problem für die Wissenschaft, wenn es sie nicht gäbe? Was würde das mit der Wissenschaft machen, wenn eines Tages alles erklärt wäre?
* *Projekt über Vorhersagen:* Wie gut funktioniert eigentlich die Wettervorhersage, und was ist hier das Problem? Die Trefferquote ließe sich mit einem Tagebuch berechnen. Dabei muss man sich natürlich erst über Kriterien verständigen: Geht es um die stündliche oder tägliche Vorhersage? Wie genau ist der Zustand definiert? Welche Abweichung lässt man zu, bevor man von einem Irrtum spricht?

6. Willensfreiheit in Biologie und Neurowissenschaften

* *Für die allgemeine Diskussion:* Was ist das eigentlich für ein Phänomen, einen „spontanen Drang für eine Bewegung" zu spüren? Kennen wir das aus dem Alltag? Wie müsste ein Experiment aussehen, das Willensakte im Sinne der Definition in Kap. 2 misst? Warum werden solche Experimente wohl nicht durchgeführt? (Antwortmöglichkeit: Weil das Phänomen und die Ergebnisse dann schon so komplex sind, dass man diese mit den vorhandenen Mitteln nicht mehr sinnvoll interpretieren kann.)
* *Geschichte/Philosophie:* Warum mussten Denker wie Descartes oder La Mettrie im 17./18. Jahrhundert ihre Heimat verlassen? Warum waren die Niederlande und Preußen toleranter?
* *Sozialkunde/Geschichte:* Was sagt die Vorliebe für provokante Aussagen über die Medien aus? Ist das ein gesellschaftliches Problem? Für wie vertrauenswürdig halten wir die Medien eigentlich? Gibt es hier Unterschiede, je nach Quelle und Format? Sollte es eine Art „Wahrheitsbehörde" geben? Was wären deren Vor- und Nachteile? (Antwortmöglichkeit: Mit Zensurbehörden gab und gibt es schlechte Erfahrungen in der Menschheitsgeschichte. Vielleicht ist die Zulässigkeit von Falschmeldungen das kleinere Übel?)
* *Biologie:* Welche konkreten Beispiele lassen sich für Zufallsprozesse in Organismen finden? (Tipp: Heisenberg versteht darunter spontanes, aus dem inneren Verarbeiten auftretendes Verhalten, das nicht durch äußere Reize ausgelöst wird.) Heisenbergs kurzer Essay (englisch) ließe sich zur Vertiefung lesen.

* **Biologie/Physik:** Nach welchen Prinzipien funktionieren EEG und fMRT? Was sind wesentliche Unterschiede, beispielsweise in der zeitlichen und räumlichen Auflösung? (Auf Nachfrage stelle ich hier gerne mein Buch *Gedankenlesen* aus dem Jahr 2008 gratis zur Verfügung, das in dieser Hinsicht immer noch aktuell ist.)

7. Eine Zwischenbilanz

* *Für die allgemeine Diskussion:* Die in den vorherigen Kapiteln kennengelernten Standpunkte einzelner Wissenschaftlerinnen und Wissenschaftler kann man selbst den Positionen zur Willensfreiheit in Kap. 2 zuordnen – und das dann mit dem Fazit in Kap. 7 vergleichen.

8. Freiheit und Verantwortung in Recht und Moral

* *Für die allgemeine Diskussion:* Wie plausibel sind die Kriterien der Einsichts- und Steuerungsfähigkeit? Wie treffen Gerichte diese Entscheidung? Wie wirken sich zum Beispiel Alkohol- und Drogenkonsum darauf aus? Was sind die konkreten Voraussetzungen für die Anordnung einer Sicherheitsverwahrung, und warum ist diese menschenrechtlich problematisch? Gäbe es einen besseren Umgang mit „gemeingefährlichen" Straftätern? Warum sind eigentlich so viel mehr Männer Gewaltverbrecher als Frauen? Wie unterscheiden sich bestimmte Länder in ihren Kriminalitätsraten, zum Beispiel für Morde und andere Verbrechen? Wie verantwortungsvoll oder unverantwortlich verhalten sich Kinder und Jugendliche allgemein? Das Strafrecht verfolgt verschiedene Ziele: Prävention, Rehabilitation

und Retribution. Was spricht für und gegen diese, vom menschlichen und gesellschaftlichen Standpunkt?
* *Geschichte:* Welche sind die in unserem Kulturkreis prägenden Einflüsse? Hier könnte man noch auf das römische Recht eingehen, das ich in dem ohnehin schon langen Kapitel ausgelassen habe.
* *Sozialkunde/Geschichte/Englisch:* Aus der aktiven Zeit Delgados und seiner Forschung über Gehirnkontrolle gab es eine Reihe amerikanischer Filme (z. B. *Brainstorm, Cyborg 2087, One Flew Over The Cuckoo's Nest, The Manchurian Candidate, The Mind Snatchers*), zum Teil auch als lesenswerte Romanvorlage.
* *Literatur/Philosophie:* Man könnte einen der Kriminalromane lesen oder, zum Beispiel über Gruppen verteilt, beide. Bei Kerrs *Wittgenstein Programm* bietet sich ein Bezug zu Wittgensteins Philosophie an, bei Johlers *Kritik der mörderischen Vernunft* zu Kants und zudem zur gesellschaftspolitischen Diskussion über Tierrechte und Tierversuche. Die entscheidende Frage ist natürlich, ob die beiden Täter in der Entscheidung für die Verbrechen frei und verantwortlich waren. Bei der RAF-Terroristin Ulrike Meinhof (1934-1976) fand man bei der Obduktion tatsächlich einen Gehirntumor. Ändert dieses Wissen unsere Sichtweise auf ihre Taten?

9. Wissenschaftler sind auch nur Menschen

* *Für die allgemeine Diskussion:* Was können wir aus heutiger Sicht über die Verantwortung von Individuen und den – staatlichen wie privaten – Institutionen, für die sie tätig sind, sagen? Hätte Max Planck sein Amt als Akademiesekretär besser niederlegen sollen? (Er hätte wohl, um eine Konfrontation mit den National-

sozialisten zu vermeiden, altersbedingte Gründe vorschützen können.) Wie lässt sich das Bedürfnis, möglichst schnell über etwas informiert zu werden, mit der Richtigkeit der Informationen und einer Einordnung in den Kontext und die Hintergründe abwägen? Brauchen wir überhaupt Reflexion wissenschaftlicher Erkenntnisse, und, wenn ja, wofür könnte die eigene Disziplin der Wissenschaftsphilosophie nötig sein? (Antwortmöglichkeit: Wissenschaftler stehen unter einem extremen Produktivitäts- und Erfolgsdruck. Diese Systemeigenschaften sind der Wahrheitsfindung nicht unbedingt dienlich. Manche Persönlichkeiten sind aber auch einfach praktischer orientiert, andere theoretischer.)

* *Physik/Geschichte:* Was lässt sich sonst noch über die Beziehung Einsteins und Plancks herausfinden?
* *Religion:* Welche anderen berühmten Beispiele gibt es für Naturwissenschaftler, die sich öffentlich zu ihrem religiösen Glauben bekennen? Wie gehen religiöse und wissenschaftliche Institutionen hiermit um? Unter welchen Umständen könnte hier ein Konflikt bestehen? (Antwortmöglichkeiten: Wenn ein Wissenschaftler bestimmte Erkenntnisse nur aus dem Grund ablehnt, dass sie im Widerspruch mit religiösen Dogmen stehen; wenn an alten Überlieferungen wortwörtlich festgehalten wird.)
* *Biologie/Philosophie:* Das "Manifest" aus dem Jahr 2004 ist im Internet frei zugänglich. Wie lassen sich die Aussagen aus heutiger Sicht bewerten? Ist es in Ordnung, wenn Forscherinnen und Forscher mit so weitreichenden Aussagen in der Öffentlichkeit auftreten, selbst wenn diese in Wirklichkeit noch nicht wissenschaftlich bestätigt sind? Ist es ein Problem, wenn aufgrund solcher Versprechungen sehr viel Geld

in einen Forschungsbereich fließt und darum andere gewissermaßen „austrocknen"?

10. Allzumenschliche Neurofehlschlüsse

* *Für die allgemeine Diskussion:* Wer war Roger Sperry, und wofür wurde ihm der Nobelpreis verliehen? Wie realistisch ist seine Aussage über die Autorität der Hirnforschung? Warum ist der Auslassungsfehler so ein großes Problem? (Antwortmöglichkeit: Wissenschaft soll gerade beobachterunabhängig und neutral sein. Wenn man subjektiv nur den Teil der Daten oder Fakten auswählt, die zur gewünschten Hypothese oder Theorie passen, lässt sich so gut wie alles belegen.) Wie weit dürfen Vereinfachungen wissenschaftlicher Sachverhalte in den Medien gehen, ohne die Wissenschaft zu verzerren? Welche Beispiele lassen sich hierfür aus anderen Bereichen finden? Warum müssen wichtige Entscheidungen in der Wissenschaft im Geheimen getroffen werden? (Antwortmöglichkeit: Ich weiß es auch nicht.) Was wäre eine gute Balance zwischen Grundlagen- und angewandter Forschung? Und was würde dafür oder dagegen sprechen, Bürgerinnen und Bürger mehr in die Entscheidung darüber einzubeziehen, was erforscht werden soll?
* *Literatur/Geschichte:* *Grimms Wörter* von Grass kann ich nur wärmstens empfehlen.
* *Sozialkunde/Geschichte/Englisch:* Siehe die Buch- bzw. Filmvorschläge zu „Gedankenkontrolle" für Kap. 8.
* *Biologie:* Im Internet kursieren die Aufnahmen von Delgados „Stierkampf". Wie würden Sie das Verhalten des Tieres interpretieren? Geht es hier wirklich um eine Art der Gedanken-/Gefühlskontrolle oder eher doch um eine Störung des Bewegungsapparats?

* **Biologie/Geschichte:** Was machte die Phrenologie so erfolgreich? Und wieso wurde diese Sichtweise im 20. Jahrhundert wieder aufgegeben? (Antwortmöglichkeit: Funde, dass lokale Hirnschäden mit psychologischen Funktionsausfällen einhergehen beeindruckten viele, wurden jedoch zu stark verallgemeinert. Später stellte man fest, dass man viele psychologische Vorgänge so nicht erklären konnte, und schwang das Pendel wieder in die andere Richtung.) (Fortgeschritten: Und wieso führten neue bildgebende Verfahren der Hirnforschung in der zweiten Hälfte des Jahrhunderts vielleicht wieder zu ihrem Aufleben? Antwortmöglichkeit: Weil Verfahren wie die funktionale Kernspintomografie Unterschiede in der Hirnaktivierung bei bestimmten psychologischen Vorgängen lokalisieren. Dabei wurde aber oft übersehen, dass diese Unterschiede in der Regel minimal sind und sich oftmals nicht replizieren lassen, was gegen deren wissenschaftliche Aussagekraft spricht.) Was machte die Physiologie im 19. Jahrhundert so erfolgreich, dass es erst zum Materialismus- und dann zum Ignorabimusstreit kam?

11. Psychologie: Was wir positiv über Freiheit aussagen können

* **Für die allgemeine Diskussion:** Welche der Einflussfaktoren lassen sich in Geschäften oder Supermärkten nachvollziehen? Welche Gegenmaßnahmen könnte es noch geben, die nicht im Text angesprochen wurden? Wie ist das in anderen Umgebungen, beispielsweise einer Schulklasse? Lassen sich hier Maßnahmen finden, die ein bestimmtes Verhalten nahelegen oder gar erzwingen? (Antwortmöglichkeit: Jedenfalls bei Frontal-

unterricht ist, wie im Vorlesungssaal an der Universität, die „Logik" in der Innenarchitektur ausgedrückt, dass *eine* Person die Antworten kennt und der Rest zuhören soll.)
* *Sozialkunde/Ethik:* Sollte psychologisches Wissen dazu eingesetzt werden, menschliches Verhalten zu „verbessern"? Wenn ja, wer soll dann über die Ziele der Maßnahmen entscheiden? Gibt es harte ethische Grenzen, die nicht übertreten werden dürften? Geschieht Verhaltensmanipulation nicht sowieso schon – und ist es die bessere Lösung, das allein dem „freien Markt" zu überlassen? (Siehe hierzu auch den Epilog.)

Epilog

* *Für die allgemeine Diskussion:* Wären Verfahren zur Verhaltenskontrolle notwendigerweise totalitär? (Siehe auch die Fragen zum vorherigen Kapitel.) Woran genau entbrannte der Streit zwischen Chomsky und Skinner? Welche Alternativen haben wir sonst, wo doch so gut wie jede Krise unserer Zeit mit menschlichem Verhalten zu tun hat? Inwiefern können wir uns Menschen als autarke Inseln vorstellen, inwiefern sind wir von einer menschlichen Gemeinschaft abhängig?
* *Englisch/Literatur:* Skinners *Walden Two* ist immer noch lesenswert, jedoch nicht unbedingt der perfekte Roman (sehr dialoglastig und theoretisch).
* *Ethik/Religion:* Was macht ein sinnvolles Leben aus? Welche Ansätze gibt es hier aus verschiedenen Disziplinen?

Literatur

Bördlein, C. (2022). Methoden der angewandten *Verhaltensanalyse: Eine Einführung.* Stuttgart: Kohlhammer.

Delgado, J. M. R. (1971). *Physical control of the mind: Toward a psychocivilized society.* Harper & Row.

Dittmar, H., Bond, R., Hurst, M., & Kasser, T. (2014). The relationship between materialism and personal well-being: A meta-analysis. *Journal of Personality and Social Psychology, 107,* 879–924.

Douglas, T. (2008). Moral enhancement. *Journal of Applied Philosophy, 25,* 228–245.

Kornhuber, H. H. (1992). Gehirn, Wille, Freiheit. *Revue de Métaphysique et de Morale, 97,* 203–223.

Popper, K. R. (1987). Woran glaubt der Westen? In K. R. Popper (Hrsg.), *Auf der Suche nach einer besseren Welt* (S. 231–253). Piper.

Schleim, S. (2021). Neurorights in history: A contemporary review of José M. R. Delgado's „Physical Control of the Mind" (1969) and Elliot S. Valenstein's „brain control" (1973). *Frontiers in Human Neuroscience, 15,* 703308.

Schleim, S. (2022). Grounded in biology: Why the context-dependency of psychedelic drug effects means opportunities, not problems for anthropology and pharmacology. *Frontiers in Psychiatry, 13,* 906487.

Skinner, B. F. (1971). *Beyond freedom and dignity.* Bantam Books.

Tebartz van Elst, L. (2021). *Jenseits der Freiheit: Vom transzendenten Trieb.* W. Kohlhammer.

GPSR Compliance
The European Union's (EU) General Product Safety Regulation (GPSR) is a set of rules that requires consumer products to be safe and our obligations to ensure this.

If you have any concerns about our products, you can contact us on

ProductSafety@springernature.com

In case Publisher is established outside the EU, the EU authorized representative is:

Springer Nature Customer Service Center GmbH
Europaplatz 3
69115 Heidelberg, Germany

www.ingramcontent.com/pod-product-compliance
Lightning Source LLC
LaVergne TN
LVHW020327260326
834688LV00037B/910